高职高专规划教材

◎矿业工程系列◎

采 煤 概 论

主 编 郭建彪 王玉娥
副主编 刘 磊 徐志平 孙昌宁

北京师范大学出版集团
BEIJING NORMAL UNIVERSITY PUBLISHING GROUP
安徽大学出版社

内容提要

本书全面反映了煤矿生产概况,突出职业教育的特色,注重应用能力和实践能力的培养,能满足煤炭类专业对煤矿建设与生产知识的要求。

本书全面系统地阐述了煤矿地质与矿图基础知识、矿井各生产环节和通风与安全等方面的基础知识,主要内容包括煤矿地质与矿图、矿井开拓、井巷掘进与支护、采煤方法、矿井通风技术、煤矿安全技术和矿井运输与提升等。

本书可作为高职院校矿山测量、矿山地质、矿山机电、矿井运输、矿井通风与安全及其他煤炭类相关专业的通用教材,也可作为中等职业学校、技工学校、成人教育学院、煤矿职工在职培训和煤矿新工人岗前培训教材以及煤矿工程技术人员的参考资料。

图书在版编目(CIP)数据

采煤概论/郭建彪,王玉娥主编.—合肥:安徽大学出版社,2016.2

高职高专规划教材.矿业工程系列

ISBN 978-7-5664-0574-6

Ⅰ.①采… Ⅱ.①郭… ②王… Ⅲ.①煤矿开采-高等职业教育-教材 Ⅳ.①TD82

中国版本图书馆 CIP 数据核字(2016)第 008999 号

采煤概论

郭建彪 王玉娥 主编

出版发行:	北京师范大学出版集团 安 徽 大 学 出 版 社 (安徽省合肥市肥西路 3 号 邮编 230039) www.bnupg.com.cn www.ahupress.com.cn
印　　刷:	安徽省人民印刷有限公司
经　　销:	全国新华书店
开　　本:	184mm×260mm
印　　张:	16.25
字　　数:	395 千字
版　　次:	2016 年 2 月第 1 版
印　　次:	2016 年 2 月第 1 次印刷
定　　价:	36.00 元

ISBN 978-7-5664-0574-6

策划编辑:李 梅 武溪溪		装帧设计:李 军	
责任编辑:武溪溪		美术编辑:李 军	
责任校对:程中业		责任印制:李 军	

版权所有　侵权必究

反盗版、侵权举报电话:0551-65106311

外埠邮购电话:0551-65107716

本书如有印装质量问题,请与印制管理部联系调换。

印制管理部电话:0551-65106311

前　言

　　人才是我国经济社会发展的第一资源,技能人才是人才队伍的重要组成部分。当前,我国正处于全面建设小康社会的关键时期,迫切需要一大批具有精湛技能和高超技艺的技能人才。

　　为适应以职业活动为导向、以综合职业能力培养为核心、将理论教学与技能操作融于一体的职业课程教学改革,本书创新了编排模式,每个课题均按照教学目标、任务引入、任务描述、相关知识、任务实施、考核评价和课后自测的顺序进行编写。

　　本书系统地讲解了煤矿地质、矿井各生产环节和通风与安全等方面的基础知识,主要内容包括煤矿地质与矿图基础知识、矿井开拓、井巷掘进及支护、采煤方法、矿山压力及其控制、矿井通风技术、煤矿安全技术等。本书突出职业教育的特色,注重应用能力和实践能力的培养,适应煤炭类主体专业对煤矿建设与生产知识的要求。本书主要适用于煤炭职业院校教学、煤矿职工在职培训和煤矿新工人岗前培训,也可作为煤矿职工自学教材及工程技术人员的参考资料。

　　本书由安徽矿业职业技术学院郭建彪、王玉娥担任主编。其中郭建彪编写了绪论、模块二和模块四;王玉娥编写了模块六和模块七;刘磊编写了模块三;徐志平编写了模块一;孙昌宁编写了模块五。在本书编写过程中,得到了学院领导、有关教师和煤矿企业工程技术人员的大力支持和帮助,在此一并表示感谢。

　　由于编者水平所限,书中错误和不当之处在所难免,希望广大读者批评指正。

编　者
2016 年 1 月

目 录

绪 论 ·· 1

模块一 煤矿地质与矿图基础知识 ··· 5

    课题一 地壳运动及地质构造 ··· 5
    课题二 煤的形成及赋存特征 ··· 19
    课题三 煤田地质勘探 ··· 28
    课题四 煤矿地质图件的基础知识 ··· 35

模块二 井田开拓 ·· 46

    课题一 矿井巷道 ··· 46
    课题二 矿井生产系统 ··· 50
    课题三 煤田划分为井田 ·· 55
    课题四 井田再划分 ·· 61
    课题五 井田开拓方式 ··· 65
    课题六 井底车场与主要巷道的布置 ······································· 74

模块三 井巷掘进及支护 ··· 80

    课题一 岩石的性质及工程分级 ··· 80
    课题二 井巷掘进施工 ··· 84
    课题三 巷道支护 ··· 105

模块四 采煤方法 ·· 118

    课题一 采煤方法及其分类 ··· 118
    课题二 薄及中厚煤层单一长壁采煤法 ···································· 122
    课题三 长壁采煤法采煤工艺 ··· 132
    课题四 厚煤层放顶煤采煤法 ··· 142
    课题五 急倾斜煤层采煤方法 ··· 148

课题六　其他采煤方法 …………………………………………………… 155

模块五　矿山压力及其控制 ………………………………………………… 168
　　课题一　矿山压力基础知识 ………………………………………………… 168
　　课题二　矿山压力控制 ……………………………………………………… 173
　　课题三　矿山压力灾害防治 ………………………………………………… 185

模块六　矿井通风技术 ………………………………………………………… 194
　　课题一　矿井空气 …………………………………………………………… 194
　　课题二　矿井通风阻力 ……………………………………………………… 197
　　课题三　矿井通风动力 ……………………………………………………… 200
　　课题四　掘进通风 …………………………………………………………… 203

模块七　煤矿安全技术 ………………………………………………………… 209
　　课题一　矿井瓦斯及其防治 ………………………………………………… 209
　　课题二　矿尘及其防治 ……………………………………………………… 220
　　课题三　矿井火灾及其防治 ………………………………………………… 227
　　课题四　矿井水灾及其防治 ………………………………………………… 234
　　课题五　顶板事故及其防治 ………………………………………………… 244

参考文献 ………………………………………………………………………… 251

绪 论

能源是人类社会赖以生存和发展的重要物质基础。保持稳定的能源供应,是国家现代化建设的重要条件。煤炭是现代世界五大能源(煤炭、石油、天然气、水电、核电)之一,而且最易开发利用,赋存最丰富,因而被认为是最具长期利用价值的能源。目前,大力开发和合理利用煤炭资源,已成为许多国家能源政策的重要组成部分。

一、煤炭资源的战略地位

(一)煤炭是我国能源的基石

我国煤炭资源丰富,煤种齐全,储量居世界第三位,占世界总探明储量的15.6%。2010年,中国化石能源剩余探明储量中,煤炭约占93%。

煤炭在我国能源结构和国民经济中的地位举足轻重,是我国的主要(第一)能源。我国煤炭在一次能源生产和消费结构中的比例分别为76.9%和69.3%,占绝对地位。目前,全国75%的工业燃料和动力、65%的化工原料、85%的城市民用燃料都是由煤炭提供的,而且这种格局在今后相当长一段时期内不会有根本性的改变。预测1000m以浅远景资源总量为2.86万亿吨(累计探明资源量为1.066万亿吨,保有资源量约为1万亿吨),排在俄罗斯和美国之后,居世界第三位。

煤炭长期以来一直占据我国能源生产和消费总量的70%左右。未来10~20年,我国煤炭消费仍占能源消费总量的60%。国家《能源中长期发展规划纲要(2004—2020年)》中明确提出,我国将"坚持以煤炭为主体、电力为中心、油气和新能源全面发展的能源战略"。

相对石油、天然气、水电、核电、风电等建设投资,煤炭能源投资强度低、周期短、效率高、技术更成熟,是最为易得的大规模一次能源。

我国目前及今后几十年乃至更长一段时期内,煤炭在一次能源中仍将占主导地位,目前占65%~70%。国家统计局发布的《2012年国民经济和社会发展统计公报》指出,2012年全国煤炭产量为36.5亿吨,2020年预计产量为40亿吨,2030年预计产量为50亿吨。

(二)煤炭是世界能源的重要组成部分

煤炭是世界上储量最多、分布最广的化石燃料。2010年,煤炭在世界化石能源的生产构成与消费构成中分别占35.45%和34.05%。煤炭在生产和消费中所占的比例仅次于石油,但明显高于天然气。

二、国内煤炭资源开发现状及存在的问题

(一)煤炭生产建设情况

我国煤炭资源总体赋存条件较差。同美国、俄罗斯、澳大利亚等煤炭资源大国相比,我

国的煤层埋藏深、构造复杂,适宜露天开采的煤炭资源少。我国煤炭矿井平均开采深度为400m。适合露天开采的储量仅占4%,95%以上需要井工开采。美国的煤层多为水平煤层或近水平煤层,埋藏浅,平均开采深度为90m,露天开采比例为60%左右。澳大利亚的煤层赋存稳定,地质条件简单,煤层埋藏浅,平均开采深度为250m,露天开采比重达76%左右。

我国煤炭生产结构趋于合理,大型煤矿成为生产主体。中国煤炭工业协会发布通报称,2012年,我国在煤炭供需形势逐步趋缓、煤价基本稳定之际,企业兼并重组取得进展,全国规模以上煤炭企业数量降到6200家,神华、中煤、同煤、山东能源、冀中集团、陕西煤业化工、山西焦煤等7家企业原煤产量超亿吨。小煤矿主要集中在云南、江西、贵州等地,占全国小煤矿产能的55.3%。2012年,14个大型煤炭基地生产煤炭33亿吨,约占全国总产量的90%。

(二)煤炭开发存在的问题

1.资源与地区消费呈逆向分布

煤炭资源主要分布在秦岭—大别山以北地区,比重超过90%,且集中在晋、陕、蒙三省区(占北方地区的64%)。北煤南运、西煤东调的压力增大。

2.机械化程度低

2010年,全国平均采煤机械化程度仅为65%,低于先进产煤国家30个百分点。小煤矿在数量上仍占全国的80%。

3.煤矿突水灾害与水资源破坏

我国60%的矿区为石炭二叠系含煤地层,其中80%受到严重的突水威胁。全国96个国有重点矿区有68个位于缺水地区,占71%。其中,在西部富煤地区,宁夏、甘肃属极度缺水区,陕西属重度缺水区,内蒙古属轻度缺水区。煤炭开采导致地表、地下水流失。据测算,我国每年因煤炭开采破坏地下水资源22亿立方米。

4.煤矸石堆放

我国现有矸石山1600余座,堆积量超过45亿吨,占地面积超过15000公顷。目前,每年产矸量超过3.5亿吨。矸石山除了占用大量的土地资源外,还会严重污染空气和地下水。

5.生态环境脆弱

煤炭开采会造成矿区土地沉陷、占用耕地、诱发滑坡等地质灾害和水土流失,以及村民迁移等一系列生态与社会问题。2010年底,全国采煤沉陷面积为55万～60万公顷,每生产1亿吨煤炭将造成0.185万公顷土地沉陷。采煤搬迁已经并将继续严重影响煤矿经济效益和区域经济发展。

三、国外煤炭工业发展简介

(一)资源总体赋存条件较好

2012年,美国煤炭产量为10.2亿吨,其中露天开采占69%。27家年产500万吨以上煤炭公司的原煤产量占全国的81%。煤层埋藏条件简单,近水平煤层全为大型机械开采,采用房柱式方法开采。

澳大利亚已探明原地煤炭储量为973亿吨,可采煤炭储量为766亿吨,占78.7%。50%以上的烟煤和全部褐煤可露天开采。煤田构造简单,断层少,煤层埋藏浅,近水平,多采用房柱式开采及长臂式开采。

(二)国外煤炭工业的新技术

在世界近代煤炭工业的 200 多年历史上,第一次技术革命是采煤综合机械化,第二次技术革命是煤矿自动化,第三次技术革命是煤炭气化和液化。就煤炭工业来说,由低技术向高技术过渡,意味着煤炭产量的增加,越来越依靠科学技术的进步,而不再主要依靠增加人力和投资。国外大量的实践证明,产量的增长,90%靠提高效率,而提高效率,80%靠技术的进步。目前,世界煤炭工业的新技术有以下几种。

1. 微电子和计算机技术

电子计算机在 20 世纪 60 年代初开始应用于煤矿。利用计算机对矿井生产进行监控,在地面的控制台上,调度人员可借助呼叫键和显示屏进行人机对话,平时出现险情时,能够发出音响报警信号和简短的警告语句,并指出应采取的措施。显示屏可显示数据和模拟图像,每班结束时,可自动打印出报告。

2. 机械—电子技术

微电子技术与机械、电工、测试、控制等技术相结合,形成新兴的机械—电子技术。目前,国外井巷掘进都已使用防爆激光指向仪;回采工作面采用地声检测仪,用以预测煤与瓦斯突出和冲击地压,传感器把记录的信息传输到地面控制台;矿井用红外线 CO 分析仪预报井下火灾。

3. 生物技术

用微生物降低煤层瓦斯含量,甲烷在煤的孔隙中低温氧化后,可减少65%～70%;利用细菌对煤炭进行脱硫,可脱除49%～83%的黄铁矿硫;利用微生物使泥炭转化成代用天然气。

4. 航天技术

航天工业是发展最快的高技术工业之一。利用卫星进行煤田地质普查,可以减少野外工作量,节约资金;利用卫星遥感技术探测深度不大的煤矿井下断层和破碎带,可以查明冒顶隐患,改进矿井设计;利用卫星摄影可监视露天煤矿的开采。

5. 新材料

与煤矿有关的新材料主要有高性能合金、工程塑料、合成树脂、高性能复合结构材料、光纤、传感器敏感材料等。利用这些新材料可使煤矿机械配件的使用寿命增加几倍甚至几十倍,使监控系统更先进。

四、未来的采煤技术

据有关专家的预测和设想,未来的采煤技术主要有以下几种。

(一)计算机控制的自动化矿井

自动化矿井的面貌是:采、掘、运、选全部自动化,工人只承担支护、安装、拆卸、维修等辅助工作。全矿的生产过程实现计算机控制,应用电磁、超声波、同位素等传感器检测数据;用激光仪监测瓦斯和机器导向;用电视监视设备运行;用同位素仪器进行煤质分析;用光纤传输信息。年产 300 万吨的自动化矿井,仅用 350 人。

(二)采煤机器人

井下机器人将首先用于掘进工作面。挪威已研制出三臂机器人钻车,可实现连续程序控制。将来,机器人可用来开采极薄煤层和地质条件复杂的煤层;在有煤与瓦斯突出危险的煤层进行打眼时,接长钎杆;拆卸和安装综采设备;检查设备故障;监测井下环境;探测井下灾区、运送救护器材等。利用机器人操纵井下机器,人在地面控制,从而实现矿井无人化。

(三)煤炭地下气化

俄罗斯试验煤炭地下气化多年,现有2个试验性气化站,年产气10亿多立方米。其他国家也在做相关试验。总的来看,目前地下气化技术还不过关,煤在地下的气化率仅为地面气化率的55%左右,煤气热值较低。为此,德国和比利时采取用氧气鼓风的方法来提高煤气的热值。

(四)化学采煤

化学采煤已有多种方法,现已着手研究的主要有3类:溶剂萃取法,英国试图研究将地面煤炭加氯液化,再进行溶剂精炼煤法的新工艺;化学破碎法,将醇类、液氮等经钻孔压入煤层,使煤破碎到0.5mm以下,再用空气或氮气压送到地面;微生物分解法,将微生物和营养物通过钻孔注入煤层,使煤分解成低分子产品,用空气压送到地面。

上述4种未来的采煤技术都在试验阶段或设想阶段,实际应用前尚需解决一系列的问题,如精确预测煤层地质条件、高精度定向钻孔、破碎或分解过程的自动监控、产品提到地面的方法、采空区处理与控制、大量化学剂的供应、其他高水平专业技术的配合及研制经费和周期等。

模块一　煤矿地质与矿图基础知识

课题一　地壳运动及地质构造

【应知目标】
　　□地球的物理性质
　　□地壳的组成
　　□自然界的三大类岩石
　　□地质作用
　　□地质构造

【应会目标】
　　□会使用罗盘测量岩层产状

【任务引入】
　　埋藏在地下的煤和其他资源,都是地壳物质运动和其他各种地质作用的产物。因此,了解地壳运动的规律,掌握煤炭资源的形成与各种地质作用的关系,了解煤层的性质及其埋藏特征,是从事采矿工作必须具备的基础知识和技能。

【任务描述】
　　地球的物理性质、地壳的组成及三大类岩石是我们了解地球需要掌握的基础知识,肉眼鉴定常见的岩石、测定岩层的产状、识别常见的地质构造是从事采矿工作必须掌握的知识和技能。

【相关知识】

一、地球的物理性质

1. 密度

目前,对地球内部各圈层物质密度大小与分布的计算,主要是依靠地球的平均密度、地震波传播速度、地球的转动惯量及万有引力等方面的数据与公式综合求解而得出的。计算结果表明,地球内部的密度由表层的 $2.7 \sim 2.8 \text{g/cm}^3$ 向下逐渐增加到地心处的 12.51g/cm^3,密度的这些变化反映了地球内部物质成分和状态的变化。

2. 压力

地球内部的压力是指不同深度单位面积的压力,实质上是压强。在地球内部深处某点,来自其周围各个方向的压力大致相等,其值与该点上方覆盖物质的重量成正比。地球内部的这种压力又称为"静压力"或"围压"。因此,地球内部压力总是随深度的增加而逐渐增加的。

3. 重力

地球上的任何物体都受地球的吸引力和因地球自转而产生的离心力的作用。地球吸引力和离心力的合力就是重力。地球的离心力相对于吸引力来说是非常微弱的,方向大致指向地心。地球周围受重力影响的空间称"重力场"。重力场的强度用重力加速度来衡量,简称"重力"。地球表面各点的重力值因吸引力与离心力的不同而呈现一定的规律性变化。地球两极的重力值最大,向赤道逐渐减小;离心力在赤道最大,向两极逐渐减小为零。所以,在吸引力与离心力的共同影响下,重力值具有随纬度增高而增加的规律。

4. 地磁

地球周围存在着磁场,称"地磁场"。经长期观测证实,地磁极围绕地理极附近进行着缓慢的迁移。地磁场的磁场强度是一个具有方向(即磁力线的方向)和大小的矢量,为了确定地球上某点的磁场,通常采用磁偏角、磁倾角和磁场强度3个地磁要素来表示。基本磁场占地磁场的99%以上,是构成地磁场主体的稳定磁场。它决定了地磁场相似于偶极场的特征,其强度在接近地表时较强,远离地表时则逐渐减弱。这些特征说明了基本磁场起源于地球内部。磁异常是地球浅部具有磁性的矿物和岩石所引起的局部磁场,它也叠加在基本磁场之上。一个地区或地点的磁异常可以通过将实测地磁场进行变化磁场的校正之后,再减去基本磁场的正常值而求得。自然界中有些矿物或岩石具有较强的磁性,如磁铁矿、铬铁矿、钛铁矿、镍矿、超基性岩等,它们常常能引起磁异常。因此,利用磁异常可以找矿勘探和了解地下的地质情况。

5. 地热

地球内部存在着巨大的热能,从火山口喷出炽热的物质、温泉及深井、钻探孔中实测的数据等事实都可以证明这一点。地球内部温度的变化是不均匀的,总的来说,从地表到地心温度逐渐升高。按温度变化的特征可以划分为3层。

(1)外热层(变温层)。该层地温主要受太阳光辐射热的影响,其温度随季节、昼夜的变化而变化。日变化造成的影响深度较小,一般仅为 1.0~1.5m,年变化影响的范围为地下 20~30m。

(2)常温层。该层地温处于变温层下部,地温与当地的年平均温度大致相当,且常年基本保持不变,其深度为 20~40m。一般情况下,在中纬度地区较深,在两极和赤道地区较浅;在内陆地区较深,在滨海地区较浅。

(3)增温层。在常温层以下,地下温度开始随深度增大而逐渐增加。大陆地区常温层以下至约 30km 深处,每往下 30m,温度大约会增加 1℃;从大洋底到 15km 深处,每加深 15m,地温大约增加 1℃。

深度每增加 100m 时所增高的温度称为"地温梯度",其单位是℃/100m。不同地区的地温梯度是不一样的,大陆一般为 3℃/100m,洋底为 4~8℃/100m。地温梯度除与热源距离有关外,还与热导率有关,热导率低的地区,地温梯度较高。地温较高的地区称为"地热(温)异常区",可用于开发地下热水和热气。地热流值是指单位时间内由地内向地外通过岩石单位截面积放出的热量。

二、地壳的组成

地球的内部结构为一同心状圈层构造,由地心至地表依次为地核(core)、地幔(mantle)和地壳(crust)。地球的地核、地幔和地壳的分界面，主要是依据地震波传播速度的急剧变化而推测确定的。

地壳的厚度是不均匀的，一般大陆地壳较厚，尤其山脉底下更厚，平均厚度约为32km；海洋地壳较薄，一般为5～10km。地壳的物质组成除了沉积岩外，基本上为花岗岩、玄武岩等。花岗岩的密度较小，分布在密度较大的玄武岩之上，且大多分布在大陆地壳，特别厚的地方则形成山岳。地壳上层为沉积岩和花岗岩层，主要由硅－铝氧化物构成，因而也称为"硅铝层"；下层由玄武岩或辉长岩类组成，主要由硅－镁氧化物构成，称为"硅镁层"。海洋地壳几乎或完全没有花岗岩，一般在玄武岩的上面覆盖着一层厚0.4～0.8km的沉积岩。地壳的温度一般随深度的增加而逐步升高，平均深度每增加1km，温度就升高30℃。

三、自然界的三大类岩石

覆盖在地球上的坚固部分称为"岩石"。岩石有各式各样的种类，通常我们所称的"石头"，就是岩石破碎之后的样子。岩石是在各种不同的地质作用下产生的，由一种或多种矿物有规律地组合而成的矿物集合体。如花岗岩就是由石英、长石、云母等多种矿物组成。根据成因，岩石可分成三大类：由岩浆活动形成的岩浆岩；由外力作用形成的沉积岩；由变质作用形成的变质岩。研究岩石有很重要的意义：人类需要各种矿产，而矿产与岩石密切相关；岩石是研究各种地质构造和地貌的物质基础；岩石是研究地壳历史的依据。

（一）岩浆岩

岩浆岩也称"火成岩"，是指地壳深处或来自地幔的熔融岩浆，受某些地质构造的影响，侵入地壳中或上升到地表凝结而成的岩石。在距地表相当深的地方开始凝结的称为"深成岩"，如橄榄岩、辉岩等；喷出地表或在地表附近凝结的称为"喷出岩"，如玄武岩、流纹岩等；介于深成岩和喷出岩之间的称为"浅成岩"，如正长斑岩等。

以下为3种常见的岩浆岩。

1. 花岗岩

花岗岩是分布最广的深成侵入岩。主要矿物成分是石英、长石和黑云母，颜色较浅，以灰白色和肉红色最为常见，具有等粒状和块状构造。花岗岩的抗压强度高，又美观，是优质的建筑材料。

2. 橄榄岩

橄榄岩是侵入岩的一种。主要矿物成分是橄榄石及辉石，呈深绿色或黑绿色，比重大，粒状结构。橄榄岩是铂及铬矿的唯一母岩，镍、金刚石、石棉、菱铁矿、滑石等也同这类岩石有关。

3. 玄武岩

玄武岩是一种分布最广的喷出岩。矿物成分以斜长石、辉石为主，呈黑色或灰黑色，具有气孔构造和杏仁状构造。玄武岩可用作优良耐磨的铸石原料。

（二）沉积岩

沉积岩又称"水成岩"，是岩石在常温常压条件下遭受风化作用的产物或生物作用和火山作用的产物。沉积岩经过长时间的风吹、日晒、雨淋、浪打，会逐渐破碎成砂砾或泥土。在风、流水、冰川、海浪等外力作用下，这些破碎的物质又被搬运到湖泊、海洋等低洼地区堆积或沉积下来,形成沉积物。随着时间的推移,沉积物越来越厚,压力越来越大,于是空隙逐渐缩小,水分被逐渐排出,再加上可溶物的胶结作用,沉积物便慢慢固结成岩石,这就是沉积岩。沉积岩分布极广,占陆地面积的75%,是构成地壳表层的主要岩石。

以下为4种常见的沉积岩。

1. 砾岩

砾岩是一种由颗粒直径大于2mm的卵石、砾石等岩石和矿物胶结而成的岩石,多呈厚层块状,层理不明显,其中砾石的排列有一定的规律性。

2. 砂岩

砂岩是一种由颗粒直径为0.1~2.0mm的砂粒胶结而成的岩石,分布很广,主要成分是石英、长石等,颜色多为白色、灰色、淡红色和黄色。

3. 页岩

页岩是由各种黏土经压紧和胶结而成的岩石,是分布最广的一种沉积岩,层理明显,可以分裂成薄片,有各种颜色,如黑色、红色、灰色、黄色等。

4. 石灰岩

石灰岩俗称"青石",是一种在海、湖盆地中生成的灰色或灰白色沉积岩。石灰岩主要由方解石的微粒组成,遇稀盐酸会发生化学反应,放出气泡。颜色多为白色、灰色及黑灰色,呈致密块状。

(三) 变质岩

地壳中的火成岩或沉积岩,由于地壳运动、岩浆活动等造成的物理、化学条件的变化,其成分、结构、构造发生一系列改变,这种促成岩石发生改变的作用称为"变质作用",由变质作用形成的新岩石称为"变质岩"。例如,由石英砂岩变质而成的石英岩,由页岩变质而成的板岩,由石灰岩、白云岩变质而成的大理岩等。变质岩常有片理构造。

以下为3种常见的变质岩。

1. 大理岩

大理岩由石灰岩或白云岩重结晶变质而成。颗粒比石灰岩粗,矿物成分主要为方解石,遇酸剧烈反应,一般为白色,若含不同杂质,则呈现不同的颜色。大理岩硬度不大,容易雕刻,磨光后非常美观,常用来做工艺装饰品和建筑石材。

2. 板岩

板岩由页岩和黏土变质而成。颗粒极细,矿物成分只有在显微镜下才能看到。敲击时发出清脆的响声,具有明显的板状构造。板面微具光泽,颜色多种多样,有灰、黑、灰绿、紫、红等,可用来做屋瓦和写字石板。

3. 片麻岩

片麻岩多由岩浆岩变质而成。晶粒较粗,主要矿物成分为石英、长石、黑云母、角闪石等。矿物颗粒黑白相间,呈连续条带状排列,形成片麻构造。岩性坚,但极易风化破碎。

四、地质作用

随着地球的转动,组成地壳的物质也在不停地运动着。在漫长的地质年代中,由于自然动力所引起的地壳物质组成、内部构造和地壳形态变化与发展的作用叫作"地质作用"。根据地质作用的能量来源和发生的地点不同,可分为内动力地质作用和外动力地质作用两大类。

(一)内动力地质作用

内动力地质作用是地球或地壳变化发展的根本动力。内动力地质作用可分为构造运动(或地壳运动)、岩浆作用、变质作用和地震4种方式。其中又以构造运动最为重要,构造运动常引起岩浆活动、变质作用及地震。

1. 构造运动

构造运动是指由地球内部能量引起的地球组成物质的机械运动。构造运动使地壳或岩石圈的物质发生变形和变位,其结果一方面引起了地表形态的剧烈变化,如山脉形成、海陆变迁、大陆分裂与大洋扩张等;另一方面在岩石圈中形成了各种各样的岩石变形,如地层的倾斜与弯曲、岩石块体的破裂与相对错动等。此外,构造运动还是引起岩浆作用与变质作用的重要原因,并对地表的各种表层地质作用具有明显的控制作用。因此,构造运动在地质作用中处于最重要的地位。

构造运动按其运动方向可分为垂直运动和水平运动2类。

(1)垂直运动是指地壳或岩石圈物质垂直于地表即沿地球半径方向的运动。垂直运动常表现为大面积的上升、下降或升降交替运动,可造成地表地势高差的改变,引起海陆变迁等。因此,这类运动过去常称为"造陆运动"。

(2)水平运动是指地壳或岩石圈物质平行于地表即沿地球切线方向的运动。水平运动常表现为地壳或岩石圈块体的相互分离拉开、相向靠拢挤压或呈剪切平移错动,它可造成岩层的褶皱与断裂,在岩石圈的一些软弱地带则可形成巨大的褶皱山系。因此,传统的地质学常把产生强烈的岩石变形(褶皱与断裂等)且与山系形成紧密相关的水平运动,称为"造山运动"。

2. 岩浆作用

通过对火山的观察、岩浆岩的研究和地球物理资料的分析发现,在地壳深部或上地幔的局部地段存在一种炽热的、黏度较大、富含挥发分的硅酸盐熔融物质。这种处在1000℃左右高温下的物质在常压下呈液态,但在几千兆帕的压力下很可能处于潜柔状态,具有极大的潜在膨胀力。一旦构造运动破坏了地下平衡,使局部压力降低,炽热物质会立刻转变为液态,同时体积膨胀,形成岩浆。可见,岩浆是在地壳深处或上地幔形成的、以硅酸盐为主要成分的、炽热、黏稠、富含挥发分的熔融体。

岩浆形成后,沿着构造软弱带上升到地壳上部或喷溢出地表,在上升、运移过程中,由于物理化学条件的改变,岩浆的成分不断发生变化,最后冷凝成为岩石,这一复杂过程称为"岩浆作用",所形成的岩石称为"岩浆岩"。

根据岩浆是侵入地壳之中还是喷出地表,岩浆作用可分为侵入作用和喷出作用;相应地,所形成的岩石分别称为"侵入岩"和"喷出岩"(或火山岩)。

根据SiO_2含量,岩浆可分为4种,即酸性岩浆(SiO_2占比大于65%)、中性岩浆(SiO_2占52%~65%)、基性岩浆(SiO_2占45%~52%)和超基性岩浆(SiO_2占比小于45%)。随着SiO_2含量的减少,岩浆中MgO、FeO含量逐渐增多,岩浆的颜色逐渐加深,相对密度逐渐增大,黏度逐渐减小。

3. 变质作用

变质作用是指在地下特定的地质环境中,由于物理、化学条件的改变,使原有岩石基本上在固体状态下发生物质成分与结构、构造变化而形成新岩石的地质作用。由变质作用所形成的新岩石称为"变质岩"。变质作用的原岩可以是沉积岩、岩浆岩及变质岩,它们在形成时与当时的物理、化学条件之间处于平衡或稳定状态,但是这种平衡或稳定状态都是相对和暂时的,一旦它们所处的物理、化学条件发生变化,原有平衡就会遭到破坏,原岩便被改造成为在新的环境中稳定的岩石。例如,在地表浅海环境中形成的石灰岩,如果处于地下较高温的条件下,将会转变为大理岩。促使沉积物转变为沉积岩的成岩作用,通常也是在地下一定深度和一定的温度、压力等条件下进行的,它与变质作用有相似之处,但成岩作用所要求的深度、压力和温度都较小,在作用的过程中物质发生的变化不十分明显;而变质作用所要求的深度、压力和温度都较大,在作用过程中原岩变化显著。一般来说,成岩作用的温度小于200℃,围压低于200MPa;而变质作用则要高于这些数值。因此,可以说成岩作用与变质作用具有过渡关系。变质作用虽与温度有重要关系,但温度并未使原岩熔融,即原岩基本上是在固态下发生变质的,一旦温度高到使原岩熔融,那么就进入岩浆作用的范畴。因此,变质作用与岩浆作用从发展上来看也是有联系的。对于大多数岩石来说,变质作用的高温界限为700~900℃。

4. 地震

地震是地球或地壳的快速颤动。它是构造运动的一种重要表现形式,是现今正在发生构造运动的有力证据。因为在地震过程中,地壳或岩石圈不仅表现出明显的水平运动和垂直运动,而且还可造成明显的岩石变形。据统计,全世界平均每年发生地震约500万次,但绝大多数是人们不能直接感觉到的,只有借助灵敏的地震仪才能观测到;7级以上的破坏性地震平均每年仅约20次,而且通常只发生在少数地区。大地震常给人类带来巨大的灾难,例如我国1976年7月28日发生的唐山7.8级地震,造成超过24万人死亡、16万人重伤,仅唐山市的直接经济损失就达30亿元以上。所以,对地震的研究不仅具有了解构造运动、认识地球内部结构的理论意义,也具有重大的现实意义。

(二)外动力地质作用

内动力地质作用控制了地球表面起伏的总格局,外动力地质作用则在此基础上"铲高填低",欲使地表起伏趋于平坦。"铲高"是通过母岩风化作用和各种外应力对其产生剥蚀作用来实现,搬运作用则将风化剥蚀的产物运输到地表上的洼地之中,通过沉积作用将洼地填高。外动力地质作用在"铲高填低"过程中,不仅塑造出丰富多彩的地貌景观,而且通过成岩作用将来自于母岩风化剥蚀的产物转变为一种新的岩石,即沉积岩。

1. 风化作用

在地表环境中,由于温度的变化、大气和水溶液的各种物理和化学反应及生物活动等因素的影响,使矿物、岩石在原地遭受破坏的过程称为"风化作用"。风化作用是一种原地的破坏作用,其产物不发生显著位移。

2. 剥蚀作用

由于风化作用,地表的矿物、岩石可以被分解、破碎,在运动介质作用下(如流水、风等),可能被剥离原地。剥蚀作用就是指各种运动的介质在其运动过程中,使地表岩石产生破坏并将其产物剥离原地的作用。剥蚀作用是陆地上的一种常见的、重要的地质作用,它塑造了地表千姿百态的地貌形态,又是地表物质迁移的重要动力。由于产生剥蚀作用的营力特点不同,剥蚀作用又可进一步划分为地面流水、地下水、海洋、湖泊、冰川、风等的剥蚀作用。剥蚀作用按作用方式分为机械剥蚀作用、化学剥蚀作用和生物剥蚀作用3种。

3. 搬运作用

地表风化和剥蚀作用的产物分为碎屑物质和溶解物质。它们除少量残留在原地外,大部分都要被运动介质搬运走。自然界中的风化、剥蚀产物被运动介质从一个地方转移到另一个地方的过程,称为"搬运作用"。

4. 沉积作用

被运动介质搬运的物质到达适宜的场所后,由于条件发生改变而发生沉淀、堆积的过程,称为"沉积作用"。经过沉积作用形成的松散物质叫作"沉积物"。陆地和海洋是地球表面最大的沉积单元,前者包括河流、湖泊、冰川等沉积环境,后者包括滨海、浅海、半深海和深海等沉积环境。尽管沉积场所十分复杂,但沉积方式基本上可以分为3种,即机械沉积、化学沉积和生物沉积。机械沉积作用是指被搬运的碎屑物质因介质物理条件的改变而发生堆积的过程。这种介质物理条件的改变包括流速、风速的降低和冰川的消融等。

5. 成岩作用

由松散的沉积物转变为沉积岩的过程称为"成岩作用"。各种沉积物一般原来都是松散的,在漫长的地质时期,沉积物逐层堆积,较新的沉积物覆盖在较老的之上,沉积物逐渐加厚。由于上覆沉积物的压力作用,下部的沉积物逐渐被压实,同时由于孔隙水的溶解、沉淀作用,使颗粒互相胶结,而且部分颗粒发生重结晶,因此,松散的沉积物最后固结成为坚硬的岩石。沉积物经成岩作用而形成的岩石称为"沉积岩"。

五、地质构造

煤层和其他岩层、岩体形成以后,由于受到地球内部和外部动力作用的影响,会发生一系列微观和宏观变化,产生诸如移位、倾斜、弯曲、断裂等地质现象。这些主要由地壳运动所引起的岩石变形、变位现象在地壳中存在的形式和状态,称为"地质构造",简称"构造"。地质构造的规模有大有小,大的可绵延数百千米乃至数千千米,小的可出现于手标本上,有的甚至需要借助显微镜才能观察得到。地质构造的表现形式多种多样,有简单的,也有复杂的。就简单的而言,在一定范围内(一个井田或一个矿区),可归纳为单斜构造、褶皱构造和断裂构造3种基本类型(图1-1)。其中,单斜构造是指一系列岩层沿大致相同的方向倾斜的构造形态,在较大的区域内,它往往是其他构造形态的一部分,如褶曲的一翼或断层的一盘(图1-2)。因此,可以说自然界中地质构造的基本表现形式有褶皱构造和断裂构造2种。

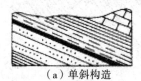 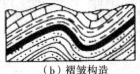 

(a)单斜构造　　　　(b)褶皱构造　　　　(c)断裂构造

图 1-1　构造形态的基本类型示意图

图 1-2　单斜构造与褶曲、断层的关系示意图

（一）单斜构造

地壳中广泛分布的沉积岩、层状火山岩及区域变质岩等层状岩石，是构成地壳表层地质构造的主要物质基础。由同一岩性组成的基本均一的、受两个平行或近于平行界面所限制的层状岩石称为"岩层"。岩层的上下界面称为"层面"；上层面称为"顶面"，下层面称为"底面"。两个岩层的接触面，既是上覆岩层的底面，又是下伏岩层的顶面。岩层顶、底面之间的垂直距离，称为"岩层厚度"。当岩层顶、底面平行时，岩层厚度保持不变，称其为"厚度稳定"；当岩层的顶、底面不平行时，岩层厚度有变化，称其为"厚度不稳定"。岩层厚度向某方向减小的现象，称为"岩层变薄"；岩层厚度向某方向增大的现象，称为"岩层加厚"；当岩层向某方向变薄直至消失时，称为"岩层尖灭"；当岩层向两边都尖灭时，则形成透镜状岩层。若某一岩层中夹有其他厚度不大的不同岩性的岩层时，则称后者为前者的"夹层"；若岩层由两种以上不同岩性的岩层交互重复构成时，则称其为"互层"。岩层在空间的产出状态和方位称为"岩层的产状"，它反映了岩层在三维空间的存在方位和延展方向。在沉积盆地中形成的沉积岩，其原始产状大多是水平的，仅在盆地边缘等局部地段呈倾斜产状。已形成的岩（煤）层在地壳运动的影响下，其原始产状会发生不同程度的改变。有的保持原有水平或近水平产状；有的呈直立甚至倒转产状；更多的是呈不同程度的倾斜产状。根据岩层的产状，可将岩层划分为水平岩层、倾斜岩层、直立岩层和倒转岩层（图 1-3）。其中，倾斜岩层是最为常见的岩层，在一定范围内，它或独立成为单斜构造、褶皱构造或断层构造的一部分，而水平岩层、直立岩层和倒转岩层则较为少见。水平岩层主要出现在一些大型沉积盆地中心部位；直立岩层和倒转岩层也仅出现在构造变动强烈的地区。因此，对倾斜岩层产状的研究是研究地质构造的基础。

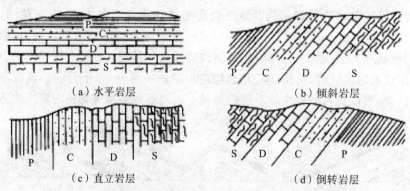

P、C、D、S—地层代号

图 1-3　不同产状的岩层示意图

岩(煤)层的产状可用其层面在空间的方位及其与水平面的关系来确定,通常以岩(煤)层的走向、倾向和倾角(图1-4)来表示。这三个用来说明岩层产状的参数称为"岩层的产状要素"。

1. 走向

岩层走向表示岩层在空间中的水平延展方向。岩层面与任一个水平面的交线,称为"走向线"(图1-4中 AOB)。可见,走向线是岩层面上任一标高的水平线,亦即同一岩层面上同标高点的连线。因此,一个基本平直倾斜的岩层面上可以有无数条近乎平行的走向线。当岩层面是平面时,其走向线为一组水平的直线;当岩层面是曲面时,其走向线就成为水平的曲线。走向线两端的延伸方向,称为"走向"。在一个测点上测得的岩层走向可以有两个方位,两者相差180°。当走向线为直线时,说明岩层面上各点的走向不变;当走向线为曲线时,说明岩层面上各点的走向发生了改变。

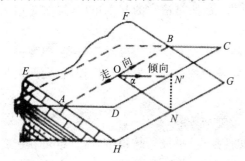

ABCD—水平面　EFGH—岩层层面
AOB—走向线　ON—倾斜线　ON′—倾向线　α—真倾角

图1-4　岩层的产状要素

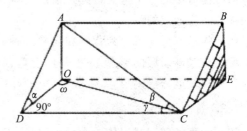

ABCD—岩层层面　OECD—水平面
AD—真倾斜线　AC—视倾斜线　α—真倾角　β—视倾角　ω—真倾向与视倾向的夹角　γ—走向线与视倾向间的夹角

图1-5　真倾角与视倾角的关系

2. 倾向

岩层倾向表示岩层向地下倾斜延伸的方向。在岩层面上过某一点(图1-4中 O;图1-5中 A)沿岩层倾斜面向下(或向上)所引的直线(图1-4中 ON;图1-5中 AC 和 AD)称为"倾斜线";倾斜线在水平面上的投影线(图1-4中 ON′;图1-5中 OC 和 OD)称为"倾向",与走向相差90°。水平岩层自然无走向和倾向可言;倾斜岩层和直立岩层的倾向指向较新的岩层一方;倒转岩层的倾向则指向较老的岩层一方。

3. 倾角

岩层的倾角表示岩层的倾斜程度。它是指岩层层面与假想水平面的锐夹角,亦即倾斜线与其相应的倾向线的锐夹角。真倾斜线与真倾向线的锐夹角(图1-4中 α;图1-5中 α)称为"真倾角"。视倾斜线与其相应的视倾向线的锐夹角(图1-5中 β)称为"视(假或伪)倾角",它可以有无数多个,但都恒小于真倾角。

(二)褶皱构造

由于地壳运动等地质作用的影响,使岩层发生塑性变形而形成一系列波状弯曲,但仍保持着岩层的连续完整性的构造形态,称为"褶皱构造"(图1-6),简称"褶皱"。

褶皱构造在地壳中分布广泛,形态多样,规模悬殊。褶皱的规模大小,在一定程度上反映了其形成时的地质作用强弱和方式。大多数褶皱构造是由地壳运动产生的构造挤压应力作用形成的,所以常把形成褶皱构造的地壳运动称为"褶皱运动",把由褶皱运动造成地壳发生的褶皱变形称为"褶皱变动"。

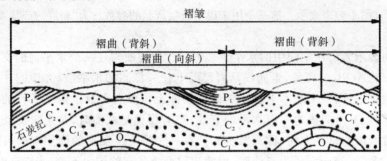

图 1-6　褶皱与褶曲剖面示意图

褶皱构造中的一个弯曲,称为"褶曲"。由此可见,褶曲是褶皱的基本单位,褶皱是由一系列褶曲组合而成的。

褶曲的基本形式可分为背斜和向斜 2 种。背斜是指核心部位岩层时代较老,向两侧依次对称出现较新岩层的形态,一般是向上弯曲;向斜是指核心部位岩层时代较新,向两侧依次对称出现较老岩层的形态,一般是向下弯曲。

(三)断裂构造

组成地壳的岩层或岩体受力后,不仅会发生塑性形变,形成褶皱构造,而且也可在所受应力达到或超过岩石的强度极限时发生脆性形变,形成大小不一的破裂和错动,使岩石的连续完整性遭到破坏,这种岩石脆性形变的产物称为"断裂构造"。破裂面两侧的岩石有明显相对位移的断裂构造称为"断层"。

1. 断层要素

断层要素是断层基本组成部分的总称,是用以描述断层空间形态的几何要素,主要包括断层面、断层线、交面线、断盘、断距等(图 1-7)。

(1)断层面。岩层断裂且发生相对位移总是沿着一定的破裂面进行的,此破裂面即称为"断层面"。断层面的空间位置由其走向、倾向和倾角确定。自然界中,断层面往往不是一个平面,而是走向和倾向都发生变化的一个呈舒缓波状的曲面。有时,岩层断裂发生位移并不是沿着一个面,而是沿着一个变动带进行的,这个带称为"断层破碎带"。其宽度一般为数十厘米到数十米不等,多由一系列近于平行的密集破裂面组成,带内常充填有经过揉搓的大小不等、成分杂乱的岩石碎块、岩屑或岩片。

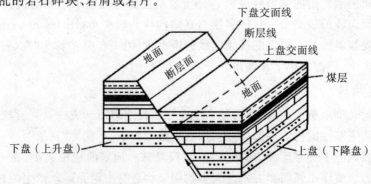

图 1-7　断层要素示意图

(2)断层线。断层线是指断层面与地面的交线,也就是断层面在地面上的出露线。它可以是直线,也可以是曲线,其形态由断层面形态、断层面产状及地形起伏状况来决定。

(3)断盘。断层面两侧的岩体称为"断盘"。相对向上移动的岩体称为"上升盘";相对向下移动的岩体称为"下降盘"。当断层面倾斜时,位于断层面上方的岩块称为"上盘",位于断层面下方的岩块称为"下盘";当断层面直立时,则无上、下盘之分,这时可根据断层走向和两盘的相对位置予以命名,如东盘和西盘、北盘和南盘等。

(4)交面线。断层面与岩层面(一般取岩层地面)的交线称为"交面线"。断层面与煤层面的交线称为"煤层交面线",又称"断煤交线"。其中,断层面与上盘煤层面的交线称为"上盘断煤交线";断层面与下盘煤层面的交线称为"下盘断煤交线"。

(5)断距。断层两盘相对位移的距离称为"断距"。在实际工作中,真断距是很难确定的,确定真断距也没有实际意义。通常使用的断距往往是指在一些特定方向上,断层两盘沿同一岩(煤)层面错开的距离。

2.断层分类

断层的分类方式很多,这里介绍几种常见的分类方式。

(1)根据断层两盘相对位移的方向分类。

①正断层,指上盘相对下降、下盘相对上升的断层(图1-8a)。

②逆断层,指上盘相对上升、下盘相对下降的断层(图1-8b)。

③平移断层,亦称"平推断层",指断层两盘沿断层面做水平方向相对移动的断层(图1-8c)。

(a)正断层　　　　　(b)逆断层　　　　　(c)平移断层

图1-8　按断层两盘相对移动划分的断层类型

(2)根据断层走向和所切割岩层走向的关系分类。

①走向断层,断层走向与岩层走向基本一致(图1-9中F_1)。

②倾向断层,断层走向与岩层走向基本直交(图1-9中F_2)。

③斜交断层,断层走向与岩层走向明显斜交(图1-9中F_3)。

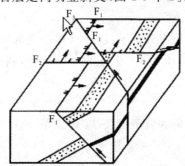

F_1—走向断层　F_2—倾向断层　F_3—斜交断层

图1-9　断层走向与岩层走向的关系示意图

【任务实施】

任务　地质罗盘的使用

地质罗盘仪是进行野外地质工作必不可少的一种工具。借助它可以定出方向，观察点所在的位置，测出任何一个观察面的空间位置（如岩层层面、褶皱轴面、断层面、节理面等构造面的空间位置），以及测定火成岩的各种构造要素、矿体的产状等。因此，必须学会使用地质罗盘仪。

一、地质罗盘的结构

地质罗盘样式很多，但结构基本是一致的，我们常用的是圆盆式地质罗盘仪。它由磁针、刻度盘、测斜仪、瞄准觇板、水准器等部分安装在一铜、铝或木制的圆盆内组成。

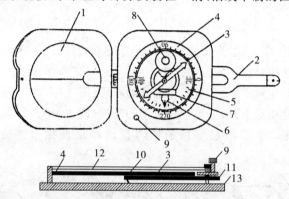

1—反光镜　2—瞄准觇板　3—磁针　4—水平刻度盘　5—垂直刻度盘　6—垂直刻度指示器　7—垂直水准器　8—底盘水准器　9—磁针固定螺旋　10—顶针　11—杠杆　12—玻璃盖　13—罗盘仪圆盆

图 1-10　地质罗盘结构图

1. 磁针

磁针一般为中间宽两边尖的菱形钢针，安装在底盘中央的顶针上，可自由转动。不用时应旋紧制动螺丝，将磁针抬起并压在盖玻璃上，避免磁针帽与顶针尖的碰撞，以保护顶针尖，延长罗盘的使用寿命。在进行测量时，先放松固定螺丝，使磁针自由摆动，最后静止时磁针的指向就是磁针子午线方向。由于我国位于北半球，磁针两端所受磁力不等，易使磁针失去平衡，因此，为了使磁针保持平衡，常在磁针南端绕几圈铜丝，这样也便于区分磁针的南北两端。

2. 水平刻度盘

水平刻度盘的刻度采用如下方式标示：从 0°开始按逆时针方向每 10°有一刻度，连续刻至 360°，0°和 180°分别为 N 和 S，90°和 270°分别为 E 和 W，利用它可以直接测得地面两点间直线的磁方位角。

3. 竖直刻度盘

竖直刻度盘专门用来读倾角和坡角读数，以 E 或 W 位为 0°，以 S 或 N 位为 90°，每隔 10°标记相应数字。

4. 悬锥

悬锥是测斜器的重要组成部分，悬挂在磁针的轴下方，通过底盘处的觇扳手可使悬锥转动,悬锥中央的尖端所指刻度即为倾角或坡角的度数。

5. 水准器

水准器通常有2个,分别装在圆形玻璃管中。圆形水准器固定在底盘上,长形水准器固定在测斜仪上。

6. 瞄准器

瞄准器包括对物觇板和对目觇板,反光镜中间有细线,下部有透明小孔,使眼睛、细线和目的物三者成一线,作瞄准之用。

二、地质罗盘的使用方法

1. 磁偏角的校正

在使用地质罗盘前,必须进行磁偏角的校正,因为地磁的南、北两极与地理的南、北两极位置不完全相符,即磁子午线与地理子午线不相重合。地球上任一点的磁北方向与该点的正北方向并不一致,这两个方向间的夹角叫"磁偏角"。地球上某点磁针北端偏于正北方向的东边称"东偏",偏于西边称"西偏"。东偏为(+),西偏为(-)。

地球上各地的磁偏角都按期计算并进行公布,以备查用。若某点的磁偏角已知,则一测线的磁方位角 $A_磁$ 和正北方位角 A 的关系为 $A=A_磁±磁偏角$。应用这一原理,可进行磁偏角的校正。校正时,可旋动罗盘的刻度螺旋,使水平刻度盘向左或向右转动(磁偏角东偏向右,西偏则向左),使罗盘底盘南北刻度线与水平刻度盘 $0°\sim180°$ 连线间夹角等于磁偏角。经校正后测量得到的读数就为真方位角。

2. 目的物方位的测量

测定目的物与测者间的相对位置关系,也就是测定目的物的方位角(方位角是指从子午线顺时针方向到该测线的夹角)。

测量时放松制动螺丝,使对物觇板指向测物,即让罗盘北端对着目的物,南端靠着自己,进行瞄准,使目的物、对物觇板小孔、盖玻璃上的细丝、对目觇板小孔等连在一直线上,同时使底盘水准器水泡居中。待磁针静止时,指北针所指度数即为所测目的物的方位角(若指针一时静止不了,可读磁针摆动时最小度数的二分之一处,测量其他要素读数时同样如此)。

用测量的对物觇板对着测者(此时罗盘南端对着目的物)进行瞄准时,指北针读数表示测者位于测物的方向,此时指南针所示读数才是目的物位于测者的方向。与前者比较,这是因为两次用罗盘瞄准测物时罗盘的南、北两端正好颠倒,故影响测物与测者的相对位置。

为了避免时而读指北针,时而读指南针,产生混淆,可将对物觇板指着所求方向恒读指北针,此时所得读数即为所求测物的方位角。

三、岩层产状要素的测量

岩层的空间位置决定于其产状要素,岩层产状要素包括岩层的走向、倾向和倾角。测量岩层产状是野外地质工作最基本的工作方法之一,必须熟练掌握。

1. 岩层走向的测定

岩层走向是岩层层面与水平面交线的方向,也就是岩层任一高度上水平线的延伸方向。测量时,将罗盘长边与层面紧贴,然后转动罗盘,使底盘水准器的水泡居中,读出指针所指刻度,即为岩层的走向。

因为走向是代表一条直线的方向,它可以向两边延伸,所以指南针或指北针所测读数正是该直线的两端延伸方向,如 NE30°与 SW210°均可代表该岩层的走向。

2. 岩层倾向的测定

岩层倾向是指岩层向下最大倾斜方向线在水平面上的投影,恒与岩层走向垂直。测量时,将罗盘北端或对物觇板指向倾斜方向,罗盘南端紧靠着层面,转动罗盘,使底盘水准器水泡居中,读出指北针所指刻度,即为岩层的倾向。

假若在岩层顶面上进行测量有困难,也可以在岩层底面上测量,仍用对物觇板指向岩层倾斜方向,罗盘北端紧靠底面,读指北针即可。假若测量底面时读指北针有障碍,则用罗盘南端紧靠岩层底面,读指南针亦可。

图 1-11　岩层产状及其测量方法

3. 岩层倾角的测定

岩层倾角是岩层层面与假想水平面间的最大夹角,即真倾角,它是沿着岩层的真倾斜方向测量得到的,沿其他方向所测得的倾角是视倾角。视倾角恒小于真倾角,野外分辨层面真倾斜方向甚为重要,它恒与走向垂直。此外,可用小石子在层面上滚动或滴水在层面上流动,此时滚动或流动方向即为层面真倾斜方向。

测量时,将罗盘直立,并以长边靠着岩层的真倾斜线,沿着层面左右移动罗盘,并用中指扳动罗盘底部的活动扳手,使测斜水准器水泡居中,读出悬锥中间所指最大读数,即为岩层的真倾角。

岩层产状的记录通常采用下面的方式(即方位角记录方式):如果测量出某一岩层走向为 310°,倾向为 220°,倾角为 35°,则记录为 NW310°/SW∠35°、310°/SW∠35°或 220°∠35°。

由于野外测量岩层产状时,需要在岩层露头上测量,不能在转石(滚石)上测量,因此,要会区分露头和滚石。区别露头和滚石的方法主要是多观察和追索,并要善于判断。

测量岩层面的产状时,如果岩层凹凸不平,可把记录本平放在岩层上当作层面,以便进行测量。

模块一　煤矿地质与矿图基础知识

【考核评价】

序号	考核内容	考核项目	配分	检测标准	得分
1	地球的物理性质	(1)地球的五大物理性质； (2)地温变化的特征	20	(1)能叙述地球的物理性质,5分； (2)能阐述地温的特点及变化规律,15分	
2	地壳的组成	(1)地壳的岩石组成； (2)沉积岩在地壳上分布的特点	15	(1)能叙述三大类岩石,5分； (2)能阐述地壳上沉积岩的特征及常见的沉积岩,10分	
3	地质作用及地质构造	(1)外动力地质作用； (2)内动力地质作用； (3)地质构造的类型； (4)岩层产状的三要素	25	(1)能叙述内、外地质作用,5分； (2)能叙述常见的地质构造类型,10分； (3)能描述岩层产状的三要素,10分	
4	地质罗盘的使用	(1)地质罗盘的构成部件； (2)使用地质罗盘	20	(1)能正确认识地质罗盘,10分； (2)能正确使用地质罗盘,10分	
5	使用地质罗盘测量岩层产状	(1)测量岩层走向； (2)测量岩层倾向； (3)测量岩层倾角	20	(1)能使用地质罗盘测量岩层走向和倾向,10分； (2)能使用地质罗盘测量岩层倾角,10分	
		合计			

【课后自测】

1. 内动力地质作用有哪些？
2. 外动力地质作用有哪些？
3. 地壳的组成及三大类岩石的特征是什么？
4. 常见的地质构造有哪些？
5. 如何测量岩层的产状？

课题二　煤的形成及赋存特征

【应知目标】

□煤的形成过程
□煤的物理和化学性质
□煤层的顶底板
□煤层的赋存条件

【应会目标】

□掌握煤的物理性质和分类方法
□能利用所学基础知识分析煤层顶底板特征

【任务引入】

为增加对煤矿的了解和认识,应掌握煤在形成过程中要经历的阶段和特征、煤的物理性质和化学性质、工业生产中煤的分类等知识。

【任务描述】

在采煤过程中,我们应掌握煤层的顶底板特征、岩石组成、煤的形成和赋存条件、煤层的结构及其特点、煤层厚度的分类等基础知识。

【相关知识】

一、煤的形成及分类

煤是植物残骸经过复杂的生物化学作用和物理化学作用转变而成的。这个转变过程叫作"植物的成煤作用"。一般认为,成煤作用分为2个阶段——泥炭化阶段和煤化阶段,前者主要是生物化学过程,后者是物理化学过程。

（一）煤的形成过程

在泥炭化阶段,植物残骸既分解又化合,最后形成泥炭或腐泥。泥炭和腐泥都含有大量的腐植酸,其组成和植物的组成已经有很大的不同。

煤化阶段包含2个连续的过程：

第一个过程,在地热和压力的作用下,泥炭层发生压实、失水、老化、硬结等各种变化而成为褐煤。褐煤的密度比泥炭大,在组成上也发生了显著的变化,碳含量相对增加,腐植酸含量减少,氧含量也减少。因为煤是一种有机岩,所以这个过程又叫作"成岩作用"。

第二个过程,褐煤转变为烟煤和无烟煤。在这个过程中,煤的性质发生变化,所以这个过程又叫作"变质作用"。地壳继续下沉,褐煤的覆盖层也随之加厚。在地热和静压力的作用下,褐煤继续经受着物理化学变化而被压实、失水,其内部组成、结构和性质都进一步发生变化。这个过程就是褐煤变成烟煤的变质作用过程。烟煤与褐煤相比,碳含量增加,氧含量减少,腐植酸在烟煤中已经不存在了。烟煤继续进行着变质作用,由低变质程度向高变质程度变化,从而出现了低变质程度的长焰煤、气煤,中等变质程度的肥煤、焦煤和高变质程度的瘦煤、贫煤。它们之间的碳含量也随着变质程度的加深而增大。

温度对于在成煤过程中的化学反应起决定性的作用。随着地层加深,地温升高,煤的变质程度逐渐加深。高温作用的时间越长,煤的变质程度越高,反之亦然。在温度和时间的共同作用下,煤的变质过程基本上是化学变化过程。在其变化过程中所进行的化学反应是多种多样的,包括脱水、脱羧、脱甲烷、脱氧和缩聚等。

压力也是煤形成过程中的一个重要因素。随着煤化过程中气体的析出和压力的增大,反应速度会越来越慢,但却能促成煤化过程中煤质物理结构的变化,减少低变质程度煤的孔隙率、水分,增加密度。

当地球处于不同地质年代时,随着气候和地理环境的改变,生物也在不断地发展和演化。就植物而言,从无生命一直发展到被子植物。这些植物在相应的地质年代中形成了大量的煤。在整个地质年代中,全球范围内有3个大的成煤期。

(1)古生代的石炭纪和二叠纪,成煤植物主要是孢子植物。主要煤种为烟煤和无烟煤。

(2)中生代的侏罗纪和白垩纪,成煤植物主要是裸子植物。主要煤种为褐煤和烟煤。

(3)新生代的第三纪,成煤植物主要是被子植物。主要煤种为褐煤,其次为泥炭,也有部分年轻烟煤。

表 1-1　成煤作用及各阶段的递变产物

地质作用				原始物质及递变产物
成煤阶段	第一阶段	泥炭化作用	腐泥化作用	植物 高等植物　　　　　　低等植物 ↓　　　　　　　　　　↓ 泥炭　　　　　　　　　腐泥 ↓　　　　　　　　　　↓ 褐煤　　　　　　　　　腐泥煤 ↓ 烟煤 ↓ 无烟煤
	第二阶段	成岩作用		
		变质作用		

(二)煤的物理与化学性质

1. 煤的物理性质

煤的物理性质是煤的一定化学组成和分子结构的外部表现。它由成煤的原始物质及其聚积条件、转化过程、煤化程度和风化、氧化程度等因素所决定,包括颜色、光泽、粉色、比重和容重、硬度、脆度、断口及导电性等。其中,除了比重和导电性需要在实验室测定外,其他根据肉眼观察就可以确定。煤的物理性质可以作为初步评价煤质的依据,并用于研究煤的成因、变质机理和解决煤层对比等地质问题。

(1)颜色。煤的颜色是指新鲜煤表面的自然色彩,是煤对不同波长的光波吸收的结果。煤呈褐色至黑色,颜色一般随煤化程度的提高而逐渐加深。

(2)光泽。煤的光泽是指煤的表面在普通光下的反光能力。煤一般呈沥青、玻璃和金刚光泽。煤化程度越高,光泽越强;矿物质含量越多,光泽越暗;风化、氧化程度越深,光泽越暗,直到完全消失。

(3)条痕。条痕是指将煤研成粉末的颜色或煤在抹上釉的瓷板上刻画时留下的痕迹,所以又称为"条痕色"或"粉色"。煤的条痕呈浅棕色至黑色。一般煤化程度越高,条痕越深。

(4)比重和容重。煤的比重又称煤的"密度",是指不包括孔隙在内的一定体积的煤的重量与同温度、同体积的水的重量之比。煤的容重又称煤的"体重"或"假比重",是指包括孔隙在内的一定体积的煤的重量与同温度、同体积的水的重量之比。煤的容重是计算煤层储量的重要指标。褐煤的容重为 1.05~1.20;烟煤的容重为 1.2~1.4;无烟煤的容重变化范围较大,为1.35~1.80。煤岩组成、煤化程度、煤中矿物质的成分和含量是影响煤的比重和容重的主要因素。在矿物质含量相同的情况下,煤的比重随煤化程度的加深而增大。

(5)硬度。硬度是指煤抵抗外来机械作用的能力。根据外来机械力作用方式的不同,可进一步将煤的硬度分为刻画硬度、压痕硬度和抗磨硬度3类。煤的硬度与煤化程度有关,褐煤和焦煤的硬度最小,为 2.0~2.5;无烟煤的硬度最大,接近 4.0。

(6)脆度。脆度是指煤受外力作用而破碎的程度。成煤的原始物质、煤岩成分、煤化程度等都对煤的脆度有影响。在不同变质程度的煤中,长焰煤和气煤的脆度较小,肥煤、焦煤和瘦煤的脆度最大,无烟煤的脆度最小。

(7)断口。断口是指煤受外力打击后形成的断面的形状。煤中常见的断口有贝壳状断口、参差状断口等。煤的原始物质组成和煤化程度不同,其断口形状各异。

(8)导电性。导电性是指煤传导电流的能力,通常用电阻率来表示。褐煤的电阻率低,褐煤向烟煤过渡时,电阻率剧增。烟煤是电的不良导体,随着煤化程度增加,电阻率逐渐减小,至无烟煤时电阻率急剧下降,而具有良好的导电性。

2. 煤的化学组成

煤的化学组成很复杂,但归纳起来可分为有机质和无机质两大类,以有机质为主体。煤中的有机质主要由碳、氢、氧、氮和硫5种元素组成。其中,碳、氢、氧占有机质的95%以上。此外,还有极少量的磷和其他元素。煤中有机质的元素组成,随煤化程度的变化而有规律地变化。一般来讲,煤化程度越深,碳的含量越高,氢和氧的含量越低,氮的含量也稍有降低。唯有硫的含量与煤的成因类型有关。碳和氢是煤炭燃烧过程中产生热量的重要元素,氧是助燃元素,三者构成了有机质的主体。煤炭燃烧时,氮不产生热量,常以游离状态析出,但在高温条件下,一部分氮转变成氨及其他含氮化合物,可以回收用于制造硫酸铵、尿素及其他氮肥。硫、磷、氟、氯、砷等是煤中的有害元素。含硫多的煤在燃烧时生成硫化物气体,会腐蚀金属设备,与空气中的水反应形成酸雨,污染环境,危害植物生长。将含有硫和磷的煤用作冶金炼焦时,煤中的硫和磷大部分转入焦炭中,冶炼时又转入钢铁中,严重影响焦炭和钢铁质量,不利于钢铁的铸造和机械加工。用含有氟和氯的煤燃烧或炼焦时,各种管道和炉壁会遭到强烈腐蚀。将含有砷的煤用作酿造和食品工业的燃料时,砷含量过高,会增加产品毒性,危及人们的身体健康。

煤中的无机质主要是水分和矿物质,它们的存在降低了煤的质量和利用价值,其中,绝大多数无机质是煤的有害成分。

另外,煤中还有一些稀有和放射性元素,如锗、镓、铟、铊、钒、钛、铀等,它们分别以有机化合物或无机化合物的形态存在于煤中。其中某些元素的含量一旦达到工业品位或可综合利用时,就是重要的矿产资源。

(三) 煤的工业分类指标及分类

通过元素分析可以了解煤的化学组成及其含量,通过工业分析可以初步了解煤的性质,大致判断煤的种类和用途。

1. 常用的煤质指标

(1) 水分。水分是指单位重量的煤中水的含量。煤中的水分有外在水分、内在水分和结晶水3种存在状态。一般以煤的内在水分作为评定煤质的指标。煤化程度越低,煤的内部表面积越大,水分含量越高。对于煤的加工利用,水分是有害物质。在煤的贮存过程中,水分会加速风化、破裂,甚至引发自燃;在运输时,会增加运量,浪费运力,增加运费;炼焦时,会消耗热量,降低炉温,延长炼焦时间,降低生产效率;燃烧时,会降低有效发热量;在高寒地区的冬季,还会使煤冻结,造成装卸困难。只有在压制煤砖和煤球时,才需要适量的水分用于成型。

(2) 灰分。灰分是指煤在规定条件下完全燃烧后剩余的固体残渣。它是煤中的矿物质经过氧化、分解而来的。灰分对煤的加工利用极为不利。灰分越高,热效率越低;燃烧时,熔化的灰分还会在炉内结成炉渣,影响煤的气化和燃烧,同时造成排渣困难;炼焦时,灰分全部转入焦炭,降低了焦炭的强度,严重影响焦炭质量。煤灰成分十分复杂,成分不同直接影响到灰分的熔点。灰熔点低的煤,燃烧和气化时,会给生产操作带来许多困难。为此,在评价煤的工业用途时,必须分析灰成分,测定灰熔点。

根据煤的灰分产率的高低,将煤分为6级(GB/T152241—1994),见表1-2。

表 1-2　根据煤灰分产率的高低对煤的分级

级别名称	代码	灰分(A_d)范围/%
特低灰煤	SLA	小于或等于 5.00
低灰分煤	LA	5.01～10.00
低中灰煤	LMA	10.01～20.00
中灰分煤	MA	20.01～30.00
中高灰煤	MHA	30.01～40.00
高灰分煤	HA	40.01～50.00

(3)挥发分。挥发分是指煤中的有机物受热分解产生的可燃性气体。它是对煤进行分类的主要指标,并被用来初步确定煤的加工利用性质。煤的挥发分产率与煤化程度有密切关系,煤化程度越低,挥发分产率越高;随着煤化程度加深,挥发分产率逐渐降低。

(4)固定碳。测定煤的挥发分时,剩下的不挥发物称为"焦渣"。焦渣减去灰分称为"固定碳"。固定碳是煤中不挥发的固体可燃物,可以通过计算得出。焦渣的外观与煤中有机质的性质有密切关系,因此,根据焦渣的外观特征,可以定性判断煤的粘结性和工业用途。

(5)粘结性和结焦性。粘结性是指煤在干馏过程中,由于煤中有机质分解、熔融而使煤粒能够相互粘结成块的性能。结焦性是指煤在干馏时能够结成焦炭的性能。煤的粘结性是结焦性的必要条件,结焦性好的煤必须具有良好的粘结性,但粘结性好的煤不一定能单独炼出质量好的焦炭。这就是为什么要进行配煤炼焦的道理。粘结性是进行煤的工业分类的主要指标,一般用煤中有机质受热分解、软化形成的胶质体的厚度来表示,常称"胶质层厚度"。胶质层越厚,粘结性越好。测定粘结性和结焦性的方法很多,除胶质层测定法外,还有罗加指数法、奥亚膨胀度试验等。粘结性受煤化程度、煤岩成分、氧化程度和矿物质含量等多种因素的影响。煤化程度最高和最低的煤,一般都没有粘结性,胶质层厚度也很小。

(6)发热量。发热量是指单位重量的煤在完全燃烧时所产生的热量,亦称"热值",常用 J/kg 表示,见表 1-3。它是评价煤炭质量,尤其是评价动力用煤的重要指标。国际市场上动力用煤以热值计价。我国自 1985 年 6 月起,沿用了几十年的以灰分计价改革为以热值计价。发热量主要与煤中的可燃元素含量和煤化程度有关。为便于比较耗煤量,在工业生产中,常常将实际消耗的煤量折合成发热量为 2.930368×10^7 J/kg 的标准煤来进行计算。

表 1-3　不同煤种的发热量

煤种	褐煤	烟煤	无烟煤
发热量/(MJ/kg)	25.10～30.50	30.50～37.20	32.20～36.10

(7)含矸率。含矸率是指从矿井开采出来的煤炭中块度大于 50mm 的矸石量占全部煤量的百分率。

2.各类煤的主要特征和用途

(1)褐煤。褐煤是煤化程度最低的煤。其特点是水分高、比重小、挥发分高、不粘结、化学反应性强、热稳定性差、发热量低,含有不同数量的腐植酸。褐煤多被用作燃料、气化或低温干馏的原料,也可用来提取褐煤蜡、腐植酸,制造磺化煤或活性炭。一号褐煤还可以作为农田、果园的有机肥料。

(2)长焰煤。长焰煤的挥发分很高,没有或只有很小的粘结性,胶质层厚度不超过

5mm,易燃烧,燃烧时有很长的火焰,故得名"长焰煤"。它可作为气化和低温干馏的原料,也可作民用和动力燃料。

(3)不粘煤。不粘煤的水分大,没有粘结性,加热时基本上不产生胶质体,燃烧时发热量较小,含有一定的次生腐植酸。主要用于制造煤气和民用或动力燃料。

(4)弱粘煤。弱粘煤的水分大,粘结性较弱,挥发分较高,加热时能产生较少的胶质体,能单独结焦,但结成的焦块小而易碎,粉焦率高。这种煤主要用作气化原料和动力燃料。

(5)1/2中粘煤。这种煤具有中等粘结性和中高等挥发分,可以作为配煤炼焦的原料,也可以作为气化用煤和动力燃料。

(6)气煤。气煤的挥发分高,胶质层较厚,热稳定性差,能单独结焦,但炼出的焦炭细长易碎,收缩率大,且纵裂纹多,抗碎和耐磨性较差。因此,气煤只能用作配煤炼焦的原料,还可用来炼油、制造煤气、生产氮肥或作动力燃料。

(7)气肥煤。气肥煤的挥发分和粘结性都很高,结焦性介于气煤和肥煤之间。单独炼焦时,能产生大量的气体和液体化学物质。气肥煤最适合用于高温干馏制造煤气,更是配煤炼焦的好原料。

(8)肥煤。肥煤具有很好的粘结性和中等及中高等挥发分,加热时能产生大量的胶质体,形成厚度大于25mm的胶质层,结焦性最强。用这种煤来炼焦,可以炼出熔融性和耐磨性都很好的焦炭,但这种焦炭横裂纹多,且焦根部分常有蜂焦,易碎成小块。由于其粘结性强,因此,肥煤是配煤炼焦中的主要成分。

(9)1/3焦煤。这种煤是介于焦煤、肥煤和气煤之间的过渡煤,具有很强的粘结性和中高等挥发分。单独用来炼焦时,可以形成熔融性良好、强度较大的焦炭。因此,它是良好的配煤炼焦的基础煤。

(10)焦煤。焦煤具有中低等挥发分和中高等粘结性,加热时可形成稳定性很好的胶质体。单独用来炼焦时,能形成结构致密、块度大、强度高、耐磨性好、裂纹少、不易破碎的焦炭。但因其膨胀压力大,易造成推焦困难,损坏炉体,故一般作为配煤炼焦使用。

(11)瘦煤。瘦煤具有较低挥发分和中等粘结性。单独炼焦时,瘦煤能形成块度大、裂纹少、抗碎强度较好但耐磨性较差的焦炭。因此,将其加入配煤炼焦,可以增加焦炭的块度和强度。

(12)贫瘦煤。贫瘦煤的挥发分低,粘结性较弱,结焦性较差。单独炼焦时,生成的焦粉很多。但它能起到瘦化剂的作用,故可作为配煤炼焦使用,同时,也是民用和动力的好燃料。

(13)贫煤。贫煤具有一定的挥发分,加热时不产生胶质体,没有粘结性或只有微弱的粘结性,燃烧时火焰短,炼焦时不结焦。贫煤主要用作动力和民用燃料,在缺乏瘦料的地区,也可充当配煤炼焦的瘦化剂。

(14)无烟煤。无烟煤是煤化程度最高的煤,挥发分低、比重大、硬度高,燃烧时烟少、火苗短、火力强,通常用作民用和动力燃料。质量好的无烟煤可作气化原料、高炉喷吹和烧结铁矿石的燃料,以及用于制造电石、电极和碳素材料等。

二、煤层的赋存特征

(一)煤层的顶底板

煤层的顶底板是指煤系中位于煤层上下一定距离的岩层,按照沉积顺序,在正常情况下,位于煤层之下,先于煤层生成的岩层称为"底板";位于煤层之上,在煤层形成之后生成的岩层称为"顶板"。

根据顶底板岩层相对煤层的位置、垮落性能、强度等特征的不同,从上至下顶板分为基本顶(老顶)、直接顶和伪顶3个部分;底板分为伪底、直接底和老底3个部分。不过,对于某个特定的煤层来说,其顶底板的6个组成部分不一定发育俱全,可能缺失某一个或几个组成部分。

(1)伪顶。伪顶是紧贴煤层之上的,极易随煤炭的采出而同时垮落的较薄岩层,厚度一般为0.3~0.5m,多由页岩、炭质页岩等组成。

(2)直接顶。直接顶是直接位于伪顶或煤层之上的岩层,常随支架的回撤而垮落,厚度一般为1~2m,多由泥岩、页岩、粉砂岩等较易垮落的岩石组成。

(3)基本顶。基本顶又叫"老顶",是位于直接顶之上或直接位于煤层之上(此时无直接顶和伪顶)的厚而坚硬的岩层。基本顶常在采空区上方悬露一段时间,直至达到相当面积之后才垮落一次,通常由砂岩、砾岩、石灰岩等坚硬岩石组成。

(4)伪底。伪底是直接位于煤层之下的薄层软弱岩层,多由炭质页岩或泥岩组成,厚度一般为0.2~0.3m。

(5)直接底。直接底是直接位于煤层之下的硬度较低的岩层,厚度一般为几十厘米至1m左右,通常由泥岩、页岩或黏土岩组成。若直接底为黏土岩,则遇水后易膨胀,可能造成巷道底鼓与支架插底现象,轻者影响巷道运输与工作面支护,重者可使巷道遭受严重破坏。

(6)基本底。基本底也称"老底",是指位于直接底之下的比较坚硬的岩层,多由砂层、石灰岩等组成。

(二)煤层的赋存条件

煤层的赋存条件包括煤层形态、煤层结构、煤层厚度等。

1. 煤层形态

煤层形态是指煤层在空间展布上的各种形状变化。煤层形态按其在工作区范围内煤层的连续程度和可采面积与不可采面积之比,分为层状、似层状、不规则状和马尾状4类。

(1)层状。煤层连续,厚度变化不大,煤层全部或绝大部分可采。

(2)似层状。煤层不完全连续或大致连续,而厚度变化较大。可采面积大于不可采面积者称"藕节状煤层",可采面积与不可采面积大致相当者称"串珠状煤层"。

(3)不规则状。煤层断续,形状不规则,成鸡窝状、扁豆状等,其可采面积多数小于不可采面积。鸡窝状煤层有的体积较大,也常具可采价值。

(4)马尾状。马尾状是厚煤层分岔以至尖灭形成的,因而由厚变薄,以至完全消失。

2. 煤层结构

不含夹矸的煤层称为"简单结构煤层",含夹矸的煤层称为"较复杂结构煤层"或"复杂结构煤层"。厚煤层或巨厚煤层多为复杂结构。花煤、花石节子都是指复杂结构的煤层。形成煤层夹矸的主要原因是:在泥炭堆积过程中,沼泽基底在较短时间内的下降速度超过了植物遗体堆积速度,而被其他沉积物所代替,形成了煤中的泥质岩、粉砂岩等夹层。这种情况出现得越频繁,煤层的结构就越复杂。煤层结构的复杂程度会直接影响煤层的开采价值。

煤层结构一般分为简单、较简单、较复杂、复杂等4种类型。一般来说,简单结构不含矸石或仅局部含矸石;较简单煤层一般含1层夹矸,矸厚小于可采厚度的50%;较复杂煤层一般含1~2层夹矸,单层矸厚较小,厚度一般小于30cm,矸石总厚度不能超过煤层厚度;复杂结构煤层含矸石2层以上,且厚度大,多出现在厚煤层以上。另有一些缺煤地区的煤层结构极复杂,对应的夹矸为复煤层,即煤层的全层厚度大,夹矸层数多,厚度和岩性变化大,夹矸的分层厚度可能大于所规定的煤层最低可采厚度。

3. 煤层厚度

煤层顶板与煤层底板之间的垂直距离称为"煤层厚度"。为便于勘探和开采工作,煤层厚度可分为:

(1)总厚度。总厚度是指煤层顶板与煤层底板之间包括夹石层在内的煤层全部厚度。

(2)有益厚度。有益厚度是指煤层顶板与煤层底板之间所有煤分层厚度的总和,不包括夹石层的厚度。

(3)可采厚度。可采厚度是指达到国家规定的最低可采厚度煤分层的总厚度,复杂结构煤层的计算方法另有规定。

(4)最低可采厚度。最低可采厚度是指在现有经济技术条件下,可开采煤层的最小厚度。它主要取决于煤层产状、煤质、开采方法以及国民经济的需要程度等。急需要的或工业价值较高的煤类以及资源相对较少的地区的煤层,最低可采厚度可适当降低。

根据厚度,煤层可分为:

(1)薄煤层。地下开采时厚度小于1.3m的煤层;露天开采时厚度小于3.5m的煤层。

(2)中厚煤层。地下开采时厚度为1.3~3.5m的煤层;露天开采时厚度为3.5~10.0m的煤层。

(3)厚煤层。地下开采时厚度为3.5~8.0m的煤层;露天开采时厚度为10.0m以上的煤层。

(4)巨厚煤层。地下开采时厚度大于8.0m的煤层。

【任务实施】

任务　煤的物理性质鉴定

一、煤样的选取

将采集的煤岩标本带回室内,首先仔细清理,为鉴定做准备,然后进行存放或贮藏。许多煤标本上粘有泥土或者其他杂质,必须予以清除。可以用软毛刷清除松散的泥土或杂质,避免用重的和尖锐的工具来清理,以免损坏标本,除非想使新鲜面露出来。清除松散物质时,必须手握标本,而不能使用老虎钳等工具。

1. 颜色

选取一块大小适中(约3cm×6cm×9cm)的煤样标本,仔细观察它的颜色(自色、他色、假色),主要是观察新鲜面的颜色。

2. 光泽

将煤样标本放在光线明亮的地方,认真观察煤样在光线下面表现出来的光泽,如沥青光泽、金刚光泽、金属光泽等。

3.硬度

在上述两项观察完成后,测试该煤样标本的硬度,可以用指甲、铜丝、小刀来测试煤样标本的硬度范围,有条件的可以使用摩式硬度计测量该标本的硬度。

4.密度

可以先使用天平称出该煤样标本的质量(g),再使用测量体积的仪器测出该标本的体积(cm^3),计算出该煤样标本的密度。

5.导电性

使用2节5号干电池、1个小灯泡和若干导线,把其中2根导线连接在煤样标本的两端,组成一个闭合回路,观察小灯泡的明亮程度,检测该煤样在不同湿度条件下的导电性。

6.裂隙

在选取煤样标本后,仔细观察该标本并统计节理(裂隙)数,测量裂隙的长度和宽度,条件允许时,可以制作玫瑰花图,统计该标本的节理发育程度。

二、记录观察数据

煤样标本	颜色	光泽	硬度	密度	导电性	裂隙

【考核评价】

序号	考核内容	考核项目	配分	检测标准	得分
1	煤的形成及分类	(1)煤的形成过程; (2)煤的物理性质; (3)煤的化学性质; (4)煤的工业分类	50	(1)能正确叙述煤的形成过程,10分; (2)能正确掌握煤的物理性质,25分; (3)能正确了解煤的化学组成元素,5分; (4)能掌握煤的工业分类,10分	
2	煤的赋存特征	(1)煤层的顶底板; (2)煤层的赋存条件	50	(1)能叙述煤层顶底板的特征及组成,20分; (2)能掌握煤层赋存条件及煤层形态,15分; (3)能掌握煤层按厚度进行分类的标准,15分	
合计					

【课后自测】
1. 煤的形成有哪两个阶段？
2. 煤的物理性质有哪些？
3. 煤的化学组成元素有哪些？
4. 煤的常用煤质指标有哪些？
5. 什么是含矸量？
6. 煤在工业分类上有哪 14 种？
7. 简述煤层顶底板的特征。
8. 什么是煤层的结构？
9. 煤层按厚度可分为哪几类？

课题三　煤田地质勘探

【应知目标】
□煤炭储量
□煤田地质勘探的任务
□煤田地质勘探的基本原则
□煤田地质勘探的手段

【应会目标】
□掌握煤田地质勘探的技术特点
□能利用所学基础知识读懂煤田地质钻探编录

【任务引入】
为增加学生对煤矿资源勘探过程的认知，引入煤田地质勘探的任务和基本原则、煤田地质勘探的阶段划分、煤田地质勘探的技术手段等知识。

【任务描述】
在矿井设计、煤矿生产之前，应了解该矿区的煤层赋存的地质条件、煤层位置、煤层层数、煤层厚度、顶底板的岩性等资料，同时，必须进行煤田地质勘探调查，因此，我们应掌握煤田地质勘探的一些基础知识。

【相关知识】

一、煤类和煤质

1. 煤炭工业分类参数

国际上采用的分类指标及其符号如下：干燥无灰基挥发分 $V_{daf}(\%)$，干燥无灰基氢含量 $H_{daf}(\%)$，烟煤的粘结指数 $G_{R.I.}$，烟煤的胶质层最大厚度 $Y(mm)$，烟煤的奥阿膨胀度 $b(\%)$，煤样的透光率 $PM(\%)$ 以及煤的恒湿无灰基高位发热量 $Q_{gr,maf}(MJ/kg)$。

2. 煤炭资源量和储量

(1)煤炭资源量和储量的概念。煤炭资源量是指可开发利用或具有潜在利用价值的煤炭埋藏量。煤炭储量是指蕴藏于地下、经过一定地质勘察工作确定符合储量计算标准、具有一定工业开发利用价值的煤炭资源量。煤炭储量又可分为探明储量和保有储量。探明储量是指地质勘察报告提交、经储量审计机关批准的能利用储量,它是反应煤田地质勘察工作成果的主要指标。保有储量是指截至统计报告期间煤田、矿区、井田内实际拥有的探明储量,它反映了煤炭资源的现状。

(2)现行的中国煤炭资源量和储量分类特点。依据矿产勘察工作阶段、地质可靠程度、可行性评价和经济意义,采用三维形式立体分类框架图对矿产资源进行分类。3个分类轴如下:

①地质轴 G,指地质可靠程度,分为探明的、控制的、推断的和预测的 4 级。

②可行性轴 F,指可行性研究程度,分为策略研究、预可行性研究和可行性研究 3 级。

③经济轴 E,指经济意义,分为经济的、边际经济的、次边际经济的和内蕴经济的 4 级。

二、煤田地质勘探

煤田地质勘探又称"煤炭资源勘查"或"煤田普查和勘探",是指根据国民经济建设规划和煤炭工业建设提出的任务,在区域地质调查基础上,运用先进的地质理论、各种先进技术手段、装备和研究方法,逐步深化对煤炭资源赋存地质条件和开发建设技术条件的研究和认识,对煤矿床做出正确的工业评价,并按时提交合格的地质勘查报告,以满足煤炭工业建设准备阶段对地质资料的需要。其目的是为煤炭建设远景规划、矿区总体发展规划、矿井(露天)初步设计等提供地质资料。煤田地质勘探也可作为以矿产勘查开发项目公开发行股票及其他方式筹资或融资时以及探矿权或采矿权转让时有关资源储量评审备案的依据。

1. 煤田地质勘探的任务

在开发资源前,必须了解煤层埋藏的具体情况,为开采设计、矿井建设及生产提供依据。煤田地质勘探的任务主要包括查明煤层赋存状态,探明煤炭储量,查明煤炭质量,研究和评价煤炭开采技术条件,对与含煤岩系伴生或共生的其他有益矿产进行勘查评价等。

2. 煤田地质勘探工作的特点

(1)科学研究性。地质现象是千变万化的,地质勘探工作在认识客观地质现象的过程中具有一定的探索性。

(2)生产实践性。煤田地质勘探工作是直接为煤炭资源开发、煤矿建设和生产服务的,其整个过程属于生产性质,是一种特殊形式的生产。

(3)政策性。由于煤田地质勘探工作是具有生产性质的工作,因此,它必然是国民经济的一个组成部分,在社会主义市场经济建设中,必定受到国家各个时期技术经济政策的制约,具有较强的政策性。

3. 煤田地质勘探学科的研究内容

(1)勘探地质基础理论研究。在煤田地质勘探过程中,为了寻找和查明煤矿床,自始至终都应当研究煤田的地层、构造、煤层、煤质、岩浆活动以及水文地质和工程地质等开采技术方面的问题。

(2)勘探方法和技术手段研究。在煤田地质勘探过程中,需要对勘探阶段划分、勘探工程布置、勘探工程密度、勘探施工和地质勘探的控制程度等进行研究。

(3)勘探学科其他方面的研究。根据长期的实践,研究如何建立与经济相适应的新的煤炭地质勘探体制。有关勘探经济和管理问题涉及勘探投资的效果、勘探工作部署和勘探施工管理等方面，研究如何以最小的勘探工程量获得最大的地质效果和经济效益。

4. 煤田地质勘探的基本原则

(1) 从实际出发原则。煤田地质勘探工作必须从勘查区的实际情况和煤矿生产建设的实际需要出发，正确、合理地选择勘查技术手段、确定勘查工程部署和施工方案，加强煤炭地质勘查过程中的地质研究，充分掌握煤矿床的赋存特点，从实际情况出发进行施工。

(2) 先进性原则。煤田地质勘探工作必须以现代化地质理论为指导，采用国内外先进的技术和装备，不断提高地质工作的科学技术水平；逐步研究解决煤炭工业生产建设中新技术、新装备对资源勘查工作提出的新要求，提高勘查成果精度，以适应煤矿建设技术发展的需要。

(3) 全面综合原则。一是对整个煤田做全面研究，做到合理划分矿区和合理划分井田，对煤炭资源的地质勘查工作做整体研究和总体部署。二是坚持"以煤为主，综合勘查、综合评价"的原则，做到充分利用、合理保护矿产资源，做好与煤共伴生的其他矿产的勘查评价工作，尤其要做好煤层气和地下水（热水）资源的勘查研究工作。三是综合利用各种技术手段，并使之相互配合、相互验证，以提高地质勘查效果。

(4) 循序渐进原则。必须遵循认识过程的客观规律，由点到线、由线到面、由面到整个地质体的认识过程。主要包括以下内容：

① 煤田地质勘探工作必须先研究地表或浅部的地质情况，然后根据所获得的地质资料布置深部勘查工程，由浅入深、由表及里地开展勘查工作。

② 勘查工程的布置和施工要由已知到未知、由疏到密来进行。一般来说，后续工程必须建立在先期工程施工的基础上，有依据地进行施工。

③ 在地质勘查过程中，对煤矿床的研究必须分清问题的主次，循序加以解决，既要突出重点，又要考虑调查研究的全面性。

三、煤田地质勘探程序和阶段划分

煤田地质勘探一般可分为资源勘查和开发勘探两大阶段。煤田地质勘探的整个过程可分为预查、普查、详查和勘探 4 个阶段。

1. 预查阶段

预查应在每天预测或区域地质调查的基础上进行，其任务是寻找煤炭资源。预查的结果是对所发现的煤炭资源是否有进一步地质工作价值做出评价。当预查发现有进一步工作价值的煤炭资源时，一般应继续进行普查；当预查未发现有进一步工作价值的煤炭资源，或未发现煤炭资源时，要对工作地区的地质条件进行总结。

2. 普查阶段

普查工作是在预查的基础上或在已知有煤炭赋存的地区进行的。普查的任务是对工作区煤炭资源的经济意义和开发建设的可能性做出评价，为煤矿建设远景规划提供依据。

3. 详查阶段

详查的任务是为矿区总体发展规划提供地质依据。凡需要划分井田和编制矿区总体发展规划的地区，都应进行详查；凡不涉及井田划分的地区、面积不大的单个井田，以及不需要编制矿区总体发展规划的地区，均可在普查的基础上直接进行勘探，不需要详查阶段。

4. 勘探阶段

勘探的任务是为矿井建设可行性研究和初步设计提供地质资料。一般以井田为单位进行勘探。勘探的重点地段是矿井的前期开采地段(或第一水平)和初期采区。

每一个阶段大体上均包括4个步骤：收集资料，编制设计；勘查施工；地质资料的编录和综合研究；编制地质报告。

四、煤田地质勘探方法

1. 遥感地质调查

遥感是通过遥感器等对电磁波敏感的仪器，在远离目标和非接触目标物体条件下探测目标地物，获取其反射、辐射或散射的电磁波信息(如电场、磁场、电磁波、地震波等信息)，并进行提取、判定、加工处理、分析与应用的一门科学。遥感技术的出现为地质、水文等勘测提供了新的手段，为找矿、找油、找水、找天然气和调查地热资源等提供了宏观研究的有力手段。

2. 地质填图

地质填图又称"地质测量"，对划分地层、建立完整的地层剖面以及研究地质构造和煤层分布等都有重要意义。其主要成果——地形地质图既是布置其他勘查工程的依据，又是地质报告的主要图件之一。

3. 坑探工程

坑探工程又称"山地工程"或"探掘工程"，用于配合地质填图，揭露被不厚的浮土所掩盖的地质现象；主要在地形条件复杂、钻探施工困难的山区，或在构造复杂、煤层不稳定以及其他勘查手段效果很差的地区，用来获得有关煤层、煤质、构造、水文地质和开采技术条件等方面的资料。

4. 钻探工程

钻探工程与坑探工程一并称为"探矿工程"。钻探工程是指通过机械回转钻进或冲击钻进，向地下钻成直径小而深度大的圆孔，并从孔内取得岩、煤心及其他地质资料。它的优点为：

①获取地质资料全面，可靠性大、准确性高；能够检验和证实物探的成果。

②是揭露煤田深部和表土覆盖很厚的平原地区的地下地质情况的主要手段。

5. 地球物理探矿工程

地球物理探矿工程简称"物探"，是指以不同地质体(岩层、煤层等)具有不同的物理性质(密度、磁性、电性、弹性和放射性等)为基础，利用各种仪器接收、研究天然的或人工的地球物理场的变化，了解地质构造和寻找、勘查煤矿床。

【任务实施】

任务　煤田地质钻探编录

钻探是煤田普查和勘探的重要手段之一。其目的是从地下钻取有关地质资料，为研究煤田地质构造和评价矿产提供可靠依据。钻探编录就是钻探施工的地质管理工作，这项工作是由地质员(即地质鉴定员)负责的。

一、地质鉴定员的职责范围

(1)编制钻孔地质设计,绘制地质预想柱状图,提出钻探目的和要求,并向钻机交底。钻孔地质设计是钻孔施工的主要依据和组成部分之一,主要包括文字说明和钻孔地质预想柱状图2个部分,并根据《煤田勘探钻孔工程质量标准》的规定和勘探设计的具体要求及本孔的特点,提出有关技术要求。钻孔地质设计经技术负责人审核、签字后,作为钻孔竣工验收的依据之一。

(2)加强岩煤层对比和资料分析,及时修改柱状图,当好施工参谋。

(3)做好岩煤层的鉴定描述工作,按设计要求获取第一手地质资料。

(4)及时下达见煤预告,确定煤层质量,及时填写见煤报告书。

(5)检查与指导小班记录员的工作,帮助其提高业务水平,并及时准确地填写报表(小班原始报表、简单水文报表、丈量全长表等)。

(6)终孔前及时提出封孔设计,并在现场协助封孔。封孔结束后提出封孔报告书,确保资料正确。钻探编录的内容很多,但应获得有关地层和深度2项资料的主要方面。钻探编录的地层和深度资料是编绘地质柱状图、地层剖面图、地质构造图和煤层底板等高线及储量计算图等的最原始资料。它如果差之分毫,就会造成成果错之千里。因此,必须加强钻探地质管理工作。在地质人员同钻探人员密切配合下,应认真做好钻孔岩芯鉴定、描述和编录各种相关数据的工作,取全取准第一手资料。

二、钻进过程中的地质管理工作

1. 岩芯的整理

量完岩芯采长后,将岩芯清洗干净。煤芯不能用水洗,应剥掉泥皮,清除杂质,然后按头尾相接的顺序用红油漆编号,破碎煤、岩芯的编号可写在木板上。岩芯编号多采用累计块数法,即从开孔到终孔按取芯顺序,逐块连续编号,如:1,2,3,…,101,102,103,…在每回次最后一块岩芯上应编号或涂上标记。

2. 钻探记录的检查

钻探地质人员为了做好钻进过程中的地质管理工作,必须掌握钻探施工、钻孔质量及钻孔地质变化情况,这项工作是在日常工作中进行的。当掌握了情况之后,要通过正确的分析和判断,指导钻进,保证取得可靠的地质资料。因此,地质人员要做好钻探记录的检查和调度工作。钻探记录即钻探小班记录,这项工作是在钻探地质人员的指导和协调下,由钻孔小班记录员负责完成的。钻探原始记录表中的计算关系为:钻具全长=累计深度+上余(残尺)+机高,累计深度=上次累计深度+本次进尺,累计深度=钻具全长-上余(残尺)-机高。

3. 简易水文观测

钻孔简易水文观测是在钻进过程中随时进行的。应观测的项目有:

(1)钻孔水位测量。观测水位的目的是了解含水层的深度。地下水压力大小和确定地下水的动态水位等测量,一般是在提钻后到下钻前这段时间内进行的。如果间隔时间较长,应每隔10~20min测一次水位。

(2)冲洗液消耗量测量。测量冲洗液消耗量,可以对岩层透水性、裂隙发育程度等做出初步评价。冲洗液消耗量应每小时测一次,测量方法一般是在泥池内竖立一根标尺,根据液面变化的高度和泥浆池的长宽来计算冲洗液的消耗量。

(3)钻孔涌水测量。钻孔发生涌水后,应马上提钻,记录涌水孔深及套管长度。涌水量不大时,可用水桶、秒表测量;涌水量较大时,用套管内径计算。

4. 岩芯的鉴定和描述

首先根据岩石分层的原则,对岩芯进行岩石分层,然后再分别按层进行鉴定和描述。

(1)岩石分层的原则。

①以岩性的不同特征作为划分岩层的依据。

②冲积层厚度达 1m 以上者应单独分层。

③一般岩层厚度达 0.5m 以上者应单独分层,煤层顶底板要适当划分细些。

④标志层和煤层及其他特殊岩性的岩层(如炭质泥岩、铝土矿等),无论其成层厚薄,均应单独分层。

⑤岩层中夹有不同岩性的薄层时,厚度小于 0.5m,又不是标志层的称为"夹层",可不必单独分层。

⑥煤层中夹矸的起算下限厚度为 0.01m,小于 0.01m 的夹矸应和煤层一起计算厚度;厚度大于或等于 0.01m 的煤层夹矸应单独描述;大于煤层最低可采厚度的夹矸应单独分层。

⑦同一岩层因受构造作用的影响,在上下岩层倾角相差悬殊时,要按倾角分层,以便分别精确地计算岩层厚度。

(2)岩层倾角测定。岩芯倾角要选在层理发育好并具有代表性的部位上测定,一般选在和层面平行的水平层理或水平波状层理上测量最好。但必须注意的是,不要将斜层理、交错层理或节理、裂隙误以为层面。每个分层最好都进行倾角测定,煤层顶底板尤为重要。

岩芯鉴定可以按以下内容依次进行描述:

①颜色。

②岩石单层厚度。

③结构、构造。

④矿物成分。

⑤填隙物。

⑥圆度及分选性。

⑦胶结类型与胶结物。

⑧结核及包裹体。

⑨层面构造与层理特征。

⑩裂隙、节理及断口。

⑪对盐酸的反应。

⑫条痕、光泽。

⑬煤岩组分、煤岩类型。

⑭煤层结构。

⑮坚硬程度。

⑯岩层接触关系。

⑰化石。

⑱其他。

(3)岩层的换层深度。岩层的换层深度是指各岩（煤）层的换层底界在钻孔中所处位置的钻孔深度。求岩层的换层深度有直接获得、计算获得和间接获得（即钻探判层和物理测井）3 种方法。

①回次进尺终点换层。岩层换层位置恰好位于回次进尺的终点，在这种情况下求换层深度的方法属于直接获得法。当本回次钻进无残留岩芯时，回次进尺的累计孔深也就是岩层的换层深度；当有残留岩石时，换层深度为回次孔深减去残留岩芯。

②回次进尺中间换层。在回次进尺中间换层求换层深度的方法属于计算获得法，一般称为"岩层换层深度计算"。在回次进尺中，有时有一个或几个岩层换层，有时在一个或连续几个回次中均无岩层换层。由于岩层的换层界面存在于回次钻进钻取岩芯中，而这些岩芯多数都有磨损，所以岩芯的长度不等于其所在孔段的长度。当采取率为 100% 时，可直接用本回次进尺的累计孔深减去换层下部岩芯采长，或用上一回次进尺的累计孔深加上换层上部岩芯采长，均可求得换层深度；当采取率小于 100% 时，不能直接求得岩层换层深度，须先用计算与估计相结合的方法，求出换层岩芯所在孔段的长度，然后再用它计算出岩层换层深度。

③在正常钻进过程中，钻探人员根据孔底压力的变化和进尺的快慢等进行判层，并记录换层深度（即见软深度和见硬深度），这种方法属于间接获得法，其记录数据经核实后可直接作为岩层换层深度。

5. 见煤前后的地质管理工作

(1)下达见煤预告。在见煤前，由地质人员将预计见煤深度、煤层编号、煤厚与结构、止煤深度、煤层顶底板岩性及应注意的问题通知到钻机，使钻探人员心中有数，做好打煤准备。为了下准见煤预告，应采取下列措施。

①做好岩煤层的对比工作，掌握标志层、岩性特征、层厚与层间距等的特点和变化规律。

②加强实际柱状资料的研究整理，并将实际柱状与预想柱状进行对比。

③把好第一层煤见煤关。在实际工作中，把第一层煤预见准确是特别重要的，它将为预见其他各层煤的位置奠定基础，特别是在地质构造简单的勘探区内，煤层的层位和间距的变化是比较有规律的。只要确定出一个煤层，特别是确定可采煤层的深度之后，其他煤层的层位和预计见煤深度就比较容易确定了。见煤预告范围可按不同的勘查阶段、不同区域、不同煤系地层和首见煤层、非首见煤层等分别制定实施细则。一般情况下，见煤预告范围不超过 30m。

(2)煤芯煤样的采取。

①保证煤芯采取率达到规定要求，煤层结构不受损坏，煤芯无严重污染、无磨烧。

②清除混入煤样中的杂质，剔除磨烧部分。如需用水洗煤芯、泥浆和杂质时，应防止煤粉损失，一般情况下，最好不用水洗。当煤芯为完好的煤芯柱时，可轻轻刷洗或剥去泥皮。

③在柱状煤芯取样时，沿煤芯纵轴劈为两半，分装 2 袋，一袋送验，一袋保留；在碎块或粉状煤芯取样时，可用破碎缩分法将煤芯缩分成两等份，一份送验，一份保留。当煤样原始重量小于送验最低重量时，可全部送验（煤芯样送样重量一般应大于 1kg）。按有关采取规程的要求做好采样工作，并填写送验说明书。在送验说明书上，要将化验、测试的内容及要求填写清楚。当钻机煤芯采取达不到要求时，要采取停钻改进等措施，直至取好煤层为止。

6. 丈量全长及平差方法

在钻进过程中，应认真检查孔深情况和丈量全长，发现误差时应及时平差，使误差不超过规定限度。

丈量全长的要求：

(1)每钻进 100m 要丈量全长一次。

(2)钻进厚冲积层见基岩时应量全长。

(3)见主要可采煤层底板时应量全长(在煤层顶板以上或底板以下 10m 的范围内准确丈量钻具)。

(4)见断层时应量全长。

(5)终孔时要量全长。

(6)孔深允许误差为 0.15‰,小于此值不必平差。可从记录深度中消除误差,大于此数者必须进行合理平差。平差采用比例分配法,根据误差值的大小、钻程长度和钻程中各个岩层的厚度,分别按比例分配,进行合理平差。

【考核评价】

序号	考核内容	考核项目	配分	检测标准	得分
1	煤田地质勘探	(1)煤田地质勘探的任务； (2)煤田地质勘探的基本原则； (3)煤田地质勘探的阶段； (4)煤田地质勘探的技术方法	30	(1)能正确叙述煤田地质勘探的任务,7分； (2)能正确掌握煤田地质勘探的基本原则,7分； (3)能正确了解煤田地质勘探的阶段划分,8分； (4)能了解煤田地质勘探的技术方法,8分	
2	读懂煤田地质钻探的编录	(1)地质鉴定员的职责范围； (2)岩芯的整理； (3)钻探记录的检查； (4)岩芯的鉴定和描述； (5)煤芯煤样的采取	70	(1)能叙述地质鉴定员的职责范围,10分； (2)能进行岩芯的整理工作,15分； (3)能进行钻探记录的检查工作,15分； (4)能初步掌握岩芯的鉴定和描述工作,15分； (5)能在指导下完成煤芯煤样的采取工作,15分	
		合计			

【课后自测】

1.煤田地质勘探的任务是什么？

2.煤田地质勘探的基本原则有哪些？

3.煤田地质勘探有哪几个阶段？

4.煤田地质勘探的技术方法有哪几种？

5.简述地质鉴定员的职责范围。

6.岩芯的整理中要注意的事项有哪些？

7.岩芯的鉴定和描述有哪些要点？

8.煤芯煤样的采取中应注意的事项有哪些？

课题四　煤矿地质图件的基础知识

【应知目标】

□ 坐标系统

□ 比例尺

□ 直线定向
□ 地质绘图的基本技术
□ 标高投影
□ 编绘煤矿综合地质图件应遵循的基本原则
□ 编绘煤矿综合地质图件的一般要求

【应会目标】
□ 手工绘制矿图
□ 计算机辅助绘制矿图

【任务引入】

煤矿设计、建设和采掘生产所依据的地质情况,通常由煤炭资源勘探地质报告、建井地质报告、矿井地质报告及各种地质说明书等反映出来。其中的地质图件是煤矿各种技术活动不可缺少的基础资料。

【任务描述】

矿图是煤矿企业中最重要的技术资料,是管理煤矿企业和指导生产必不可少的基础图件,它对于正确地进行采矿设计、编制采掘计划、指导巷道的掘进和合理安排回采工作及各种工程需要都具有重要作用。因此,矿图的绘制是一项非常重要的工作。

【相关知识】

一、坐标系统

1. 平面直角坐标系

地球表面上任一点的位置可以用经纬度来表示。但由于经纬线是球面坐标系,所以经纬度的测量计算工作十分复杂,而且应用很不方便。因此,在较小范围的测区内,可选定一个与地球表面相切的水平面作为基准面,其切点最好选在测区中央,并把它当作坐标原点,以通过原点的真北方向为坐标纵轴 x,以与真北方向相垂直并通过原点的正东西方向为坐标横轴 y,组成平面直角坐标系(图 1-12)。

平面直角坐标系使用方法如下:以原点为坐标计算的起点(即 $x=0,y=0$),可用它来确定地面甲点的位置(x,y)。此外,还规定 O 点以北的 x 坐标是正值(+),以南是负值(-);O 点以东的 y 坐标是正值(+),以西是负值(-)。图 1-12 中,乙点的坐标值为:$x=+250$m,$y=-120$m。

在实际工作中,为了避免坐标值出现负值,通常在原点坐标上各加上一个适当的常数。我国位于北半球,纵坐标值永远是正数,为使横坐标 y 值不涉及正负号问题,将原点西移 500km,使我国范围内的 x、y 值均为正值。这种方法并不影响本测区内所有控制点之间的相对位置。

2. 高程

要确定地面上某点的空间位置,除平面位置用经纬度或平面直角坐标系决定外,还必须测定其高程,所以高程也称为点的"第三坐标"。

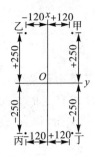
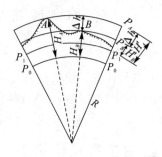

图 1-12　平面直角坐标与点的坐标确定　　　图 1-13　绝对高程与假定高程

(1)绝对高程。绝对高程以大地水准面(平均海水面)为起算点,即标高为 0。某点至大地水准面的竖直距离,称为该点的"绝对高程",又称"海拔"或"标高"。我国以黄海的平均海水面作为绝对高程的起算面。如图 1-13 所示,P_0P_0 为大地水准面,H_A 和 H_B 为 A、B 两点的绝对高程。

(2)假定高程。在局部地区,可以任意假定的水准面为高程的起算点。如图 1-13 中的 P_1P_1 为一假定水准面,则 A、B 两点高出于 P_1P_1 的距离 H'_A 和 H'_B 就是 A、B 两点的假定高程。

(3)高程差及正负标高。两点标高之差称为"高程差",它表示这两点之间的铅直距离。如图 1-13 所示的 $\Delta h = H'_A - H'_B$,Δh 即为高程差。点的标高高于起点水准面的标高为正值(+),低于起点水准面的标高为负值(-)。

二、比例尺

图上线段长度与相应实地线段(或其水平投影)的长度之比称为图的"比例尺",又称"缩尺"。

1. 数字比例尺

用分数表示的比例尺,称为"数字比例尺"。它的分子永远是 1,分母 M 通常是 10 的整数倍,如 1∶1000、1∶5000 等。所以,比例尺也是图上的长度和实地长度之比。如果比例尺是已知的,就可以根据图上的长度求出相应实地的长度,也可将实地长度换算为图上的相应长度。

2. 图示比例尺

在图纸上绘制一条线段,用此线段长度代表实地长度的比例尺,称为"图示比例尺",又称"线条比例尺"。图示比例尺可避免图纸伸缩所引起的误差。

3. 比例尺的精度

人们用肉眼在图纸上能够分辨出的最小距离为 0.1mm,因此,在各种比例尺图上,0.1mm 所代表的实地长度,称为比例尺的"精度"。例如,比例尺 1∶1000、1∶2000 的精度相应为 0.1m 及 0.2m。如果已经确定了所需测量或作图的精度,也就能确定图纸的比例尺。例如,若要求在图上所表示的地面或实地距离的误差不超过 0.1m,那么应采用 1∶1000 的比例尺来制图。

如果比例尺的精度 $\delta=0.1$mm,则根据 M 便可适当选择图件的比例尺。M 为比例尺的分母,即实地水平长度缩小的倍数。若要求在图上能表示出 0.5m 的煤厚,则可得出 $M=$

0.5m/0.1mm＝5000,也就是说,该图的比例尺应不小于1∶5000。

三、直线定向

地面上点的位置可用坐标来表示,而确定地面上或井下巷道中任意两点之间的相对位置,不仅要量得它们之间的水平距离,还要确定这两点所连接成直线的方向。确定直线与东、西、南、北方向的关系,或确定直线与一条标准方向线之间的夹角,称为"直线定向"。

四、绘图工具及绘图仪器

1. 绘图工具

常用的煤矿绘图工具有图板、丁字尺或钢板尺、三角板、比例尺(三棱尺)、量角器(半圆仪)、曲线尺或曲线板以及擦图片和绘图小钢笔等。

2. 绘图仪器

地质制图用的主要仪器有直线笔、分规、普通圆规、小圈圆规(弹规)、鸭嘴笔及弹簧分规等。

五、地质绘图的基本技术

1. 高程网的绘制

高程网是指剖面图中的水平标高线,它是一组等间距的平行线。高程网的精度可直接影响剖面图和利用剖面图编绘的平面图的精度。绘制高程网的质量标准是:高程网上各高程线必须相互平行;高程网的等高距是依据剖面图的比例尺来确定的(表1-4);高程网上各高程线的间距相等,其最大误差不应超过0.2mm。绘制高程网的步骤是:首先画基线;然后作基线的垂直线,并在垂直线上截高程点;最后连接高程线,检查高程网的精度。

表1-4 剖面图上高程网的等高距及间距

比例尺	等高距(m)	高程网间距(mm)
1∶1000	20	20
1∶2000	50	25
1∶5000	100	20

2. 坐标格网的绘制

坐标格网由边长100mm的纵、横正交正方形格网组成,又称"图格"。它是绘制地形地质图、采掘工程平面图以及煤层高线图等矿用平面图的基础。坐标格网的准确程度直接关系到有关图纸的精度和质量。

坐标格网的绘制精度要求是:不论图幅大小,每一图格的边长均为100mm,误差均不得超过±0.2mm;每一图格的对角线长为141.4mm,误差均不得超过0.25mm。图幅大于5格时,考虑到误差的累计,以5格图幅为单位,图幅边长误差和对角线误差(单位:mm)分别以$0.2\sqrt{N}$和$0.25\sqrt{N}$来计算(N为5格图幅的格数)。绘制坐标格网常用的方法有下列几种。

(1)对角线法。首先在长方形或正方形的图纸上,用直尺作出两条对角线;然后以对角线的交点为圆心,用圆规在对角线上截取等长的线段后,连接成一矩形或正方形;再截取矩形或正方形各边的中点,将两条对边的中点连接起来,检查这两条对边中点连线的交点是否通过圆心(若不通过,则需重新绘制);最后用分规或杠规以 100mm 的长度在矩形或正方形的各边上截取各点,连接相应的各点,即得要求绘制的坐标格网。

如果是 5 格图幅的坐标格网,则以对角线的交点为圆心,以 353.5mm 为半径画弧,与对角线相交得四个点;按顺序连接这四点,即得正方形图框;再以 100mm 长度均分其四个边,连接相应交点即成。

检查坐标格网精度是否符合要求的方法是:每个小方格的边长与理论长(100mm)之差不应超过 0.2mm,且图中每个小方格的顶点应在一条直线上。

(2)坐标格网尺法。坐标格网尺是一根合金钢板尺。用坐标格网尺绘制坐标格网的步骤与方法如图 1-14 所示。

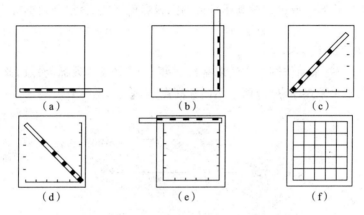

图 1-14　用坐标格网尺绘制坐标格网示意图

(3)斜交图框方格网(斜格网)的绘制。坐标格网与图框正交时,图纸上方为正北方向。按顺时针方向,图框四边分别为北、东、南、西。有不少矿区的井田延展并非沿正东西或正南北方向,按上述正方形或长方形的格网来绘图所占图幅较大。为避免出现这种现象,常采用斜交图框的坐标格网(斜方格网)来制图。

斜方格网的绘制方法与前述的两种绘制正方格网的方法基本相同,首先是考虑图框与经(纬)线要有一个交角 α,即按图框与经(纬)线交角的大小,先画出一条经(纬)线,再以这条经(纬)线为底边来绘制坐标方格网(图 1-15)。

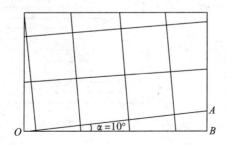

图 1-15　绘制斜交图框的方格网示意图

3.测点展绘

当坐标格网绘制完成后,根据所编制图件的图幅范围内要绘的各测点(如钻孔、见煤点、地质点等)的坐标值,把这些点展绘在坐标方格网内,这个工作称为"展点"。展点可采用纵横坐标法或直角坐标尺法。

4. 直线展绘

直线展绘是根据直线上一个端点的坐标和该直线的方位角来展绘直线。在编绘综合地质图件时,常常根据实测资料,将煤层产状、断层走向或断煤交线、褶曲枢纽以及设计钻孔、探巷等展绘在平面图中,这就是直线展绘工作。

直线展绘的具体方法一般是,在平图上先根据直线的已知端点的坐标值,将其端点展绘在图上,然后通过该点按直线的方位角绘制出该直线。或者按直线上已知两个端点的坐标值,利用测点展绘方法,在平面图上展绘出该直线的两个端点,再连接此线。

5. 线段分解

在已知线段的投影上或已知标高不等的两点投影的连线上,按一定的标高差数(通常为整数标高)定出一系列标高点的方法,叫作"线段分解"或"标高内插"。常用的线段分解方法(即内插法)有以下2种。

(1)图解法。它是采用作图的方法求得最低可采煤厚(或整数标高)点,此点在最低可采厚度的煤厚点与不可采煤厚点(或两个不同标高点)之间(如图1-16)。

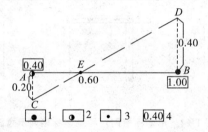

1—见煤可采点 2—见煤不可采点 3—煤层最低可采厚度点
4—煤层厚度(图中煤层最低可采厚度为0.6m)
图1-16 图解法求最低可采煤厚点

(2)格子纸法。格子纸法又称"透明纸法"。它是在一张透明图纸上画出一组间距相等的平行线,并注明0、1、2、3等数字,然后将此透明纸覆盖在如图1-17所示的位置上,在高程(煤厚)为21.7m和24.9m的两点间求得整数为22、23、24的高程(煤厚)点。

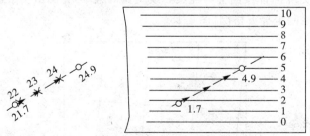

图1-17 用透明纸法分解线段

六、标高投影

1. 点的标高投影

过空间中某一个点,向投影面作垂直线,其垂足是该点的正投影,用数字注明点的标高或距投影面的距离,即为该点的标高投影。在平面直角坐标系中,x、y 可用于确定点的平面位置,z 是点的标高,三者缺一不可,这就是点的空间位置。

2. 直线的标高投影

直线的标高投影用直线上两点的标高投影来表示。空间直线的位置通常用该直线两端点的坐标(x、y、z)或者一个端点的坐标和该直线的方向角和倾角来确定。

3. 平面的标高投影

在煤矿开采过程中所遇到的煤层层面和断层面,虽然不可能都是平面,但在局部地段可以将其看作平面,因此,可以用平面的标高投影来表示。平面的标高投影通常用平面的一组等高线的投影来表示(图 1-18)。所谓"等高线",是指标高相等的各点的连线,在平面上就是高程一定的水平线。

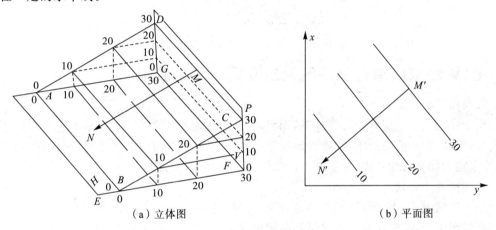

(a) 立体图 　　　　　(b) 平面图

图 1-18　平面的标高投影示意图

图 1-18(a)为立体图,其中 $ABCD$ 为平面,$EFGK$ 为水平投影面 H,$FPRG$ 为竖直投影面 V,MN 为平面的倾斜方向;图 1-18(b)为平面图,其中 10、20、30 线段为平面等高线,$M'N'$ 为垂直平面等高线的倾斜方向。

在煤矿生产中,还经常遇到两个平面相交的问题。如煤层面与断层面相交,其交线称为"断煤交线",这时必须设法求出交线上的两个点或一个点及交线方向,才能确定交线(图 1-19)。

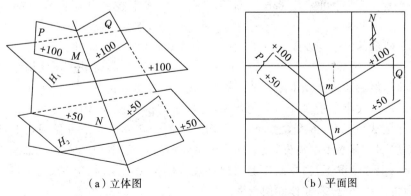

(a) 立体图 　　　　　(b) 平面图

图 1-19　两个平面相交的交线标高投影示意图

4. 曲面的标高投影

曲面的标高投影与平面的标高投影的表示方法相同,都是采用等高线的投影来表示的(图 1-20)。

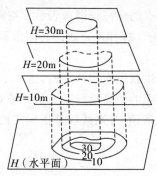

图 1-20 曲面的标高投影示意图

七、编绘煤矿综合地质图件应遵循的基本原则

1. 相似平行原则

由于煤层都是呈层状赋存地下,而且煤层与煤层之间的间距变化基本上呈相似平行渐变的,因此,在一般情况下,在地形地质图、剖面图、水平切面图及煤层底(顶)板等高线图上,按上述相似平行的特点,根据某一已知煤(岩)层迹线,可推测其附近煤(岩)层的迹线。

2. 连续和不连续的原则

在一般情况下,由于煤层或岩层都是连续沉积的,所以,在剖面图、水平切面图及煤层底板等高线图中的煤、岩层迹线及煤层等高线也应连续出现。利用这个规则,可以根据一个点或几个点的地质资料,通过分析,由点推测到线,再由线推测到面。在推测煤、岩层迹线和煤层等高线时,应分别按照连续规则进行深部连线和延展。但需要指出,无论是煤、岩层迹线,还是煤层等高线,都不能直接通过断层面(指剖面图中的断层迹线水平切面图中的断层走向迹线,以及煤层等高线图中的上、下盘断煤交线)、火成岩侵入体、岩溶陷落柱、古河流冲蚀带等,这就是不连续原则。

3. 断层延展和消失的原则

(1)在一般情况下,可采用断层面等高线图的形式来控制断层面在空间中的形态和位置。

(2)由于断层的产生与发展是区域地质应力作用的结果,因此,断层的性质和走向都是有规律可循的。在地质资料不足的情况下,断层的性质和走向均可按区域地质的已知规律进行初步推断,然后通过实践不断地加以修改,直至符合客观情况。

(3)断层落差大小是受多种因素制约的,比较普遍的情况是:断层落差无论是沿走向还是沿倾向,都是从小变大,再由大变小,直至消失。通常在煤矿井下可见到在上部水平煤层中出现的断层到下部水平中消失,或上部水平煤层中没有见到断层,而在下部水平煤层中出现了断层。在上述情况下,当在制作地质图件过程中推测断层时,应根据已知的资料,通过分析研究后再向深部延展,或作断层丢失的推断。

4. 剖面图、水平切面图和煤层等高线图之间的对应原则

对于空间中任意已知点,它在三大地质图件上的坐标(x、y、z)值必然相同。依据这种关

系,可知三大地质图件之间的对应原则如下:

(1)剖面图与煤层等高线图。剖面图中任意煤层迹线上的已知点,根据其高程,都可在相应煤层等高线图上沿着这条剖面线找到。

(2)水平切面图与煤层等高线图。水平切面图上某煤层迹线,可与该煤层等高线图上相同标高的曲线相重合。

(3)水平切面图与剖面图。在水平切面图某一剖面线上的任一个点,根据此点高程以及此点与经线(或纬线)间的距离,可在该剖面图中找到相应位置。

八、编绘煤矿综合地质图件的一般要求

(1)在编制图件前,应考虑图幅大小、图的方向以及图件所包含的内容。其中,图纸的方向一般是:平面图的正北方向应为图的上方,特殊情况下可为图的右上方或左上方;一般剖面图的南、西方向在图的左侧,而北、东方向在图的右侧,或南、西(南、东)方向在左侧,而北、东(北、西)方向在右侧。

(2)各种图件除具有要求的基本内容外,还必须有图名、比例尺、图例、责任图签等。其中,图名、比例尺位于图纸的下方;图例一般放在图纸的上方,也可视具体情况而定;责任图签一般位于图纸的右下角。

(3)图件中的各种图形符号、文字符号、花纹及颜色等,必须按《煤矿地质测量图例》以及其他有关规定绘制,并且全部列入图例,说明它们所代表的含义。

(4)图的比例尺。各种平面图一般用数字和图示比例尺表示,剖面图或其他图纸只用数字比例尺表示。

【任务实施】

任务一 手工绘制矿图

矿图大部分是水平投影图,手工绘制矿图的一般步骤如下。

1.绘方格网

基本矿图应在优质原图纸或聚酯薄膜上绘制。绘图前,首先打好坐标格网和图廓线,检查合格后即行上墨。

2.用铅笔绘图

首先根据测量资料展绘测量控制点和地物特征点或巷道及硐室的轮廓;再根据其他采矿资料展绘工作面的轮廓及风门、防火密闭、隔水墙、防火闸门等的位置;最后根据地质资料展绘钻孔、断层交面线、煤层露头线等各种边界线,以及煤层倾角、煤厚、煤柱等。

3.着色上墨

一般是先涂色后上墨。先对地面建筑物、井下巷道等涂色,用墨画线、写字和注记;再用不同颜色按图例画出其他内容。对于回采工作面,一般先画墨线和注记,再根据年度用不同颜色将采空区的边界圈出。

4.绘图框和图签

着色、上墨、写字、注记完毕后,应进行最后的检查。确认没有错误和遗漏之处后,就可绘图框和图签。

当采用毛面聚酯薄膜绘图时,应选用或自制刚性较强的画线工具,并选用吸附力强的墨水进行上墨。在绘图过程中,若出现跑线、画错等现象,应立即停笔,用刀片轻轻地将错处墨迹刮去,刮过的部位一般痕迹很浅,可继续绘图。

任务二 计算机辅助绘制矿图

计算机辅助绘制矿图实质上就是根据矿图绘制的具体要求,借助计算机数据库及绘图软件,研制出专门的矿图绘制系统,来完成矿图的自动绘制过程。计算机矿图绘制系统应具备以下基本功能。

1. 图形数据的采集与输入

野外或井下测量数据可采用电子手簿、便携机等设备将观测数据成果记录下来,并传输给主机,也可采用手工记录,通过键盘输入主机。已有的图件资料可通过扫描仪或数字化仪采集,并输入主机。

2. 图形数据的组织与处理

通过野外或井下采集到的图形的数据量相当庞大,数据格式既有几何数据,又有属性数据和拓扑关系。因此,需要通过图形数据的组织和处理,经过编码、坐标计算和组织实体拓扑信息,将这些几何信息、拓扑信息和属性数据按一定的存储方式分类存储,形成基本信息数据库。根据矿图绘制的特点和要求,可将现有图例形成图例库,将巷道、硐室、井筒等矿图基本图素形成图素库,以便于用图素拼接法成图,简化绘图方法,加快成图速度。

3. 图形的编辑与生成

目前,国内外大多数专题绘图软件都是在 AutoCAD 环境下开发的。其成图方法可分 2 种类型。一是在 AutoCAD 环境下成图,即在外部利用高级语言形成 AutoCAD 的可识文件,再回到 AutoCAD 环境下成图,或者直接使用 AutoCAD 的内部语言编程并生成图形。二是在外部高级语言环境下,在进行数据处理的同时直接生成 AutoCAD 的图形文件。

4. 矿图的动态修改

矿图要随矿井采掘活动的进程不断修改与填绘,才能保证其现势性。因此,矿图绘制系统应具备随时修改数据库中的数据、及时修改和填绘矿图的功能。

5. 矿图的存储、显示和输出

在矿图绘制过程中,各类矿图的图形数据来源、图形结构类型以及计算机绘图工艺特点各有不同,许多矿图内容都有重叠,一些矿图可由其他矿图派生或编绘出来。例如,各类矿图的图框、图名、图例和坐标格网注记等的格式基本类似,主要巷道平面图可由采掘工程平面图编绘而成,矿井上下对照图可由井田区域地形图和采掘工程平面图编绘而成。因此,可将不同类型的图素分层存放,通过层间组合形成多个图种。同时,可将矿图绘制集中在几种基本图纸上,其他图纸可由基本图纸派生与编绘而成,以减少绘图工作量。

【考核评价】

序号	考核内容	考核项目	配分	检测标准	得分
1	煤矿地质图件的基础知识	(1)坐标系统； (2)比例尺； (3)直线定向； (4)绘图工具及绘图仪器； (5)地质绘图的基本技术； (6)标高投影； (7)编绘煤矿综合地质图件应遵循的基本原则； (8)编绘煤矿综合地质图件的一般要求	40	(1)能正确叙述平面直角坐标系,4分； (2)能正确理解高程概念,4分； (3)能正确了解比例尺的分类,4分； (4)能掌握比例尺的精度意义,4分； (5)能理解直线定向的概念,4分； (6)能使用常见的绘图工具及绘图仪器,8分； (7)能掌握地质绘图的基本技术,8分； (8)能掌握编绘煤矿综合地质图件应遵循的基本原则,4分	
2	绘制煤矿地质矿图	(1)编绘煤矿综合地质图件的一般要求； (2)手工绘制矿图； (3)计算机辅助绘制矿图	60	(1)能理解编绘煤矿综合地质图件的一般要求,10分； (2)能掌握手工绘制矿图的方法与步骤,25分； (3)能掌握计算机辅助绘制矿图的方法与步骤,25分	
		合计			

【课后自测】

1. 简述平面直角坐标系统。
2. 什么是数字比例尺？
3. 什么是图示比例尺？
4. 什么是比例尺精度？
5. 什么是直线定向？
6. 常见的绘图工具和仪器有哪些？
7. 什么是标高投影？
8. 编绘煤矿综合地质图件应遵循的基本原则是什么？
9. 编绘煤矿综合地质图件的一般要求是什么？
10. 手工绘制矿图的步骤是什么？
11. 计算机辅助绘制矿图的步骤是什么？

模块二 井田开拓

课题一 矿井巷道

【应知目标】
  □ 矿井巷道的名称及用途
  □ 矿井巷道的分类方法

【应会目标】
  □ 能够根据煤矿生产系统,正确识别井巷名称
  □ 能够正确阐述各种巷道的用途
  □ 能够正确对井巷进行分类

【任务引入】

煤矿生产系统是由若干条井巷组成的,这些井巷是如何进行命名和分类的呢?它们的空间位置关系如何?本课题主要来解决这些问题。

【任务描述】

作为煤矿工人,要熟悉整个矿井的巷道布置,熟练掌握矿井巷道的名称、分布及其空间关系,便于在工作中及时到达工作地点,遇到危险时能够及时撤到安全地点。

【相关知识】

一、矿井巷道名称

1. 回采工作面

在采区内,回采工作面没有直接通达地面的出口,是直接用于采煤的工作场所。

2. 回采工作面机巷

在采区内,回采工作面机巷没有直接通达地面的出口,与回采工作面相连,是用于运输回采工作面煤炭及进风的巷道。对于走向长壁采煤法,它位于回采工作面的下方,也称"区段(运输)平巷"。

3. 回采工作面回风巷

在采区内,回采工作面回风巷没有直接通达地面的出口,与回采工作面相连,是用于回采工作面回风的巷道。对于走向长壁采煤法,它位于回采工作面的上方,也称"区段(回风)平巷"。

4. 采区运煤上(下)山

在采区内,采区运煤上(下)山没有直接通达地面的出口,与回采工作面机巷相连,是采区内用于运输煤炭的主要通道,有的也担负通风的任务。一般运煤上山的煤炭向下运,运煤下山的煤炭向上运。

模块二 井田开拓

5. 采区轨道上(下)山

在采区内,采区轨道上(下)山没有直接通达地面的出口,与回采工作面回风巷相连,是采区内用于运输材料的主要通道,并担负通风的任务。

6. 采区煤仓

在采区内采区煤仓是用于储存煤炭的硐室,可缓解回采工作面连续出煤与运输大巷不连续运输之间的矛盾。

7. 采区车场

在采区内,采区车场没有直接通达地面的出口,是采区上(下)山与阶段运输大巷或区段平巷相连的一组巷道和硐室的总称。根据采区车场在采区内的位置不同,分为采区上部车场、采区下部车场和采区中部车场。

8. 采区运输石门

在采区内,采区运输石门没有直接通达地面的出口,是联系采区下部车场与主要运输大巷的主要通道,担负采区内的运输、进风、行人等任务。

9. 采区回风石门

在采区内,采区回风石门没有直接通达地面的出口,是联系采区上部车场与主要回风大巷的主要通道,主要担负采区的回风任务。

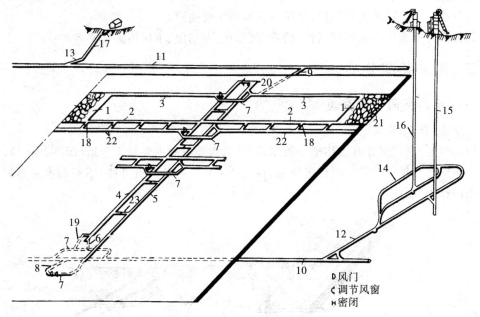

1—回采工作面 2—回采工作面机巷 3—区段回风平巷 4—采区运煤上(下)山 5—采区轨道上(下)山 6—采区煤仓 7—采区车场 8—采区运输石门 9—采区回风石门 10—阶段运输大巷 11—阶段回风大巷 12—主要运输石门 13—主要回风石门 14—井底车场 15—主井 16—副井 17—风井 18—联络巷 19—行人斜巷 20—绞车房 21—开切眼 22—下区段回风平巷

图 2-1 矿井生产系统示意图

10. 阶段运输大巷

阶段运输大巷没有直接通达地面的出口,是在阶段内担负矿井(矿井的一翼、开采水平的一翼)主要运输任务和进风任务的通道。

11. 阶段回风大巷

阶段回风大巷没有直接通达地面的出口,是在阶段内担负矿井(矿井的一翼、开采水平的一翼或若干个采区)主要回风任务的通道。

12. 主要运输石门

主要运输石门没有直接通达地面的出口,是在阶段内联系运输大巷和井底车场的主要通道。

13. 主要回风石门

主要回风石门没有直接通达地面的出口,是在阶段内联系回风大巷和回风井井底的主要通道。

14. 井底车场

井底车场是井筒底部与主要运输石门或主要运输大巷相联系的一组巷道和硐室的总称。

15. 主井

主井有一个通达地面的出口,是联系井上、井下的主要通道,主要担负提升煤炭的任务。

16. 副井

副井有一个通达地面的出口,是联系井上、井下的主要通道,主要担负升降人员、材料、设备及进风的任务。

17. 风井

风井有一个通达地面的出口,是矿井回风的主要通道。

其他矿井巷道还有联络巷、行人斜巷、绞车房、开切眼、下区段回风平巷等。

二、矿井巷道分类

(一)按其空间位置分类

1. 垂直(直立)巷道

(1)立(竖)井。立井有通达地面的出口,是进入地下的主要垂直巷道(图2-2中1),一般位于井田中部。担负矿井主要提煤任务的称为"主井";担负人员升降、下料和提矸等辅助提升任务的称为"副井"。

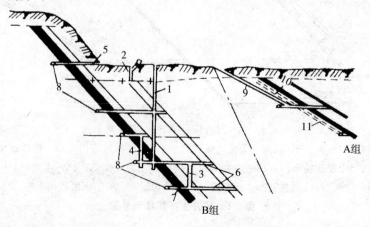

1—立井 2—小风井 3—暗井 4—溜煤井 5—平硐 6—石门 7—煤门 8—平巷
9—斜井 10—上山 11—下山

图2-2 矿井巷道

(2) 小井。小井也有通达地面的出口，但断面和深度都较小，一般只在井田上部边界地点，作为地质勘探或临时提升以及通风等使用(图2-2中2)。

(3) 暗井(盲井)。暗井是没有直接通达地面出口的垂直巷道(图2-2中3)。根据所担负任务的不同，暗井可分为主暗井(下一水平的煤炭提升井)、副暗井(下一水平的矸石提升、物料及人员的升降等)和溜煤井(图2-2中4)。

2. 水平巷道

(1) 平硐。平硐有一个通达地面的出口，是进入地下的主要水平巷道(图2-2中5)。一般除用于运煤外，还兼用于运料、行人、通风、供电和排水等。若开掘两条平硐，根据用途的不同，也可分成主平硐和副平硐。

(2) 平巷。平巷没有通达地面的出口，是在地下的煤层中或岩层中沿其走向所开掘的水平巷道。一般有主要运输平巷(图2-1中10)、区段运输与回风平巷(图2-1中2,3,22)等。

(3) 石门。石门没有通达地面的出口，是在岩层中开掘的垂直或斜交于岩层走向的水平巷道。一般有联络石门(图2-2中6)、运输石门(图2-1中8)和回风石门(图2-1中9)等。

(4) 煤门。煤门没有通达地面的出口，是在煤层中开掘的垂直或斜交于煤层走向的水平巷道(图2-2中7)。一般在厚煤层中较为常见。

3. 倾斜巷道

(1) 斜井。斜井有一个通达地面的出口，是进入地下的主要倾斜巷道(图2-2中9)。

(2) 上山。上山没有通达地面的出口，且位于开采水平之上，是沿煤层或岩层从主要运输大巷由下向上开掘的倾斜巷道。根据其服务范围不同，可分为阶段上山、采区上山等。根据其用途不同，可分为输送机上山(图2-1中4)和轨道上山(图2-1中5)。有的采区布置有通风或行人上山、集中溜煤上山等。

(3) 下山。下山的位置和开掘方向与上山相反。除溜煤下山、输送机下山(图2-1中4)是向上运煤以及轨道下山(图2-1中5)是从上向下运料以外，其他与上山相似。

(4) 溜煤眼。溜煤眼是专作溜煤用的小斜巷。

(5) 开切眼。开切眼是连接区段运输平巷和区段回风平巷的斜巷(图2-1中21)，用于准备开采的采煤工作面。

4. 硐室

井下生产系统还必须设置一定的硐室。硐室实际上就是长度较小、断面较大的特殊巷道，一般有变电所、水泵房、火药库、电机车库、躲避所、井下调度室、候车室等。

(二) 按巷道的用途和服务范围分类

1. 开拓巷道

为全矿井或一个开采水平服务的巷道称为"开拓巷道"，如井筒(或平硐)、井底车场、回风井、主要石门、主要运输和回风平巷等。图2-1中的1~8巷道为开拓巷道。

2. 准备巷道

为一个采区或两个以上的回采工作面服务的巷道称为"准备巷道"，如采区车场、采区煤仓、采区上(下)山、区段集中平巷、区段集中石门等。图2-1中的9~17巷道为准备巷道。

3. 回采巷道

为一个回采工作面服务的巷道称为"回采巷道"，如区段车场、区段运输和回风平巷、工作面开切眼等。图 2-1 中的 18~22 巷道为回采巷道。

【任务实施】

任务一　矿井巷道识别

根据图 2-1 矿井生产系统示意图,正确识别出阿拉伯数字所标识井巷的名称。

1—_____　　2—_____　　3—_____　　4—_____　　5—_____
6—_____　　7—_____　　8—_____　　9—_____　　10—_____
11—_____　12—_____　13—_____　14—_____　15—_____
16—_____　17—_____　18—_____　19—_____　20—_____
21—_____　22—_____

任务二　矿井巷道分类

1. 按照空间位置对图 2-2 中的巷道进行分类。

垂直巷道：_____

水平巷道：_____

倾斜巷道：_____

2. 按照巷道的用途和服务范围对图 2-1 中的巷道进行分类。

开拓巷道：_____

准备巷道：_____

回采巷道：_____

【考核评价】

序号	考核内容	考核项目	配分	检测标准	得分
1	矿井巷道识别	正确识别出图 2-1 中所有数字标注巷道的名称	66	识别错误 1 个扣 3 分	
2	矿井巷道分类	正确对图 2-1、2-2 中所有巷道按照空间位置和用途及范围进行分类	34	分类错误 1 个扣 1 分	
		合计			

【课后自测】

1. 矿井巷道主要有哪些？
2. 按空间位置的不同,矿井巷道可分为哪几类？
3. 按用途及服务范围的不同,矿井巷道可分为哪几类？

课题二　矿井生产系统

【应知目标】

☐ 煤矿井下生产系统

☐ 煤矿地面生产系统

模块二　井田开拓

【应会目标】
☐ 能正确叙述煤矿井下生产系统
☐ 能正确叙述煤矿地面生产系统

【任务引入】
在煤矿生产各系统中,机电设备遍布各个环节,各个环节的机电设备都离不开电钳工的安装、使用和维修,必须熟练掌握相关知识。

【任务描述】
前面学习了矿井巷道的名称、分布及其空间关系,但是,学习的任务并不是仅仅认识它们,而是要通过对巷道的了解,建立一系列的生产系统,为煤矿生产服务。

【相关知识】

一、井下生产系统

1. 运煤系统

回采工作面1(图2-1)采出的煤炭向下运,经回采工作面运输机巷2、采区运煤上山4下运装入采区煤仓。在采区煤仓下部(采区下部车场)将煤炭装入矿车,由机车头牵引矿车经阶段运输大巷、主要运输石门到达井底车场,再由翻罐笼将煤炭卸入主井煤仓,由主井箕斗将煤炭提至地面。

2. 通风系统

新鲜风流由副井进入井下,经井底车场、主要运输石门、主要运输大巷、采区下部车场、轨道上山、采区中部车场、第二区段回风平巷、联络巷、回采工作面运输机巷到达回采工作面,清洗工作面后污浊风流上行,经回采工作面回风平巷、回风石门、阶段回风大巷、回风井,由扇风机排出地面。

3. 运料系统

回采工作面需要的材料(设备)由副井进入井下,经井底车场、主要运输石门、主要运输大巷、采区下部车场、轨道上山、采区上部车场、回采工作面回风平巷,到达回采工作面上部材料存放场。回采工作面下部需要的材料(设备)可由副井进入井下,经井底车场、主要运输石门、主要运输大巷、采区下部车场、轨道上山、采区中部车场、回采工作面运输平巷,到达回采工作面。

4. 排矸系统

在采区内,开采第一区段的同时应及时准备第二区段。准备第二区段时,掘进下来的矸石由轨道上山下放至采区下部车场,经主要运输大巷、主要运输石门、井底车场,由副井提升至地面。

5. 供电系统

回采工作面需要的电源一般来自地面变电所,地面变电所的高压电源经副井到达井底车场的中央变电所,再经运输大巷到达采区变电所,采区变电所将高压电源变成次高压或低压电源,供应到各个用电地点。如果生产采区距离矿井工业广场较远,电源也可由回风井进入井下,经回风大巷到达采区。

6. 排水系统

生产采区中的生产废水沿巷道底板排水沟自流到采区下部,再由阶段运输大巷中的排水沟沿运输大巷自流到井底车场的井底水仓,由中央水泵房中的水泵排至地面。

7. 压风系统

压风系统的作用是利用空气压缩机对空气加压,然后用风管供给井下各种风动工具,为其提供动力。要求矿井必须按设计配备足够的压风设备,建立压风系统。

二、地面生产系统

1. 选煤系统

从矿井开采出来的煤炭称为"原煤"。原煤并不是单一物质,而是包含有用的可燃性煤炭和有害杂质(灰分、水分、硫分、磷分等)2部分。煤炭中的有害成分过多,不仅会增加煤炭的无效运输,还会大大降低煤炭的使用价值,甚至在某些工业部门根本不能使用。因此,必须将原煤进行机械或化学加工,除去其中的杂质,并加工成一定质量规格的产品,为各部门提供优质的燃料和原料。

选煤是利用煤炭与其他矿物质的不同物理、化学性质,在选煤厂内用机械方法除去原煤中非煤物质,并将其分成不同质量、不同规格的产品。选煤方法繁多。根据分选过程所利用的介质状态,选煤分为湿法和干法两大类。湿法选煤是以水、重悬浮液或其他液态流体作为分选介质进行选煤的方法;干法选煤是以空气作为分选介质进行选煤的方法。按照煤与矿物分离所依据的物理或物理化学原理,上述两大类方法又可进一步分为重力选(包括跳汰选、重介质选、流槽选等)、离心力选(包括重介质旋流器选、螺旋槽选、离心摇床选等)、浮选、空气重介质选、自生介质选及特殊选煤法等。

2. 排矸与运料系统

在矿井建设和生产期间,由于掘进和回采随时都要补充大量的材料,更换和维修各种机电设备;同时,还有大量的矸石运出矿井,特别是在开采薄煤层时,矸石的排出量有时可达矿井年产量的20%以上,因此,正确地设计排矸系统、合理地确定材料运输线路是一个重要的课题。

在矿井正常生产期间,需要及时供应的各种材料和设备主要是经副井上下的,因此,材料、设备的运输以副井为中心。

3. 地面管线系统

为了保证矿井生产、生活的需要,地面工业场地内还需敷设水、电力、压气、热力等工程管道,它们主要是上下水道、热力管道、压缩空气管道、地下电缆等。这些管道线路布置得合理与否,对矿井生产也有很大影响。

三、矿井运输与提升

1. 矿井提升设备概述

矿井提升设备是沿井筒提升煤炭和矸石、升降人员和物料的大型机械设备。它是矿山井下生产系统和地面工业广场相连接的枢纽,是矿山运输的咽喉。因此,矿井提升设备在矿山生产的全过程中占有极其重要的地位。目前,世界上经济比较发达的一些国家的提升机运行速度已达25m/s,一次提升量达50t,电动机容量超过10000kW,其安全可靠性尤为突出。

矿井提升设备的主要组成部分包括提升容器、提升钢丝绳、提升机（包括拖动控制系统）、井架（或井塔）、天轮及装卸载设备等。

2. 提升系统

(1)竖井单绳缠绕式箕斗提升系统。

(2)竖井单绳缠绕式罐笼提升系统。

(3)竖井多绳摩擦式箕斗提升系统。

(4)竖井多绳摩擦式罐笼提升系统。

(5)斜井箕斗提升系统。

(6)斜井串车提升系统。

四、地面工业广场简介

矿井地面布置生产系统、建筑物、构筑物和井筒位置的场所，一般称为"工业广场"，简称"工广"。

1. 选择矿井地面工业场地的基本要求

工业场地是围绕井口布置的。在工业场地内，除了有生产和管理需用的各种建筑物和构筑物外，一般还可能有运输线和铁路与国家运输干线连接，其面积可达数万平方米。在选择工业场地场址时，除了考虑井筒位置外，还应符合以下基本要求：

(1)场地内应有一定的平整地面，以利于布置各种地面生产系统以及所需建筑物和构筑物。要充分利用地形，以缩短和简化物料的运输，并使场内的土石方工程量最少。

(2)工业场地的位置应便于和标准轨铁路、公路衔接，并使专用的铁路、公路土石方和桥涵工程量最小。

(3)场址不应选择在受洪水威胁和有内涝的地点。在平原地区，还应考虑场内雨水、污水排出的可能性。

(4)选择工程地质条件较好、地下水位较低的地方，同时，应避开滑坡、溶洞、流沙、采空区等。

(5)选择场址时，应考虑供电、给水方便。

(6)场址附近应便于排矸及综合利用。

(7)与已建成的矿井或其他企业及居住区毗连时，应考虑充分利用已有设施的可能性。

2. 地面工业广场平面布置

地面工业场地的场址选定后，将需要布置在工业场地范围内的各建筑物和构筑物，根据地面生产系统的特点，合理地布置在工业场地的地形图上，以便按照设计位置进行施工，这项工作叫作"地面工业场地的总平面布置"。

在场地平面图上确定建筑物和构筑物的位置时，应首先确定几个建筑中心，使各建筑物和构筑物围绕这几个中心布置。中心的选择是根据矿井地面生产系统中起决定作用的主要厂房、车间及运输干线的位置来考虑的。通常以主井、副井及铁路装车站为布置中心，它们之间的相互位置确定后，场地区域的划分、各建筑物和构筑物的位置也就随之确定了。

3. 矿井工业场地建筑物和构筑物的分类

(1)为主井服务的建筑物和构筑物，如主井井架、主井绞车房、井口房、选矸楼及主井通往铁路装车煤仓的皮带走廊等。

(2)为副井服务的建筑物和构筑物,如副井井架、副井绞车房、井口房及通往机修厂、材料库、坑木场、矸石场的窄轨铁路等。

(3)为煤炭储存外运服务的铁路装车站、铁路煤仓、落地煤场、调度绞车房、轨道衡及计量房等。

(4)对原煤进行技术加工的筛分楼和选煤厂。

(5)动力系统,一般包括动力网和热力网。动力网包括地面变电所、压风机房及其冷却设备等;热力网包括锅炉房、空气加热室、浴室等。

(6)风机房。采用中央并列式通风的矿井,一般在井口旁建造风机房、风硐及反风装置。

(7)材料库,主要包括材料仓库、消防材料库、燃料、油脂库、坑木场等。

(8)矸石场。矿井矸石应考虑综合利用,剩余矸石应设立排矸场,排矸场应远离井口,并设在矿井常年风向的下风侧,尽量减少对环境的影响。

(9)修理厂,一般包括机修厂、坑木加工厂、支柱加工厂等,并有窄轨通往井口(一般是副井)。

(10)行政、生活福利设施,包括办公室、任务交代室、会议室、灯房、浴室、洗衣房等,或者建成福利大楼,并用地道和井口相通。

矿井地面要有防火设备、自来水设备、净水和排水设备,其建筑物有蓄水池、沉淀池、水塔、水泵房等。

如何布置矿井地面工业场地,使之既符合上述基本要求,有利于矿井生产,又能为广大工人创造良好的工作、生活环境,有益于工人的健康和提高劳动生产率,是一项综合性工作。因此,必须深入实地,结合具体条件,提出几个技术上可行的方案,进行技术、经济比较后,择优确定。

【任务实施】

任务　矿井生产系统分析

根据图 2-1 正确写出矿井的生产系统。

通风系统:＿＿＿＿＿＿＿＿＿＿＿＿＿＿＿＿＿＿＿＿＿＿＿＿＿＿＿＿＿＿＿＿＿＿＿＿＿
＿＿＿

运煤系统:＿＿＿＿＿＿＿＿＿＿＿＿＿＿＿＿＿＿＿＿＿＿＿＿＿＿＿＿＿＿＿＿＿＿＿＿＿
＿＿＿

运料系统:＿＿＿＿＿＿＿＿＿＿＿＿＿＿＿＿＿＿＿＿＿＿＿＿＿＿＿＿＿＿＿＿＿＿＿＿＿
＿＿＿

排矸系统:＿＿＿＿＿＿＿＿＿＿＿＿＿＿＿＿＿＿＿＿＿＿＿＿＿＿＿＿＿＿＿＿＿＿＿＿＿
＿＿＿

供电系统:＿＿＿＿＿＿＿＿＿＿＿＿＿＿＿＿＿＿＿＿＿＿＿＿＿＿＿＿＿＿＿＿＿＿＿＿＿
＿＿＿

排水系统:＿＿＿＿＿＿＿＿＿＿＿＿＿＿＿＿＿＿＿＿＿＿＿＿＿＿＿＿＿＿＿＿＿＿＿＿＿
＿＿＿

【考核评价】

序号	考核内容	考核项目	配分	评价标准	得分
1	矿井生产系统	通风系统	15	要求正确阐述通风系统	
2		运煤系统	15	要求正确阐述运煤系统	
3		排矸系统	10	要求正确阐述排矸系统	
4		运料系统	15	要求正确阐述运料系统	
5		供电系统	15	要求正确阐述供电系统	
6		排水系统	10	要求正确阐述排水系统	
7		地面生产系统	20	要求正确阐述地面生产系统	
		合计			

【课后自测】

1. 煤矿井下生产系统有哪些？
2. 煤矿地面生产系统有哪些？
3. 矿井工业场地建筑物与构筑物主要有哪些？

课题三 煤田划分为井田

【应知目标】

☐ 井田开拓、煤田、井田、矿区等概念
☐ 煤田划分为井田的原则及划分方法
☐ 矿井工业储量和可采储量的计算方法
☐ 矿井服务年限的确定方法

【应会目标】

☐ 能正确叙述井田开拓、煤田、井田、矿区等概念
☐ 能合理地把煤田划分为井田
☐ 会计算矿井工业储量、可采储量以及矿井服务年限

【任务引入】

前面学习了煤田的范围等知识，煤田有大有小，大型煤田可达数千、数万平方公里，那么怎样将之划分为适合煤矿开采的井田呢？本课题将重点讨论这一问题。

【任务描述】

井田划分的原则、方法及范围，矿井服务年限的长短，直接影响着煤矿机电设备的选择和使用，因此，有必要了解和熟悉它们。

【相关知识】

(1) 井田开拓。从地面开掘一系列的井巷（开拓巷道）通入煤层，称为"井田开拓"。
(2) 煤田。在地质历史发展过程中，由含碳物质沉积形成基本连续的大面积含煤地带，

称为"煤田"。

(3) 井田。划归一个矿井开采的那部分煤田称为"井田"。

(4) 矿区。将邻近的几个井田划归为一个行政机构管理,而将这些邻近的井田合并起来称为"矿区"。

一、煤田划分为井田

1. 划分原则

(1) 井田的范围、储量、煤层赋存及开采条件要与矿井生产能力相适应。对于机械化程度较高的特大型、大型现代化矿井,井田要有足够的储量和合理的服务年限。生产能力较小的矿井,储量可少些。考虑到煤矿开采技术的发展及后期矿井生产能力的提高,井田范围应适当划得大些,或在井田范围外留一备用区,以适应矿井将来发展的需要。

(2) 保证井田有合理的尺寸。一般情况下,井田走向长度应大于倾斜长度。若井田走向长度过短,则难以保证矿井各个开采水平有足够的储量和合理的服务年限,造成生产接替紧张;若井田走向长度过长,又会使矿井通风、井下运输困难。因此,在矿井生产能力一定的情况下,应保证井田有合理的尺寸。

我国煤矿生产实践表明,井田走向长度应达到:小型矿井不小于1.5km;中型矿井不小于4.0km;大型矿井不小于7.0km;特大型矿井可达15km。

(3) 充分利用自然条件划分井田。例如,利用大断层作为井田边界,或在河流、铁路、城镇等下面进行开采存在问题较多或不够经济,须留设安全煤柱时,可以此作为井田边界。如图2-3所示。

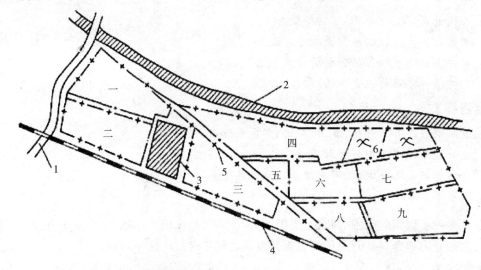

1—河流 2—煤层露头 3—城镇 4—铁路 5—大断层 6—小煤窑
一、二、三、四、五、六、七、八、九—划分的矿井

图 2-3 利用自然条件划分井田边界示意图

在煤层倾角变化很大处,可将其作为井田边界。其他如大的褶曲构造,也可作为井田边界。

在地形复杂的地区,如地表为沟谷、丘陵、山岭的地区,划定的井田范围和边界要便于选择合理的井筒位置及布置工业场地。对于煤层煤质和牌号变化较大的地区,也可考虑依不同煤质和牌号按区域划分井田。

(4)合理规划矿井开采范围,处理好相邻矿井之间的关系。划分井田边界时,通常把煤层倾角不大、沿倾斜延展很宽的煤田分成浅部和深部 2 个部分。一般应先浅后深,先易后难,分别开发建井,以节约初期投资。浅部矿井的井型及范围可比深部矿井小些。

2. 井田边界的划分方法

井田边界的划分方法包括垂直划分、水平划分、按煤组划分及按自然条件形状划分等。

(1)垂直划分。相邻矿井以某一垂直面为界,沿境界线留井田边界煤柱,称为"垂直划分"。井田沿走向两端,一般采用沿倾斜线、勘探线或平行勘探线的垂直面划分,如图 2-4 所示,一、二矿之间的边界即是垂直划分。近水平煤层井田无论是沿走向还是沿倾向,都采用垂直划分法,如图 2-5 所示。

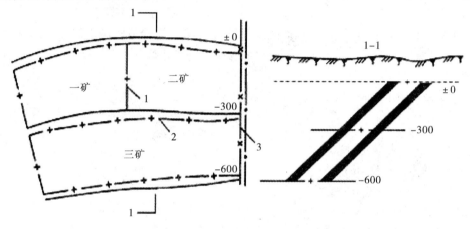

1—垂直划分 2—水平划分 3—按断层划分

图 2-4 深浅部井田划分示意图

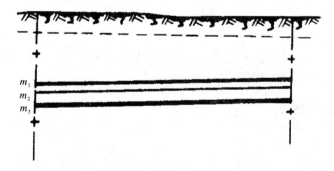

图 2-5 近水平煤层井田边界划分方法

(2)水平划分。以一定标高的水平面为界,即以一定标高的煤层底板等高线为界,沿该煤层底板等高线留置边界煤柱,称为"水平划分"。这种方法多用于划分倾斜和急斜煤层以及倾角较大的缓斜煤层井田的上下部边界。

(3)按煤组划分。按煤层(组)间距的大小来划分矿界,即把煤层间距较小的相邻煤层划归一个矿开采,把层间距较大的煤层(组)划归另一个矿开采。这种方法一般用于煤层或煤组间距较大、煤层赋存浅的矿区,图 2-6 中Ⅰ矿与Ⅱ矿即为按煤组划分矿界并且同时建井。

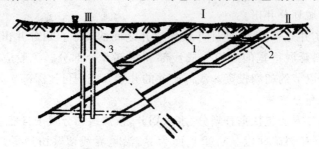

1、2—浅部分组建斜井　3—深部集中建立井

图 2-6　矿界划分及分组与集中建井

二、矿井储量

矿井储量是指矿井边界范围内,通过地质手段查明的符合国家煤炭储量计算标准的全部储量,又称"矿井总储量"。实际能够采出的煤炭只是工业储量中的一大部分,这部分称为"可采储量"。

工业储量可用下式计算:

$$Z_工 = S \cdot L \cdot \sum My \tag{2-1}$$

式中:$Z_工$—矿井工业储量,t;

　　S—矿井走向长度,m;

　　L—矿井倾斜长度,m;

　　M—煤层厚度,m;

　　y—煤的密度,t/m³。

可采储量与工业储量的关系为

$$Z_可 = (Z_工 - P) \times C_采 \tag{2-2}$$

式中:$Z_可$—可采储量,t;

　　P—永久煤柱损失量,t;

　　$C_采$—采区回采率(厚煤层不低于75%;中厚煤层不低于80%;薄煤层不低于85%;地方小煤矿不低于70%;水力采煤不低于70%)。

三、矿井生产能力

1. 矿井生产能力的概念

矿井生产能力是指矿井设计生产能力,即设计中规定矿井在单位时间内采出的煤炭数量。有些生产矿井原来没有正规设计,或者原来的生产能力需要改变,则需要对生产矿井的各个生产环节重新进行核定,核定后的年生产能力,称为"矿井核定生产能力"。

我国煤矿按设计年生产能力的大小划分为 3 类。大型煤矿:年产煤 120 万吨、150 万吨、180 万吨、240 万吨、300 万吨、400 万吨、500 万吨或 500 万吨以上;中型煤矿:年产煤 45 万吨、60 万吨或 90 万吨;小型煤矿:年产煤 3 万吨、6 万吨、9 万吨、15 万吨、21 万吨或 30 万吨。

根据国家发展和改革委员会《煤矿生产能力管理办法》、《煤矿生产能力核定标准》的规定,煤矿生产能力分为设计生产能力和核定生产能力。

(1)煤矿生产能力是指在一定时期内煤矿各生产系统所具备的煤炭综合生产能力,以"万吨/年"为计量单位。

(2)设计生产能力是指由依法批准的煤矿设计单位所确定,施工单位据以建设竣工,并经验收合格,最终由煤炭生产许可证颁发管理机关审查确认,在煤炭生产许可证上予以登记的生产能力。

根据煤炭工业小型矿井设计规范,矿井最小井型为3万吨/年。

2.矿井生产能力的确定

矿井生产能力主要根据矿井地质条件、煤层赋存情况、储量、开采条件、设备供应及国家需煤等因素确定。

(1)井田储量。井田储量越大,矿井生产能力越大;井田储量越小,矿井生产能力越小。

表 2-2 我国煤矿设计规范规定的各类井型的矿井和开采水平设计服务年限

井型	矿井设计生产能力(万吨/年)	矿井设计服务年限(年)	开采水平设计服务年限(年)		
			缓斜煤层矿井	倾斜煤层矿井	急斜煤层矿井
特大	≥600	80	40		
	300～500	70	35		
大	120、150、180、240	60	30	25	20
中	45、60、90	50	25	20	15
小	21～30	25	15～18	依据《煤炭工业小型矿井设计规范》	
	15	15	12～15		
	9	10	10～12		
	3～6	5	8～10		

(2)开采条件。确定矿井生产能力时,要分析储量的精确程度,综合储量和开采条件进行考虑。开采条件包括可采煤层数、层间距离、煤层厚度及稳定程度、煤层倾角、地层的褶曲断裂构造、瓦斯赋存状况、围岩性质及地压火成岩活动的影响、水文地质条件及地热等。

(3)技术装备水平。决定矿井生产能力最主要的因素是采掘技术和机械装备。对新矿井设计来说,根据矿井生产能力的需要选用合适的技术装备水平,技术设备水平一般不成为限制因素。但如果受设备供应条件的限制,则有可能按限定的设备能力来确定矿井生产能力。

(4)安全生产条件。安全生产条件主要指瓦斯、通风、水文地质等因素的影响。

四、矿井的服务年限

矿井的服务年限是指矿井从投产到报废的开采年限。当矿井的生产能力一定时,矿井的设计服务年限可用下式计算:

$$T = \frac{Z_K}{AK} \tag{2-3}$$

式中:T—矿井设计服务年限,年;

A—矿井设计年产量,万吨/年;

Z_K——矿井可采储量,万吨;

K——储量备用系数,矿井设计时一般取 1.4。

储量备用系数是为保证矿井有可靠服务年限而在计算时对储量采用的富裕系数。

矿井生产能力和服务年限的关系,实质上就是矿井生产能力和矿井储量的关系。在规定的井田范围内,由于矿井储量一定,因此,矿井生产能力越大,服务年限越短;生产能力越小,服务年限越长。

【任务实施】

任务一 井田边界划分方法识别

根据图 2-7 井田边界划分示意图,正确写出一矿和二矿井田边界划分方法,以及三矿井田上部和下部边界划分方法。

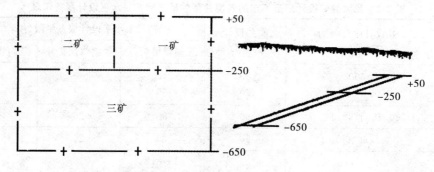

图 2-7 井田边界划分示意图

任务二 矿井服务年限的确定

某井田工业资源储量为 110.01Mt,可采储量为 51.54Mt。矿井按 0.90Mt/a 的生产能力计算,储量备用系数取 1.3,试确定该矿井的服务年限。

【考核评价】

序号	考核内容	考核项目	配分	评价标准	得分
1	煤田划分为井田及矿井生产能力和服务年限	概念	10	正确阐述相关概念	
2		井型划分方法	15	正确叙述不同井型的生产能力	
3		煤田划分为井田的原则	15	正确叙述煤田划分为井田的原则	
4		井田边界的划分方法	20	正确叙述井田边界的划分方法	
5		工业储量和可采储量确定	20	正确计算工业储量和可采储量	
6		矿井服务年限确定	20	正确计算矿井服务年限	
合计					

【课后自测】
1. 煤田划分为井田应遵循什么原则?
2. 矿井的井型、年产量及服务年限之间有何关系?
3. 矿井井型是如何划分的?
4. 如何计算矿井的服务年限?
5. 如何确定矿井的开采储量?

课题四 井田再划分

【应知目标】
  □阶段、盘区、采区、带区、分段、开采水平等概念
  □井田划分为阶段的划分方法
  □阶段内再划分方式,采区式划分、带区式划分以及分段式划分

【应会目标】
  □会绘制并分析井田划分为阶段或盘区示意图
  □会绘制并分析阶段内再划分以及采区式、带区式和分段式划分示意图

【任务引入】
  上一课题学习了井田的概念,了解到井田范围比较大,要做到有计划地开采,避免不必要的煤炭资源浪费,必须对井田进行划分。

【任务描述】
  本课题重点介绍井田划分为阶段或盘区的划分方式,阶段内进行再划分的方式以及井田的开采顺序。通过本课题学习,要能够绘制采区式划分、带区式划分和分段式划分示意图。

【相关知识】

一、井田划分为阶段或盘区

根据煤层倾角的不同,井田再划分一般有 2 种方法。

1. 井田划分为阶段

在井田范围内,沿煤层倾斜方向,按一定标高将煤层划分为若干平行于走向的、等于井田走向全长的长条形,每一个长条形称为"一个阶段",如图 2-8 所示。阶段与阶段之间以水平面分界,分界面又称为"水平"。水平用标高来表示,如图 2-8 中的 ±0、-150、-300 等水平。阶段沿倾斜方向的长度称为"阶段斜长"。阶段上部与下部分界面间的垂直高度称为"阶段高度"或"阶段垂高"。

阶段的走向长度等于井田的走向长度,阶段下部布置阶段运输大巷,阶段上部布置阶段回风大巷。

布置有主要运输大巷和井底车场,并担负该水平开采范围内的主要运输和提升任务的水平,称为"开采水平",简称"水平"。

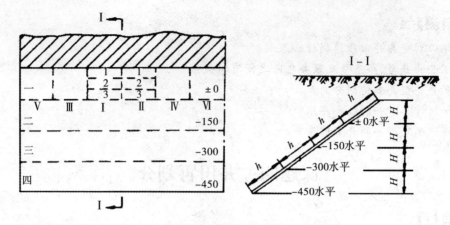

一、二、三、四—阶段　Ⅰ、Ⅱ、Ⅲ、Ⅳ、Ⅴ、Ⅵ—采区
1、2、3—区段　h—阶段斜长　H—水平高度

图 2-8　井田划分为阶段

表 2-3　矿井阶段垂高

井型	开采缓倾斜煤层的矿井	开采倾斜煤层的矿井	开采急倾斜煤层的矿井
	阶段垂高(m)	阶段垂高(m)	阶段垂高(m)
大中型矿井	150~250	150~250	100~150
小型矿井	60~100	80~120	80~120

2. 矿井划分为盘区

采用沿煤层主要延展方向布置主要运输大巷,将运输大巷两侧划分成若干块段的方法来划分井田,每一块段称为"盘区"。每一个盘区都是一个独立的开采单元,有独立的运输系统和通风系统。盘区的巷道布置方式一般由所用的采煤方法来确定。井田划分为盘区如图2-9所示。

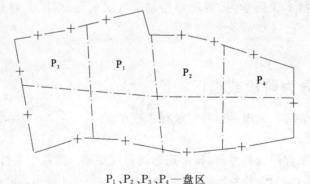

P_1、P_2、P_3、P_4—盘区

图 2-9　井田划分为盘区

二、阶段内的再划分

1. 采区式划分

在阶段范围内,沿走向把阶段划分为若干个具有独立生产系统的块段,每一块段称为"采区"。在图 2-10 中,井田沿倾向划分为 3 个阶段,每个阶段又沿走向划分为 4 个采区,每个采区划分成 4 个区段。采区如图 2-11 所示。

区段是指在采区内沿倾斜方向划分的开采块段。区段下部有区段运输平巷,区段上部有区段回风运输平巷。

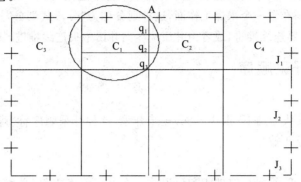

J_1、J_2、J_3—阶段　C_1、C_2、C_3、C_4—采区　q_1、q_2、q_3—区段

图 2-10　采区式划分示意图

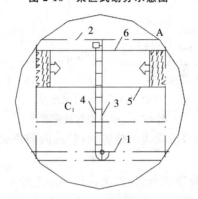

1—运输大巷　2—回风大巷　3—运输上山　4—轨道上山　5—区段运输平巷　6—区段回风平巷

图 2-11　采区示意图

2. 带区式划分

在阶段内沿煤层走向划分为若干个具有独立生产系统的带区,带区内又划分为若干个倾斜分带,每个分带布置一个采煤工作面,如图 2-12 所示。分带内,采煤工作面沿煤层倾斜方向推进,即由阶段的下部边界向阶段的上部边界推进或者由阶段的上部边界向下部边界推进。一般由 2~6 个分带组成一个带区。

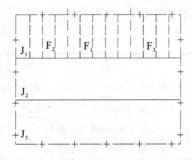

J_1、J_2、J_3—阶段　F_1、F_2、F_3—带区

图 2-12　带区式划分示意图

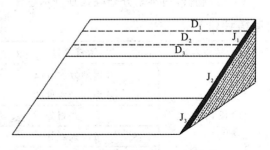

J_1、J_2、J_3—阶段　D_1、D_2、D_3—分段

图 2-13　分段式划分示意图

3.分段式划分

在阶段范围内,沿倾斜方向将煤层划分为若干平行于走向的长条带,每个长条带称为"分段"。每个分段沿倾斜布置一个采煤工作面,这种划分称为"分段式划分"。采煤工作面沿走向由井田中央向井田边界连续推进,或者由井田边界向井田中央连续推进,如图 2-13 所示。

三、井田内开采顺序

1.煤层沿倾斜的开采顺序

对同一层倾斜煤从上到下(由浅入深)逐步开采,这种开采顺序称"煤层的下行开采",反之,称为"煤层的上行开采"。

2.煤层沿走向的开采顺序

煤层沿走向的开采顺序有前进式和后退式。在井田范围内,以井筒为基准,由井筒向边界依次推进的叫"前进式",反之叫"后退式",如图 2-14 所示。

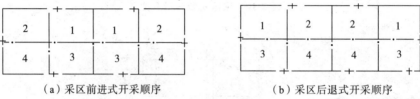

(a)采区前进式开采顺序　　　　(b)采区后退式开采顺序

1、2、3、4—采区开采序号

图 2-14　阶段内的开采顺序

在采区内,工作面由上(下)山向边界推进的叫"区内前进式",反之为"区内后退式"。

3.连续式开采的概念

当阶段内采用分区式或分带式布置时,无论采用前进的开采顺序,还是采用后退的开采顺序,工作面在阶段走向方向的推进总是间断的或跳跃的。而采用分段和整阶段布置时,工作面都是在阶段走向方向不停顿地连续推进,称为"连续式开采"。

【任务实施】

任务　绘制阶段内再划分示意图

(1)绘制阶段内再划分采区式划分示意图,并在图中标注出阶段、采区、区段。

(2)绘制阶段内再划分带区式划分示意图,并在图中标注出阶段、带区。

(3)绘制阶段内再划分分段式划分示意图,并在图中标注出阶段、分段。

【考核评价】

序号	考核内容	考核项目	配分	评价标准	得分
1	井田划分方式、阶段内再划分方式	井田划分为阶段	20	正确绘制井田划分为阶段示意图	
2		井田划分为盘区	20	正确绘制井田划分为盘区示意图	
3		采区式划分	20	正确绘制采区式划分示意图	
4		带区式划分	20	正确绘制带区式划分示意图	
5		分段式划分	20	正确绘制分段式划分示意图	
合计					

【课后自测】
1. 什么是阶段?
2. 什么是盘区?
3. 什么是开采水平?
4. 阶段内划分方式有哪几种?
5. 什么是采区式划分?
6. 什么是带区式划分?
7. 什么是分段式划分?

课题五　井田开拓方式

【应知目标】
□井田开拓、矿井开拓方式的含义
□井田开拓方式分类方法
□立井单水平和多水平开拓系统

【应会目标】
□会分析立井单水平和多水平开拓系统
□会分析片盘斜井开拓系统和斜井单水平分区式开拓系统

【任务引入】
　　井田开拓方式是矿井生产系统的基础,由于井田范围、煤层埋藏深度和煤层层数、倾角、厚度以及地质构造等条件各不相同,因此,井田开拓方式也各不相同。通常以井硐形式为依据,将矿井开拓方式划分为斜井开拓方式、立井开拓方式和平硐开拓方式3种。本课题将重点介绍立井开拓系统。

【任务描述】
　　通过本课题的学习,掌握矿井开拓的基本方式、单水平或立井多水平的分区式开拓方式以及斜井单水平和多水平开拓方式。

【相关知识】
1. 井田开拓
由地表进入煤层,为开采水平服务所进行的井巷布置和采掘工程称为"井田开拓"。
2. 矿井开拓方式
矿井开拓方式是矿井井筒形式、开采水平数目及阶段内的布置方式的总称。
3. 井田开拓方式的分类
(1)按井筒(井筒是指由地面通达矿体的巷道)形式分为立(井)、斜(井)、平(硐)、综(合)和分区域。
(2)按水平数的多少分为单水平和多水平。
(3)按开采准备方式分为上山式、下山式、上下山式和混合式。

(4)按开采水平大巷的布置方式分为分层大巷、集中大巷和分组集中大巷。

常见的井田开拓方式有立井单水平上下山(采区)式、立井多水平上下山(采区)式、立井多水平上山(采区)式、立井多水平上山及上下山混合(采区)式。开拓方式分类关系图如图2-15所示。

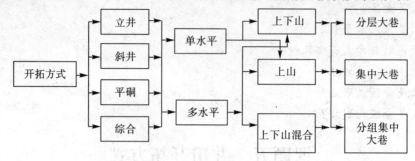

图 2-15 开拓方式分类关系图

一、立井开拓

立井开拓是现代矿井广泛应用的一种开拓方式。目前,我国所采用的立井开拓矿井,阶段内极少采用连续式布置,最常用的是单水平或多水平的分区式开拓方式。

1. 立井单水平分带式开拓

这种开拓方式如图2-16所示,井田划分为2个阶段,阶段内采用分带式布置。

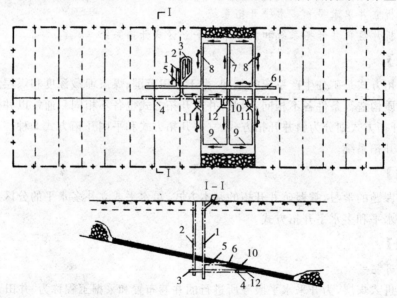

1—主井 2—副井 3—井底车场 4—运输大巷 5—回风石门 6—回风大巷 7—分带运输巷
8—分带回风巷 9—采煤工作面 10—带区煤仓 11—运料斜巷 12—行人进风斜巷

图 2-16 立井单水平分带式开拓(带区式准备)示意图

(1)矿井开拓程序。在井田中央从地面开凿主井1和副井2,当掘至开采水平标高后,开掘井底车场3、运输大巷4、回风石门5、回风大巷6。当阶段运输大巷向两翼开掘一定距离后,即可由大巷掘行人进风斜巷12、运料斜巷11进入煤层,并沿煤层掘分带运输巷7、带区煤仓10、分带回风巷8,最后沿煤层走向掘进开切眼,即可进行回采。

(2)矿井生产系统。由工作面采出的煤装入刮板输送机,运至分带运输巷;经转载机至胶带输送机运至煤仓,在运输大巷装车,由电机车牵引至井底车场,通过主井提至地面。工作面所需物料及设备经副井下放至井底车场,由电机车牵引至分带材料车场,经运料斜巷11由绞车提升至分带回风巷,然后运至采煤工作面。新鲜风流自地面经副井、井底车场、运输大巷、行人进风斜巷,从分带运输巷分2股进入2个工作面。清洗采煤工作面后的污风,由各自的分带回风巷进入总回风巷,再经回风石门进入主井排出地面。

2. 立井多水平分区式开拓

这种开拓方式与斜井多水平分区式开拓方式相比,只是井筒形式不同,如图2-17所示。井田内有2层煤,分为2个阶段,其水平标高分别为+100m和-100m,每个阶段沿走向划分为4个采区。因两层煤的间距不大,故采用联合布置,在m_2层底板岩石中布置阶段运输大巷和回风大巷,为两层煤所共用。该井田设置2个开采水平,均采用上山开采。

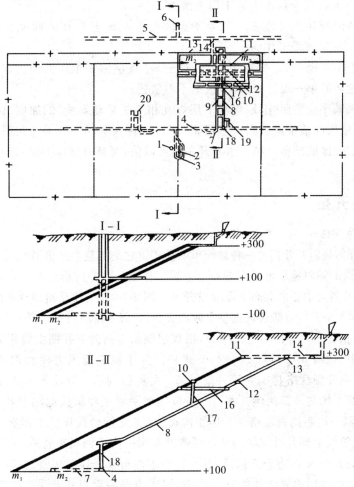

1—主井 2—副井 3—井底车场 4—水平运输大巷 5—阶段回风大巷 6—回风井 7—采区下部车场 8—输送机上山 9—轨道上山 10—m_1层区段运输平巷 11—m_1层区段回风平巷 12—m_2层区段运输平巷 13—m_2层区段回风平巷 14—回风石门 15—采区上部车场 16—运输石门 17—区段溜煤眼 18—采区煤仓 19—行人进风斜巷 20—采区下部掘进工作面

图 2-17 立井多水平分区式开拓

(1) 矿井开拓程序。在井田走向中部开凿一对立井,1 为主井,2 为副井。待主、副井掘至+100m 水平后,开凿井底车场 3 及主石门;主石门穿入 m_2 煤层底板岩石适当位置后,开掘主要运输大巷 4;当其掘至第一、第二采区中央后,掘采区下部车场 7;在 m_2 煤层中掘采区输送机上山 8 及轨道上山 9;与此同时,在井田上部边界掘回风井 6、阶段回风大巷 5、回风石门 14 及采区上部车场 15。采区上山掘通之后,掘第一区段的运输石门 16 及区段溜煤眼 17。通入 m_1 煤层后,掘各煤层的运输平巷、回风平巷及开切眼。

(2) 矿井生产系统。从 m_1 煤层回采工作面采出的煤炭,经区段运输平巷 10、区段溜煤眼 17、采区输送机上山 8 到采区煤仓 18,在采区装车站装入矿车。电机车牵引矿车经水平运输大巷 4 进入井底车场 3,将煤卸入井底煤仓后由主井 1 提至地面。

新鲜风流经副井 2 进入井下,经井底车场 3、水平运输大巷 4、行人进风斜巷 19、输送机上山 8、运输石门 16,在采区装车站装入矿车。电机车牵引矿车经水平运输大巷 4 进入井底车场 3,将煤卸入井底煤仓后由主井 1 提至地面。

材料和设备由副井 2、井底车场 3、水平运输大巷 4、轨道上山 9、回风石门 14、区段回风平巷 11 进入 m_1 煤层回采工作面。

由于采区上山开设在 m_2 煤层中,所以对于 m_2 煤层回采工作面的运煤、通风、运料等,均可按前面所论述的单一煤层来解决,这里不再叙述。

煤层的开采顺序应按照"上层煤和下层煤互相不受采动影响"的原则,保证上层煤超前下层煤的次序,依次向前推进。当上区段采完后,即转入下区段开采。在第一采区生产时,应及时进行第二采区的准备。第一水平开采结束以前,要及时延深井筒,进行第二水平的开拓和准备工作。

二、斜井开拓

1. 片盘斜井开拓

片盘斜井开拓是斜井开拓的一种最简单的形式。它是将整个井田沿倾斜方向划分为若干个阶段,每个阶段的倾斜宽度可以布置一个采煤工作面。在井田沿走向中央由地面向下开凿斜井井筒,并以井筒为中心由上而下逐阶段开采。图 2-18 为一片盘斜井开拓的示例。井田沿倾斜方向划分为 4 个阶段。阶段内按整个阶段布置,即每一阶段斜宽布置一个工作面。

(1) 矿井开拓程序。井田沿走向中央,沿煤层倾斜方向向下开掘主斜井 1 和副斜井 2,两井均在煤层之中,且两井中间留 30~40m 煤柱。为了掘进通风方便和沟通两井筒间的联系,每隔一段距离开掘联络巷 8,将两井筒贯通。井筒掘到第一阶段下部时,开掘第一阶段下部车场。从下部车场向井筒两侧开掘第一阶段运输平巷 4 和阶段运输副巷 5。为了掘进方便,4、5 之间每隔一段距离掘联络巷 8 用于沟通。4、5 之间阶段煤柱根据有关规定留设。与此同时,在第一阶段上部开甩车场向井筒两侧开掘第一阶段回风平巷 6。在井田沿走向边界处沿倾斜方向掘开切眼 7,将 5、6 沟通,并在开切眼内布置采煤工作面。

该矿工作面由井田边界向井筒方向推进,属于阶段内后退式开采。工作面推至斜井井筒保护煤柱线时停止开采。井筒两侧保护煤柱宽度为 30~40m。

(2) 矿井生产系统。从采煤工作面 7 采出的煤,由工作面刮板输送机送至阶段运输副巷 5,经联络巷运至阶段运输平巷 4 并装入矿车。矿车由电机车牵引至第一阶段下部车场 3,并由主斜井 1 提至地面。

生产所需材料、设备和人员一般由主斜井1下放到阶段上部车场,由阶段回风平巷6送到工作面上口,然后供工作面使用。副斜井只有在矿井产量大、辅助提升任务重时才作辅助提升。新鲜风流由主斜井进入,经下部车场3、阶段运输平巷4、联络巷8、阶段运输副巷5进入采煤工作面7。冲洗工作面后的乏风,经阶段回风平巷6、回风斜巷汇集到副斜井排出地面。为了避免生产中新鲜风和乏风掺混及风流短路,通常在主要进风巷和回风巷交叉处设置风桥、风门等通风构筑物。为保证矿井生产正常接替,在开采第一阶段时,及时向下延深井筒,对第二阶段进行开拓,并按同样方法布置巷道。生产转入第二阶段后,第一阶段的阶段运输平巷作为第二阶段的回风平巷。以后每阶段依次类推,直到开采到井田深部边界。

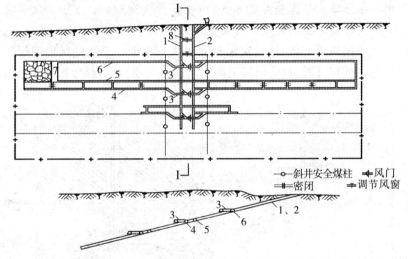

1—主斜井 2—副斜井 3—片盘车场(下部车场) 4—阶段运输平巷 5—阶段运输副巷
6—阶段回风平巷 7—采煤工作面(开切眼) 8—联络巷

图 2-18 片盘斜井开拓

2. 斜井单水平分区式开拓

这种开拓方式从斜井进入煤体,由一个开采水平开采整个井田。井田可以划分为1个阶段,也可以划分为2个阶段。阶段沿走向划分为采区。

图2-19为一典型的斜井单水平分区式开拓方式。井田划分为2个阶段,每个阶段沿走向划分为6个采区。开采水平在上、下两阶段分界面上。上山阶段每个采区沿倾斜划分为5个区段,下山阶段每个采区划分为4个区段。矿井可采煤层为一层中厚煤层,煤层倾角较小。

(1)矿井开拓程序。在井田沿走向中部,由地面开掘一对岩层反斜井、主斜井1和副斜井2。主斜井1上安装胶带输送机用于提升煤炭,副斜井2上安装绞车作辅助提升。斜井井筒掘到开采水平时,在开采水平布置井底车场和硐室,然后向两侧掘进阶段运输平巷4和阶段运输副巷5。阶段运输平巷和副巷掘至采区中部位置后,在采区下部布置采区下部车场,并开掘采区运输上山6和轨道上山7。当采用中央分列式通风时,在主、副斜井施工的同时,在井田浅部沿走向中央开凿回风井12至上山阶段上部车场、区段运输平巷和回风平巷,并掘进开切眼,布置工作面回采。

(2)矿井生产系统。工作面出煤经区段运输平巷8、采区运输上山6运至采区下部煤仓。煤炭装入矿车后,经阶段运输平巷4由机车牵引至井底煤仓,由井底煤仓装入斜井皮带并提至地面。

材料和设备由副斜井下放至井底车场,由电机车牵引,经水平运输大巷送至采区下部车场,然后由采区轨道上山经采区中(上)部车场送至区段回风平巷,进而到达采煤工作面。

新鲜风流由主、副斜井经井底车场、水平运输大巷、采区下部车场、运输上山和区段运输巷进入工作面。冲洗工作面后的乏风,经区段回风平巷、水平回风大巷由边界风井排至地面。

阶段内采用前进式开采顺序:首先开采井筒附近的采区,随后逐采区向井田两侧边界推进。在一个采区结束以前,应准备好下一个采区,做到采区顺利接替。

第二阶段为下山开采。由水平运输大巷在采区中部位置布置采区上部车场,并沿煤层向下做采区下山13和14。在采区内掘区段平巷,然后通过采区内侧区段平巷构成工作面回采。下山采区工作面出煤向下运至区段运输平巷,然后通过采区运输下山13向上运至采区煤仓,装车后由水平运输大巷运至井底车场,由主斜井提至地面。下山采区所需材料、设备经采区上部车场,由轨道下山下放并经采区中部车场、区段回风平巷送到工作面。新鲜风流经采区上部车场、采区轨道下山、区段运输平巷进入工作面。乏风经区段回风平巷、采区运输下山、水平副巷、上山阶段保留的回风上山进入回风大巷,然后经边界风井排出。

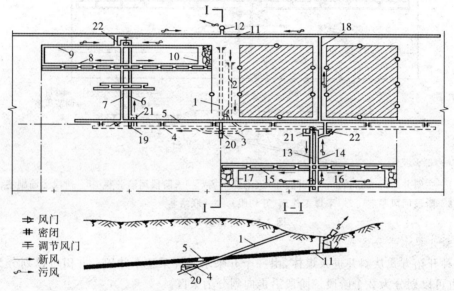

1—主斜井 2—副斜井 3—井底车场 4—阶段运输平巷 5—阶段运输副巷 6—采区运输上山
7—采区轨道上山 8、15—区段运输平巷 9、16—区段回风平巷 10、17—采煤工作面 11—阶段回风平巷 12—回风井 13—采区运输下山 14—采区轨道下山 18—专用回风上山 19—采区煤仓
20—井底煤仓 21—行人进风上山 22—回风联络巷

图 2-19 斜井单水平分区式开拓

三、平硐开拓

自地面利用水平巷道进入地下煤层的开拓方式,称为"平硐开拓"。这种开拓方式在一些山岭、丘陵地区较为常见。采用这种开拓方式时,井田内的划分方式、巷道布置与前面所述的立井、斜井开拓方式基本相同,其区别主要在于进入煤层的方式不同。

平硐开拓方式一般以一条平硐开拓井田,主平硐担负运煤、出矸、运送物料、通风、排水、敷设管道及电缆、行人等多项任务;在井田上部开掘回风平硐或回风井,用于全井田回风。由于地形和煤层赋存状态不同,平硐有不同的布置方式。根据平硐与煤层的相对位置不同,可分为如下 3 种。

1. 走向平硐

平行于煤层走向布置的平硐，称为"走向平硐"。

2. 垂直平硐

垂直于煤层走向布置的平硐，称为"垂直平硐"。根据煤层与地形的关系，垂直平硐可以从煤层顶板或底板进入煤层。

3. 斜交平硐

由于地形和煤层赋存条件的限制，当不能采用走向平硐或垂直平硐时，可将平硐与煤层走向成斜交布置，这种布置方式称为"斜交平硐"。

除上述平硐的布置方式外，还可根据地形高差的大小布置若干个平硐进行开采，这种布置方式称为"阶梯平硐"。

平硐开拓一般具有投资少、占用设备少、施工容易、出煤快、成本低等优点。因此，在地形条件适宜的情况下，应优先考虑采用平硐开拓。

四、综合开拓

井田开拓中，通常主、副井都采用一种井筒形式。但是，在有些情况下，采用单一的井筒形式开拓井田在技术上有困难，经济上也不合理，因而出现了主、副井采用不同的井筒形式的综合开拓。

根据不同的地质与生产技术条件，综合开拓可以有多种形式，如平硐与立井、斜井与立井、平硐与斜井等。在实际运用中，不论哪种开拓形式，都应该结合具体条件，使各种井筒的优越性得到充分发挥。

五、煤层群开拓

若干煤层或煤组由一个矿井开采，称为"煤层群开拓"。煤层群开拓和单煤层的开拓并没有实质上的差别，只是在使用煤层群开拓时，同时开采的不是一层煤，因而存在着煤层间用什么方式联系，以及如何利用最小的巷道工程来满足开采技术和经济上的要求，即需要考虑煤层群是否要分组以及煤组如何划分等问题。

1. 煤层间的联系方式

用一个矿井开拓煤层群时，各煤层间需要用巷道联系，以构成全矿井完整的生产系统。根据煤层倾角大小、层间距离和运输方式，各煤层之间可用石门、斜眼或立眼联系，如图 2-20 所示。

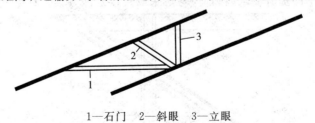

1—石门　2—斜眼　3—立眼
图 2-20　层间联络巷的形式

当层间距不变时，立眼长度随煤层倾角增大而增大，而石门长度则随煤层倾角增大而减小，斜眼的长度介于两者之间。利用斜眼或立眼联系煤层群时，其掘进技术复杂，掘进费用高。利用石门联系煤层群时,其掘进技术简单,掘进速度快,施工方便。但是,在倾角小于45°的倾斜煤层中,石门相对立眼和斜眼较长,工程量也较大。为此,在实际生产中,需要根据具体情况来选择煤层间的联系方式。一般情况下,利用石门联系煤层群较为普遍。只有在倾角很小的近水平煤层条件下,才采用立眼和斜眼联系。

2. 煤层群的分组

为了合理开采煤层群,尽量减少工程量,便于生产集中管理,改善开采的技术经济效果,通常根据煤种、煤质、厚度及层间距等因素,按照开采技术的要求,将煤层群划分为若干个煤层组。

煤层群的分组一般应遵循下列原则:

(1)煤种和煤质相同的煤层,应尽可能划分为一组,以便于煤质管理和不同煤种的分别运送。

(2)同组煤层的层间距应当较近,以便于生产管理,减少石门的掘进工程量。

(3)各煤组煤层的总厚度大致相等,以便于配采和均衡生产。

(4)瓦斯等级相同或近似的煤层,应尽可能划分为一组,以便于通风管理。

(5)应考虑同组煤层采用相同采煤方法的可能性。

六、矿井开拓延深

矿井开采逐步向深部发展,每隔一段时间,就需要延深井筒,开拓新的水平。生产矿井的开拓延深是煤炭生产过程中保证开采连续进行的必要措施,对挖掘矿井生产潜力、提高矿井生产能力具有重要意义。

1. 矿井延深的原则

(1)充分利用老矿原有设备、设施,挖掘现有的生产潜力。

(2)尽量减少对现有生产水平的影响,并有利于下水平的延深。同时,力求生产系统简单,缩短新、旧开采水平交替生产的时间。

(3)临时性的辅助工程量小,减少投资,缩短工期,降低生产经营费用。

(4)尽量采用先进技术,以适应煤矿现代化生产发展的需要。

2. 矿井延深方案的选择

矿井延深方案类型较多,最常见的有下列几种。

(1)主、副井直接延深。如图 2-21 所示,这种方案是将主、副井直接延深到生产水平以下的各水平。这种方案可以充分利用原有设备、设施,具有提升单一、管理方便、投资少、维护费用低等优点。因此,不论是立井,还是斜井,如井筒延深不受地质条件限制,而原有的提升设备能满足新水平的提升要求时,都应考虑采取直接延深方案。

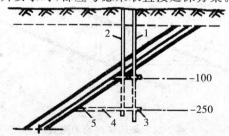

1—主井　2—副井　3—井底车场　4—主要石门　5—运输大巷

图 2-21　主、副井(筒)直接延深

（2）采用暗立井或暗斜井延深。如图 2-22 所示。采用暗立井或暗斜井延深不影响生产水平正常生产，而且位置选择不受原有主、副井的约束。通常在下列情况下采用暗立井或暗斜井延深：在初期开发煤田时，由于立井开凿在煤层浅部，随着开采深度的增加，原有立井设备不能满足提升要求，需要两段提升而不得不用暗井延深，或者煤层底板为强含水岩层，主、副井直接延深不安全，只能采用暗井延深；在采掘衔接特别紧张时，为避免影响生产，也可以考虑采用暗井延深；副井（或主井）用直接延深时，主井（或副井）用暗井延深。

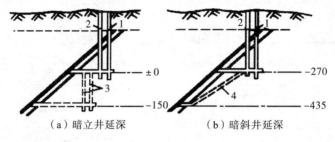

（a）暗立井延深　　（b）暗斜井延深

1—主井　2—副井　3—暗立井　4—暗斜井

图 2-22　暗井延深

这两种方案可根据地质条件和主、副井提升设备的能力来选取。上述延深方案可先打暗井，然后自下而上反接主井或副井。这样不但对生产影响小，而且有利于矿井的延深工程。

（3）新开一个井筒，延深一个井筒。由于矿井生产能力扩大，以及开采水平的延深，提升井筒的深度增加，造成沼气涌出量增大等情况，因此，当利用原有井筒延深时，提升能力和通风能力如不能满足需要，在充分利用原有井筒的原则下，可新开一个主井或副井，以弥补原有井筒提升能力的不足。图 2-23 为新开主井直接延深副井的方案。

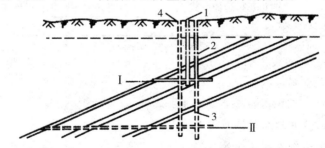

Ⅰ、Ⅱ—第一、二水平　1—原主井　2—副井　3—延深副井　4—新开主井

图 2-23　新开主井延深

【任务实施】

任务　立井单水平和多水平开拓系统分析

一、根据图 2-16 立井单水平上下山开拓（带区式准备）示意图，分析该矿井的运煤系统、通风系统、运料系统和排矸系统。

运煤系统：_____

_____

通风系统：_____

_____

运料系统：_____
_____

排矸系统：_____
_____

二、根据图 2-17 立井多水平分区式开拓示意图，分析该矿井的运煤系统、通风系统、运料系统和排矸系统。

运煤系统：_____
_____

通风系统：_____
_____

运料系统：_____
_____

排矸系统：_____
_____

【考核评价】

序号	考核内容	考核项目	配分	评价标准	得分
1	井田开拓方式	立井单水平开拓系统	20	正确分析生产系统	
2		立井多水平开拓系统	20	正确分析生产系统	
3		片盘斜井开拓系统	20	正确分析生产系统	
4		斜井单水平开拓系统	20	正确分析生产系统	
5		矿井开拓延伸方式	20	正确阐述矿井开拓延伸方式	
合计					

【课后自测】

1. 井田开拓方式有哪些？
2. 什么是立井单水平开拓和立井多水平开拓？
3. 什么是片盘斜井开拓和斜井单水平开拓？
4. 矿井开拓延伸方式有哪几种？

课题六　井底车场与主要巷道的布置

【应知目标】

□井底车场的概念、井底车场主要硐室及运输路线
□井底车场类型及特点
□主要运输大巷的布置方式

【应会目标】

□能熟练叙述井底车场的主要硐室和运输路线
□会分析主要运输大巷布置方式及特点

【任务引入】

井底车场是井田开拓的主要环节,也是煤矿主要设备集中的主要场所,因此,应对井底车场有深入的了解。本课题重点介绍井底车场及主要水平大巷。

【任务描述】

通过本课题的学习,掌握井底车场的概念、井底车场主要硐室及运输路线、井底车场类型及特点、主要运输大巷的布置方式等。

【相关知识】

一、井底车场

井底车场是井筒与井下主要巷道连接处的一组巷道和硐室的总称。它担负着矿井煤矸、物料、设备、人员的转运工作,又为矿井的通风、排水、供电服务,是连接井下运输和井筒提升的枢纽。如图 2-24 所示。

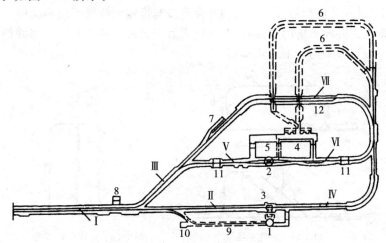

1—主井　2—副井　3—翻笼推车器硐室　4—水泵房　5—变电所　6—水仓　7—电机车修理间
8—调度室　9—箕斗井底清理斜巷　10—清理箕斗井底的绞车房　11—防火门　12—人车站

图 2-24　立式刀式环形井底车场

1. 井底车场硐室及运输线路

(1) 井底车场硐室。

①主井(箕斗井)系统,包括翻笼硐室、煤仓、箕斗装载硐室、清理斜巷及绞车硐室、主井井底水窝和泵房等。

②副井(罐笼井)系统,包括马头门、中央变电所、中央水泵房、水仓、排水管子道、候罐室等。

此外,还有调度室、机车库及修理间、防火门硐室、消防列车库、乘车站等。井下火药库一般设在井底车场范围之外。

(2) 井底车场运输线路。井底车场运输线路包括存车线、行车线及辅助线路。

①存车线。在主井两侧,必须设储存重列车和空列车的线路。用以储存重列车的线路,称为"主井重车线";用以储存空列车的线路,称为"主井空车线"。在副井两侧,设有空、重车线及材料车线。在副井一侧,用以存放矸石车的线路,称为"副井重车线";在副井另一侧,用以存放材料车的线路,称为"材料车线"。在材料车线一旁设有存放由副井放下的空车的线

路,称为"副井空车线"。

②行车线。行车线即空、重列车运行的线路,包括调车线及绕道线路。为使电机车由列车头部调到列车尾部顶推重列车进入重车线而专门设置的轨道线路,称为"调车线"。电机车将列车顶推入重车线之后,需要通过轨道线路,牵引空列车和材料车驶出井底车场,这样的线路称为"绕道线路"。

③辅助线路。通往井底水仓、清理井底斜巷、机车修理库的一些轨道线路,称为"辅助线路"。

2. 井底车场的形式

由于井田开拓方式、大巷运输方式不同,井底车场的形式亦不同。但从矿车在车场内运行的特点看,不论是斜井,还是立井,井底车场均可分为环形式和折返式2种类型。

(1)环形式井底车场。环形式井底车场的特点是重列车在车场内总是单向运行,因而调车工作简单,具有较大的通过能力,但车场的开拓工程量较大。按照井底车场空、重车线与运输大巷或主要石门的相对位置关系,环形车场又可分为卧式、斜式和立式3种,如图2-25所示。当井筒位置与主要运输大巷和石门相距较近时,主、副井存车线与运输大巷或石门可平行布置,称为"卧式井底车场"。当主、副井存车线与运输大巷或石门斜交时,称为"斜式井底车场"。环形立式井底车场的主、副井存车线垂直于运输大巷或石门。当井筒距运输大巷很远时,立式车场可以采用环形刀式车场。

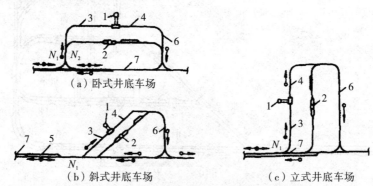

1—主井 2—副井 3—主井重车线 4—主井空车线 5—调车线 6—回车绕道 7—主要运输大巷

图2-25 井底车场形式

(2)折返式井底车场。折返式井底车场的特点是空、重列车在车场内折返运行。根据车场两端是否可以开出车,折返式车场又可以分为梭式和尽头式2种,如图2-26所示。

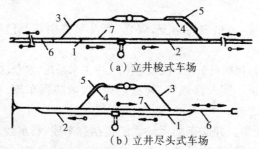

1—立井重车线 2—立井空车线 3—副井重车线 4—副井空车线
5—材料车线 6—调车线 7—通过线

图2-26 折返式井底车场示意图

梭式车场的主要特点是主井存车线完全布置在主要运输巷道上，列车往返运行只需经翻笼一侧轨道即可。这种车场的优点是开拓工程量小、车场弯道少等。

尽头式车场与梭式车场的线路布置基本相似，但空、重列车只从车场的一端出入，另一端为线路的尽头。

二、主要水平巷道的布置

水平运输大巷贯穿井田走向全长，是矿井生产的"大动脉"。它不仅是整个开采水平的煤炭、物料及人员的运输通道，而且还用于矿井通风、排水以及敷设各种管路和线路等。当开采近距离煤层群时，它将用于开采几个甚至十几个煤层，服务年限长达十余年甚至数十年。运输大巷布置是否合理，直接影响到建井期的长短、开拓巷道工程量的大小、大巷运输和维护的难易、矿井生产管理的集中程度以及采区巷道布置方式等，因此，必须正确确定运输大巷的布置方式及大巷的位置。

1. 运输大巷的布置方式

根据运输大巷为之服务的煤层数，运输大巷的布置可分为分层运输大巷、集中运输大巷和分组集中运输大巷3种。

（1）分层运输大巷。在开采水平的各个煤层中均单独开掘运输大巷，并通过主要石门（或主要溜煤井）与井底车场相通，这条运输大巷称为"分层运输大巷"，如图2-27所示。

优点：初期投入少，见效快。

缺点：后期工程量大，维护费用高。

适用：煤层距离远，煤层煤质不同；需分装分运；煤层数目少，走向短。

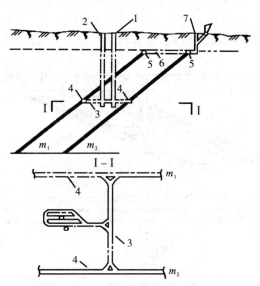

1—主井　2—副井　3—主要石门　4—分层运输大巷　5—分层回风巷　6—回风石门　7—回风井

图 2-27　分层运输大巷

（2）集中运输大巷。在开采水平内只开一条运输大巷为本水平服务，这条运输大巷称为"集中运输大巷"。它通过采区石门与各煤层相连，如图2-28所示。

优点：各煤层联合开采，大巷工程量及占用的轨道、管线较少；可同时进行若干煤层的准备和回采,开采强度大,井下生产采区集中,便于管理;巷道维护条件好,有利于大巷运输,且煤柱损失少。

缺点:建井初期工程量大,建井期长,每个采区都要掘进石门,采区石门工程量大,经济上不合理。

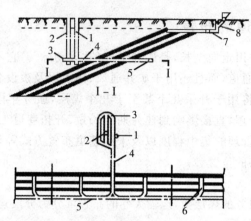

1—主井 2—副井 3—井底车场 4—主要石门 5—集中运输巷
6—采区石门 7—集中回风巷 8—回风井

图 2-28 集中运输大巷

(3)分组集中运输大巷。当井田内各煤层的层间距有大有小,用一条集中运输大巷服务全部煤层在技术上、经济上都不合理时,可以根据各煤层的间距及煤层的特点将煤层分为若干煤组,每一煤组布置一条大巷担负本煤组的运输任务,这条大巷称为"分组集中运输大巷"。分组集中运输大巷以采区石门联系本煤组各煤层,如图 2-29 所示。分组集中运输大巷是前两种运输大巷的过渡形式,所以它兼有前两种运输大巷的部分特点。

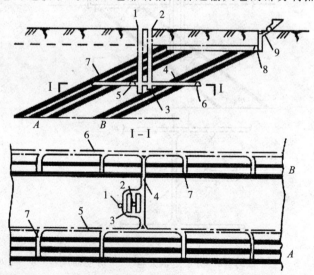

1—主井 2—副井 3—井底车场 4—主要石门 5—A 煤组集中运输大巷
6—B 煤组集中运输大巷 7—采区石门 8—回风大巷 9—回风井

图 2-29 分组集中运输大巷

2. 运输大巷的位置

运输大巷的作用：为开采上水平各煤层服务；为开采下水平煤层回风。

要求：服务时间长；处于不受或少受采动影响的位置。

位置：在岩石大巷中，位于煤组的底板岩石中；在煤层大巷中，位于煤组最下部煤质坚硬、围岩稳定的薄及中厚煤层中。

（1）煤层大巷。

煤层大巷位置：分煤层大巷，沿煤层布置；集中大巷，布置在煤组最下部稳定的薄及中厚煤层中；分组集中大巷，布置在煤组最下部稳定的薄及中厚煤层中。

煤层大巷的适用条件：煤层赋存不稳定、变化大的小型矿井；离其他煤层较远的深及中厚煤层，储量小、服务年限不长；煤系基底有距离较近的含水层，不宜将大巷布置在煤层底板；井田走向短，运输大巷服务年限短，煤层厚度不大；煤系基底有煤质坚硬、稳固的围岩，煤层无自然发火危险。

（2）岩层大巷。

岩层大巷位置：在距煤层法线15～30m、岩性稳定的岩层中；不受上煤层采动影响，布置在压力传播影响角之外；利于布置采区煤仓和车场。

【任务实施】

任务　井底车场硐室和路线分析

根据图2-24立式刀式环形井底车场示意图，正确写出图中数字标识的硐室和路线名称。

1—_____　　2—_____　　3—_____　　4—_____　　5—_____
6—_____　　7—_____　　8—_____　　9—_____　　10—_____
11—_____　　12—_____

【考核评价】

序号	考核内容	考核项目	配分	评价标准	得分
1	井底车场及主要运输大巷	井底车场概念及类型	20	正确阐述井底车场概念和井底车场类型	
2		井底车场硐室和路线	50	根据图2-24正确写出井底车场硐室和路线	
3		主要运输大巷布置方式	30	正确分析主要运输大巷布置方式及特点	
合计					

【课后自测】

1. 什么是井底车场？有哪几种类型？
2. 井底车场有哪些主要硐室和线路？
3. 主要运输大巷布置方式有哪几种？
4. 什么是煤层大巷和岩层大巷？

模块三 井巷掘进及支护

课题一 岩石的性质及工程分级

【应知目标】
  □岩石、岩块、岩体的含义
  □岩石的物理性质、变形特性和力学性质
  □常用的岩石分级方法

【应会目标】
  □正确叙述常用岩石的物理性质
  □正确叙述岩石的3种变形含义
  □正确叙述岩石常用的强度
  □会采用普氏分级法和岩心质量指标分级法对岩石进行分级

【任务引入】
  井巷掘进最基本的过程就是把岩石破碎下来,形成设计要求的井巷、巷道及硐室等空间,并对这些空间进行必要的维护,以防止围岩的垮落。因此,破岩与维护就成为井巷工程的主要任务。怎样破岩与维护才能最有效、合理与经济呢?如何解决这一问题呢?

【任务描述】
  为了使破岩与维护最有效、合理与经济,首先要对岩石的性质进行深入研究,在此基础上,制定出科学的岩石分级标准,以此作为选择破岩和维护方法的依据。

【相关知识】

一、基本概念

(1)岩石。岩石是组成地壳的基本物质,是由矿物或岩屑在地质作用下按一定规律而形成的自然地质体,包括岩浆岩、沉积岩、变质岩等。

(2)岩块。岩块是指从地壳中切取出来的小块体,不包含软弱面(岩体中的地质遗迹、层理、节理、断层、裂隙面等),近似认为各向同性的连续介质。

(3)岩体。岩体是指地下工程周围较大范围内的自然地质体。从煤矿采掘工程角度看,包括岩石、地下水和瓦斯等。岩体的性质复杂,是我们研究的主要对象。

二、岩石的物理性质

岩石密度是指岩石单位体积(包括岩石内孔隙体积)的质量,亦称"质量密度",可分为干密度和湿密度2种。前者是指单位体积岩石绝对干燥后的质量,后者是指天然含水或饱水状态下的密度。

重度(重力密度)是指单位体积岩石所承受的重力。

岩石碎胀性是指岩石破碎后的体积比破碎前有所增大的性质。

岩石弹性是指岩石在外力的作用下发生变形,当除去外力后,岩石恢复原来形状的特性。

岩石塑性是指岩石在外力的作用下发生变形,当除去外力后,岩石不能够恢复原来形状的性质。

岩石脆性是指岩石在破坏前没有明显的塑性变形,总应变量很小,在应力达到岩石强度极限时,岩石突然被破坏的性质。

岩石蠕变性是指岩石在外力作用不变的情况下,随着外力作用时间的增加,变形也增大的性质。

岩石强度是指岩石抵抗外力破坏的能力。岩石强度与受力状态有关。岩石因受力状态不同,其强度也不同,而且相差悬殊,一般符合下列顺序:三向等压抗压强度＞三向不等压抗压强度＞双向抗压强度＞单向抗压强度＞抗剪强度＞抗弯强度＞单向抗拉强度。

岩石硬度是指岩石抵抗其他较硬物体压入的能力。

岩石孔隙性是指岩石的孔隙和裂隙的发育程度,它通常用孔隙度 n 和孔隙比 e 来表示。孔隙度是指岩石试件内各种裂隙、孔隙的总体积与试件总体积 V 之比(常以百分数表示);孔隙比是指岩石试件内各种裂隙、孔隙的总体积与试件内固体矿物颗粒体积 V_c 之比。

岩石吸水率是指岩石试件在标准大气压下吸入水的质量 W 与试件烘干后的质量 G 之比。地下水存于岩石的孔隙和裂隙之中,而且大多数岩石的孔隙和裂隙是相互贯通的,因而在一定的水压作用下,地下水可在岩石中渗透,这种岩石能被水透过的性质,称为"岩石的透水性"。

岩石软化性是指岩石浸水饱和后强度降低的性质,用软化系数(η_c)表示。η_c 定义为岩石试件的饱和抗压强度(R_{cw})与干抗压强度(R_c)的比值。

膨胀性是指软岩浸水后体积增大和相应地引起压力增大的性质,用膨胀应力和膨胀率来表示。

崩解性是指软岩浸水后发生解体的性质。

三、岩石变形特性

岩石的变形分为弹性变形、塑性变形和黏性变形 3 种。

(1)弹性变形是指岩石在外力作用下产生变形,当撤去外力后,变形岩石能完全恢复到其原始状态的性质。

(2)塑性变形是指物体在外力作用下发生变形,当撤去外力后,变形不能恢复的性质。

(3)黏性(流变性)变形是指岩石应力应变关系随时间变化的性质。

四、岩石力学性质

岩石的单轴抗压强度是指岩石试件在无侧压且只受轴向荷载作用下,所能承受的最大压应力。

岩石的抗剪强度是指岩石抵抗剪切破坏的极限强度(剪切面上的切向应力),它是岩石力学性质中最重要的指标之一。根据剪切试验时加载方式的不同,可分为抗切强度、抗剪强度和摩擦强度 3 种。

单轴抗拉强度是指岩石试件在单轴拉伸时能承受的最大拉应力值。

岩石的三轴抗压强度是指岩石在三向应力作用下所能抵抗的最大轴向应力。

五、岩石的分级

1. 普氏分级法

用一个综合性的指标——坚固性系数 f 来表示岩石破坏的相对难易程度，通常称 f 为"普氏岩石坚固性系数"。

$$f = \frac{R_\mathrm{c}}{10} \tag{3-1}$$

式中：R_c——岩石单向抗压强度，MPa；

10 的单位为 MPa。

普氏分级的优点：普氏岩石分级法比较简明，便于使用，因而多年来在俄罗斯及其他一些东欧国家广泛使用。

缺点：它没有反映岩体的特征。关于岩石坚固性各方面表现趋于一致的观点，对少数岩石也不适用，如对黏土钻眼容易，而爆破困难。

我国目前普遍使用的普氏分级法，就是用坚固性系数 f 将岩石分为 10 级 15 种。见表 3-1。

表 3-1 普氏分级法岩石分级表

级别	坚固性程度	岩石	坚固性系数 f
Ⅰ	最坚固的岩石	最坚固、最致密的石英岩及玄武岩，其他最坚固的岩石	20
Ⅱ	很坚固的岩石	很坚固的花岗岩类；石英斑岩、硅质片岩；坚固程度较Ⅰ级岩石稍差的石英岩；最坚固的砂岩及石灰岩	15
Ⅲ	坚固的岩石	花岗岩（致密的）及花岗岩类岩石；很坚固的砂岩及石灰岩；石英质矿脉，坚固的砾岩；很坚固的铁矿石	10
Ⅲa	坚固的岩石	坚固的石灰岩；不坚固的花岗岩；坚固的砂岩；坚固的大理岩；白云岩；黄铁矿	8
Ⅳ	相当坚固的岩石	一般的砂岩；铁矿石	6
Ⅳa	相当坚固的岩石	砂质页岩；泥质页岩	5
Ⅴ	坚固性中等的岩石	坚固的页岩；不坚固的砂岩及石灰岩；软的砾岩	4
Ⅴa	坚固性中等的岩石	各种（不坚固的）页岩；致密的泥灰岩	3
Ⅵ	相当软的岩石	软的页岩；很软的石灰岩；白垩；岩盐；石膏；冻土；无烟煤；普通泥灰岩；破碎的砂岩；胶结的卵石及粗砂砾；多石块的土	2
Ⅵa	相当软的岩石	碎石土；破碎的页岩；结块的卵石及碎石；坚硬的烟煤；硬化的黏土	1.5
Ⅶ	软岩	黏土（致密的）；软的烟煤；坚硬的表土层；黏土质土壤	1.0
Ⅶa	软岩	轻砂质黏土（黄土、细砾石）	0.8
Ⅷ	土壤状岩石	腐植土；泥炭；轻压黏土；湿砂	0.6
Ⅸ	松散岩石	砂；小的细砾土；填方土；已采下的煤	0.5
Ⅹ	流动性岩石	流沙；沼泽土；含水黄土及其他含水土壤	0.3

2. 岩心质量指标分级法(R.Q.D)

R.Q.D 的操作方法:钻探时,将钻孔中直接获取的岩心总长度扣除破碎岩心和软弱夹泥的长度,再与钻孔总进尺相比。具体计算岩心长度时,只计算长度大于 10cm 的坚硬、完整的岩心,即

$$R.Q.D = \frac{10cm 以上岩心累计长度}{钻孔长度} \times 100\% \quad (3\text{-}2)$$

表 3-2 岩心质量指标分级法岩石分级表

分类	优质的	良好的	好的	差的	很差
R.Q.D(%)	90~100	75~90	50~75	25~50	0~25

【任务实施】

任务一 普氏分级法岩石分级

某种岩石经力学实验测试,其单向抗压强度为 60MPa,采用普氏分级法对该种岩石进行分级,并描述其坚固性程度。

任务二 岩心质量指标分级法岩石分级

在一岩层中打钻孔,钻孔深 1.5m,取出各段岩芯的长度为 2.5,5.0,7.5,10.0,15.0,10.0,5.0,12.5,3.5,4.5,8.0,2.0,1.0,5.0,7.0,4.0,15.0,7.5,12.5(单位为 cm),采用岩心质量指标分级法对该岩石进行分级。

【考核评价】

序号	考核内容	考核项目	配分	评价标准	得分
1	岩石性质及分级	岩石物理性质	20	正确叙述常用岩石的物理性质	
2		岩石变形特性	20	正确叙述岩石的 3 种变形含义	
3		岩石力学性质	30	正确叙述岩石常用的强度	
4		岩石分级方法	30	会采用普氏分级法和岩心质量指标分级法对岩石进行分级	
		合计			

【课后自测】

1. 什么是岩石、岩块和岩体?三者有何区别与联系?
2. 岩石的物理性质有哪些?
3. 什么是岩石的单向抗压强度、抗拉强度、抗剪强度和三向抗压强度?
4. 岩石的变形有哪几种?
5. 如何用普氏分级法对岩石进行分级?
6. 如何用岩心质量指标分级法对岩石进行分级?

课题二 井巷掘进施工

【应知目标】
    □爆破掘进工艺
    □综掘工艺
    □立井施工方法

【应会目标】
    □能正确演练爆破掘进工艺过程
    □能正确演练综掘工艺过程
    □能正确表述常用的立井施工方法

【任务引入】

在井巷施工时,首先要破碎岩石,如何破碎岩石呢?破岩的工序主要有布置炮眼、钻眼、装药、连线等,那么怎样才能正确布置炮眼呢?如何钻眼及正确选用炸药、电雷管等爆破材料和正确连线呢?

【任务分析】

为实现炮眼的正确布置,需掌握炮眼的种类和作用、钻眼使用的主要钻眼机具、钻眼机具的结构及操作方法。炸药、电雷管的选用合适与否直接关系爆破是否安全,必须了解炸药、电雷管的分类情况及各自适用条件。

【相关知识】

一、爆破掘进

(一)爆破材料

1. 矿用炸药

矿用炸药是指适用于矿井采掘工程的炸药。按照是否允许其在井下有瓦斯或煤尘爆炸危险的采掘工作面使用,可分为煤矿许用炸药和非煤矿许用炸药(即岩石炸药和露天炸药)2类。

属于煤矿许用炸药的有煤矿铵梯炸药(包括抗水煤矿铵梯炸药)、煤矿水胶炸药、煤矿乳化油炸药和离子交换型高安全炸药等。

属于非煤矿许用炸药的有岩石铵梯炸药(包括抗水岩石铵梯炸药)、粉状高威力炸药、硝化甘油类炸药以及廉价炸药和含水炸药中的非煤矿许用炸药等。

《煤矿安全规程》规定:煤矿井下爆破作业,必须使用煤矿许用炸药。煤矿许用炸药的选用应遵守下列规定:

(1)低瓦斯矿井的岩石掘进工作面必须使用安全等级不低于一级的煤矿许用炸药。

(2)低瓦斯矿井的煤层采掘工作面、半煤岩掘进工作面必须使用安全等级不低于二级的煤矿许用炸药。

(3)高瓦斯矿井、低瓦斯矿井的高瓦斯区域,必须使用安全等级不低于三级的煤矿许用炸药。有煤(岩)与瓦斯突出危险的工作面,必须使用安全等级不低于三级的煤矿许用含水炸药。

严禁使用黑火药和冻结或半冻结的硝化甘油类炸药。同一工作面不得使用2种不同品种的炸药。

2. 矿用电雷管

矿用电雷管是指适用于矿井采掘工程的电雷管。

(1)矿用电雷管按作用时间可分为瞬发电雷管、秒延期电雷管和毫秒延期电雷管。

(2)矿用电雷管按使用条件可分为普通矿用电雷管和煤矿许用电雷管。

①普通矿用电雷管,包括普通瞬发电雷管、秒延期电雷管和毫秒延期电雷管。

②煤矿许用电雷管,包括煤矿许用瞬发电雷管和煤矿许用毫秒延期电雷管。

《煤矿安全规程》规定:煤矿井下爆破作业,必须使用煤矿许用电雷管。在采掘工作面,必须使用煤矿许用瞬发电雷管或煤矿许用毫秒延期电雷管。使用煤矿许用毫秒延期电雷管时,最后一段的延期时间不得超过130ms。不同厂家生产的或不同品种的电雷管,不得掺混使用。不得使用导爆管或普通导爆索,严禁使用火雷管。

3. 爆破材料的领取、运送

爆破材料的领取、运送是矿井爆破工作的一个重要环节。《煤矿安全规程》规定:煤矿企业必须建立爆炸材料领退制度、电雷管编号制度和爆炸材料丢失处理办法。电雷管(包括清退入库的电雷管)在发给爆破工前,必须用电雷管检测仪逐个做全电阻检查,并将脚线扭结成短路。严禁发放电阻不合格的电雷管。

煤矿企业必须按民用爆炸物品管理条例的规定,建立爆炸材料销毁制度。

(1)爆破材料的领取。爆破工在领取爆破材料时,必须遵守下列规定和要求:

①爆破工及爆破工作相关工作人员接触爆炸材料时,必须穿棉布或抗静电服。

②领取的爆破材料必须符合国家规定的质量标准和使用条件。

③根据本班生产计划、爆破工作量和消耗定额,确定当班领用爆破材料的品种、规格和数量计划,填写爆破工作指示单,经班组长审批后签章。

④爆破工携带"放炮资格证"和班组长签章的爆破工作指示单到爆破材料库领取爆破材料。

⑤领取爆破材料时,必须当面检查品种、规格和数量是否符合,并从外观上检查其质量。电雷管必须实行专人专号,不得遗失、借用或挪作他用。

(2)爆破材料的清退。爆破工在清退爆破材料时,必须遵守下列规定和要求:

①爆破工在每次爆破作业完成后,应将爆破的炮眼数、使用爆破材料的品种和数量、放炮工作情况、放炮事故及处理情况等,认真填入放炮记录表。

②爆破工作完成后,爆破工必须清点剩余的及不能使用的爆破材料(包括收集起来的瞎炮、残爆的爆破材料),确保"领、用、退"3个环节中爆破材料的品种、规格和数量一致。清点无误后,将本班放炮的炮眼数、爆破材料使用数量及缴回数量等填在放炮指示单内,经班组长签章,然后缴回爆破材料库,由发放人员签章。放炮指示单由爆破工、班组长及发放人员各保存一份备查。

③爆破工所领取的爆破材料不得遗失,不得转交他人,不得私自销毁、扔弃和挪作他用。发现遗失后应立即报告班组长,并追查处理。严禁私藏爆破材料。

(3)爆破材料的运送。

①井筒内运送爆破材料的规定。在井筒内运送爆破材料时,必须遵守《煤矿安全规程》中的下列规定:

a.电雷管和炸药必须分开运送;但在开凿或延深井筒时,符合本规程第三百四十五条规定的,不受此限。

b.必须事先通知绞车司机和井上、下把钩工。

c.运送硝化甘油类炸药或电雷管时,罐笼内只准放1层爆炸材料箱,不得滑动。运送其他类炸药时,爆炸材料箱堆放的高度不得超过罐笼高度的2/3。如果将装有炸药或电雷管的车辆直接推入罐笼内运送时,车辆必须符合本规程第三百一十二条第一款第(二)项的规定。

d.在装有爆炸材料的罐笼或吊桶内,除爆破工或护送人员外,不得有其他人员。

e.罐笼升降速度,在运送硝化甘油类炸药或电雷管时,不得超过2m/s;运送其他类爆炸材料时,不得超过4m/s。不论运送何种爆炸材料,吊桶升降速度都不得超过1m/s。司机在启动和停止绞车时,应保证罐笼或吊桶不震动。

f.在交接班、人员上下井的时间内,严禁运送爆炸材料。

g.禁止将爆炸材料存放在井口房、井底车场或其他巷道内。

②井下用机车运送爆破材料的规定。井下用机车运送爆破材料时,运送人员必须遵守《煤矿安全规程》中的下列规定:

a.炸药和电雷管不得在同一列车内运输。如用同一列车运输,装有炸药与装有电雷管的车辆之间,以及装有炸药或电雷管的车辆与机车之间,必须用空车分别隔开,隔开长度不得小于3m。

b.硝化甘油类炸药和电雷管必须装在专用带盖的、有木质隔板的车厢内,车厢内部应铺有胶皮或麻袋等软质垫层,并只准放1层爆炸材料箱。其他类炸药箱可以装在矿车内,但堆放高度不得超过矿车上缘。

c.爆炸材料必须由井下爆炸材料库负责人或经过专门训练的专人护送。跟车人员、护送人员和装卸人员应坐在尾车内,严禁其他人员乘车。

d.列车的行驶速度不得超过2m/s。

e.装有爆炸材料的列车不得同时运送其他物品或工具。

③用钢丝绳牵引的车辆运送爆破材料的规定。《煤矿安全规程》规定:水平巷道和倾斜巷道内有可靠的信号装置时,可用钢丝绳牵引的车辆运送爆炸材料,但炸药和电雷管必须分开运输,运输速度不得超过1m/s。运输电雷管的车辆必须加盖、加垫,车厢内以软质垫物塞紧,防止震动和撞击。严禁用刮板输送机、带式输送机等运输爆炸材料。

④人力运送爆破材料的规定。由爆炸材料库直接向工作地点用人力运送爆炸材料时,应遵守《煤矿安全规程》中的下列规定:

a.电雷管必须由爆破工亲自运送,炸药应由爆破工或在爆破工监护下由其他人员运送。

b.爆炸材料必须装在耐压、抗撞冲、防震、防静电的非金属容器内。电雷管和炸药严禁装在同一容器内。严禁将爆炸材料装在衣袋内。领到爆炸材料后,应直接送到工作地点,严禁中途逗留。

c.携带爆炸材料上下井时,在每层罐笼内搭乘的携带爆炸材料的人员不得超过4人,其他人员不得同罐上下。

d.在交接班、人员上下井的时间内,严禁携带爆炸材料的人员沿井筒上下。

(二)爆破器具

1. 起爆电源

(1)《煤矿安全规程》中关于起爆电源的规定。

①井下爆破必须使用发爆器。开凿或延深通达地面的井筒时,无瓦斯的工作面中可使用其他电源起爆,但电压不得超过380V,且必须有电力起爆接线盒。发爆器或电力起爆接线盒必须采用矿用防爆型(矿用增安型除外)。

②发爆器的把手、钥匙或电力起爆接线盒的钥匙,必须由爆破工随身携带,严禁转交他人。不到爆破通电时,不得将把手或钥匙插入发爆器或电力起爆接线盒内。爆破后,必须立即将把手或钥匙拔出,摘掉母线并扭结成短路。

③严禁在一个工作面使用2台发爆器同时进行放炮。

(2)发爆器的检查、使用和保管。

①检查。

a. 下井前领取发爆器时,应检查发爆器外壳、固定螺丝、接线柱、防尘盖等部件是否完整,毫秒开关是否灵活,当发现有破损或发爆能力不足的情况时,应立即更换。入井前,要对氖气灯泡做一次试验性检查,如氖气灯泡在小于发爆器规定的充电时间内(一般为12s)闪亮,表明发爆器正常;如充电时间过长,应更换发爆器或电池。氖气灯泡不亮时,不能敲打或撞击,应及时更换。

b. 若使用时间过长,应检查发爆器能否在3～6ms内输出足够的电能、自动切断电源和停止供电。

c. 电容式发爆器应定期检查,检查时用新电池作电源,测量输出电流和主电容器充电电压以及充电时间。若测量的数值低于额定值,为不合格,应进行大修。

②使用。取下防尘帽,将开关钥匙插入毫秒开关内,按逆时针方向转至充电位置,氖气灯亮后,立即按顺时针方向转至"放电"位置。如不立即转至"放电"位置,不但浪费电能,而且由于主电容端电压继续上升,可能引起发爆器内部元件损坏。起爆后,开关要停在"放电"位置上,拔出钥匙,由爆破工自己保管,并把母线从发爆器上取下,扭结成短路挂好。每次爆破后,应及时将防尘盖盖好,防止煤尘或潮气侵入。

③保管。

a. 发爆器必须由爆破工妥善保管,上下井时随身携带,班班升井检查。在井下,要挂在支架上或放在木箱里,不要放在潮湿或淋水地点,以免受潮。

b. 发爆器钥匙由爆破工保管,不得转交他人或随意乱放。

c. 发爆器发生故障时,应及时送到井上由专人修理,不得在井下拆开修理,更不得敲打、撞击。氖气灯泡超过规定时间才亮或发爆器充电时间过长时,必须及时在地面更换电池。长期不用的发爆器,必须取出电池。

d. 严禁将2个接线柱连线短路打火花检查输出电量的大小、有无残余电荷和用发爆器检查母线导通,因为这样做很容易击穿电容及其他元件,损坏发爆器,更危险的是会产生电火花,容易引爆瓦斯和煤尘。

2. 爆破网路测量仪器

(1)导通表。导通表又称"测炮器",是专门用来测量电雷管、放炮母线或电爆网路是否导通的仪表,可代替爆破电桥和欧姆表作导通检测。常用的光电导通表如图3-1所示。

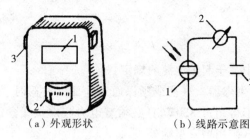

（a）外观形状　　（b）线路示意图

1—硒光电池或硅光电池　2—检流计　3—金属片

图 3-1　光电导通表

光电导通表的内部电源是硒光电池或硅光电池,在矿灯或其他光线照射下,最高可产生 0.5V 电压;无光线照射时,则不产生电压。使用光电导通表时,先用矿灯照射光电池,同时使被测物件的两端分别与导通表的 2 个金属片相碰,接通回路,若检流表指针转动,表明被测物件导通,无断路;若指针不动,表明被测物件不导通,有断路。光电导通表结构简单,体小轻巧,操作方便。导通电流只有几十微安,可确保电雷管导通测量的绝对安全,但使用后必须避光存放,以免浪费电池。

(2)线路电桥。爆破线路电桥是用来检查和测量电雷管及电爆网路的通断和电阻的仪表。目前使用的多是 205-1 型防爆专用仪表,可在煤矿井下使用。它的外形如图 3-2 所示。

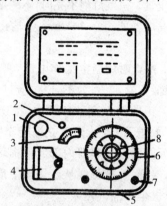

1—转换开关　2—调整钮　3—检流表　4—电池室　5—外壳　6—分划盘　7—接线柱　8—按钮

图 3-2　205-1 型爆破线路电桥外形

检测时,先把电雷管脚线或电爆网路的母线接在电桥的 2 个接线柱上,使转换开关指向"雷管"或"网路",再用手压下按钮,同时旋转分化盘,若检流表的指针不动,说明电雷管或网路不通;若检流表的指针摆动,说明电雷管或网路导通;当检流表指针居中时,即可松开按钮,此时指针所指分化盘上的读数,即为被测的电雷管或电爆网路的电阻值。

(3)《煤矿安全规程》中关于爆破网路测量的要求。

①每次爆破作业前,爆破工必须对电爆网路做全电阻检查。严禁用发爆器打火放电检测电爆网路是否导通。

②爆破母线连接脚线、检查线路和通电等工作,只准爆破工一人操作。

通过对电爆网路做全电阻检查,可以及时发现网路中的错联、漏联、短路、接地等现象,确定起爆网路所需要的电流、电压,从而可以判断网路雷管能否全部起爆,避免爆破时产生丢炮、拒爆等事故。

(三) 炮眼布置

巷道掘进的爆破工作是在只有一个自由面的狭小工作面上进行的,俗称"独头掘进"。因此,要达到理想的爆破效果,必须将各种不同作用的炮眼合理地布置在相应位置上,使每个炮眼都能起到应有的爆破效果。

掘进工作面的炮眼按其用途和位置可分为掏槽眼、辅助眼和周边眼,如图 3-3 所示。其爆破顺序必须是延期起爆,即先起爆掏槽眼,然后起爆辅助眼,最后起爆周边眼。

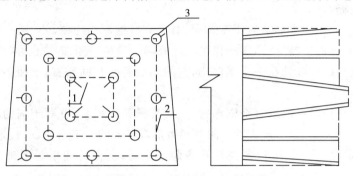

1—掏槽眼 2—辅助眼 3—周边眼
图 3-3 平巷掘进的炮眼布置

1. 掏槽眼

在工作面上将某一部分岩石爆破并抛出,使工作面形成第二个自由面,为其他炮眼的爆破创造有利条件,提高破岩效率。

根据井巷断面形状规格、岩石性质和地质构造等条件,掏槽眼的排列形式可分为倾斜掏槽和垂直掏槽两大类。

(1)倾斜掏槽的特点是掏槽眼与自由面斜交。在软岩或具有层理、节理、裂隙或软夹层的岩石中,可用单倾斜掏槽。其掏槽位置可视自然弱面存在的情况而定,掏槽眼的倾斜角依岩石可爆性不同而定,一般取 50°~70°。

在中硬以上均质岩石、断面尺寸大于 $4m^2$ 的井巷掘进中,可采取相向倾斜眼组成楔形掏槽,如图 3-4 所示。每对炮眼底部间距一般取 10~20cm,眼口之间的距离取决于眼深及倾斜角的大小,掏槽眼与工作面的交角通常为 60°~75°。

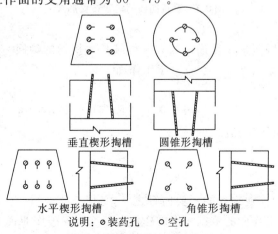

垂直楔形掏槽   圆锥形掏槽

水平楔形掏槽   角锥形掏槽

说明:⊙装药孔 ○空孔

图 3-4 倾斜掏槽的炮眼布置形式

楔形掏槽可分为垂直楔形掏槽和水平楔形掏槽 2 种,前者打眼比较方便,使用较广。当岩石特别难爆且断面尺寸又大或眼深超过 2m 时,可增加 2~3 对深度较小的初始掏槽眼,以形成双楔形掏槽。

若将楔形掏槽的掏槽眼以同等角度向槽底集中,但各眼并不相互贯通,则形成锥形掏槽,通常可排成三角锥形和圆锥形等形式,后者适用于圆形断面井筒掘进工作。

倾斜掏槽的优点是所需掏槽眼数少,且易抛出掏槽范围内的岩石;缺点是孔深受限于断面尺寸,石碴抛掷较远。

(2)垂直掏槽的掏槽眼都垂直于工作面,其中有些炮眼为空眼,不装药。垂直掏槽的形式很多,常见的有缝形掏槽、桶形掏槽和螺旋掏槽(图 3-5)。缝形掏槽也称"平行龟裂掏槽",其布置特点是掏槽眼轴线处在一个平面内,空眼与装药眼相间布置,眼距为 8~15cm,爆后形成一条缝隙。

桶形掏槽是应用最广的垂直掏槽形式之一,其槽腔体积大,有利于辅助眼爆破;空眼直径可大于或等于装药眼直径,较大的空眼直径可形成较大的人工自由面;桶形掏槽完全没有向外抛碴作用,通常可将空眼打深并在孔底装一卷药,在全部掏槽眼爆破后起爆,以抛出岩碴。

螺旋掏槽是桶形掏槽的理想形式,空眼到各装药眼的距离依次取空眼直径的 1.0~1.8 倍、2.0~3.5 倍、4.0~4.5 倍和 4.0~5.5 倍。

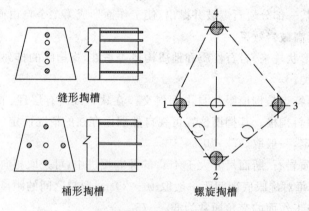

图 3-5 垂直掏槽的炮眼布置形式

2. 辅助眼

辅助眼又称"崩落眼",是大量崩落岩石和继续扩大掏槽的炮眼。辅助眼要均匀布置在掏槽眼和周边眼之间,炮眼方向一般垂直于工作面。

3. 周边眼

周边眼是爆落巷道周边岩石,最后形成巷道断面设计轮廓的炮眼。为保证巷道成型规整,减少支护工程量,可采用光面爆破技术。

(四)爆破作业

1. 爆破作业说明书

爆破作业说明书是作业规程的主要内容之一,是爆破作业贯彻《煤矿安全规程》的具体措施,是爆破工进行爆破作业的依据。爆破作业必须编制爆破作业说明书,说明书必须符合下列要求:

(1)炮眼布置图必须标明采煤工作面的高度和打眼范围或掘进工作面的巷道断面尺寸,以及炮眼的位置、个数、深度、角度及炮眼编号,并用正面图、平面图和剖面图表示。

(2)炮眼说明表必须说明炮眼的名称、深度、角度,使用炸药、电雷管的品种,装药量,封泥长度,连线方法和起爆顺序。

(3)必须编入采掘作业规程,并及时修改补充。

爆破工必须依照说明书进行爆破作业。

2. 起爆药卷装配

装配引药就是把电雷管装进药卷,形成起爆药卷。

(1)装配原则。装配起爆药卷时,必须遵守下列规定:

①必须在顶板完好、支架完整、避开电气设备和导电体的爆破工作地点附近进行。严禁坐在爆炸材料箱上装配起爆药卷。装配起爆药卷的数量以当时当地需要的数量为限。

②装配起爆药卷必须防止电雷管受震动和冲击、折断脚线和损坏脚线绝缘层。

③电雷管必须从药卷的顶部装入,严禁用电雷管代替竹、木棍扎眼。电雷管必须全部插入药卷内。严禁将电雷管斜插在药卷的中部或捆在药卷上。

④电雷管插入药卷后,必须用脚线将药卷缠住,并将电雷管脚线扭结成短路。

⑤引药数量的确定。装配引药的数量以当时当地需要的数量为限。

(2)抽出单个电雷管。从成束的电雷管中抽出单个电雷管时,应当先将电雷管脚线理顺,然后用一只手攥住某一电雷管脚线尾端,另一只手将电雷管管体放在手心,大拇指和食指捏住管口一端脚线,用力均匀地将电雷管抽出。不得从成束的电雷管中手拉管体、硬拽脚线,或者手拉脚线、硬拽管体。抽出单个电雷管后,必须将其末端扭结。

(3)装配起爆药卷。装配引药时,必须防止电雷管受震动和冲击、折断脚线或损坏脚线绝缘层。电雷管只许从药卷的顶部装入(非聚能穴端),装入的方法有如下2种。

①引药扎孔装配。用一根直径略大于电雷管直径的尖端木棍或竹棍,在药卷顶部的封口扎一圆孔,将电雷管全部装入药卷中,然后用电雷管脚线将药卷缠住,以便把电雷管固定在药卷内,还必须扭结电雷管脚线末端。如图3-6所示。

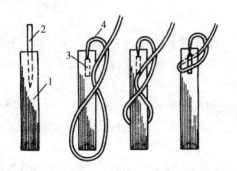 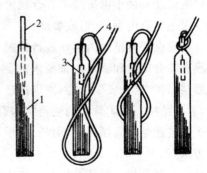

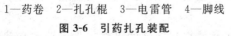

1—药卷 2—扎孔棍 3—电雷管 4—脚线　　1—药卷 2—扎孔棍 3—电雷管 4—脚线

图3-6　引药扎孔装配　　　　　　图3-7　启开药卷封口装配

②启开药卷封口装配。先打开药卷顶部封口,用木、竹棍在药卷中央扎孔,再将电雷管全部装入药卷,用脚线把封口扎住,还必须扭结电雷管脚线末端。如图3-7所示。

电雷管必须全部插入药卷内。严禁将电雷管斜插在药卷的中部或捆在药卷上,如图3-8所示。

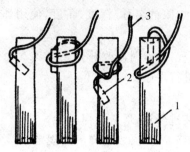

1—药卷 2—电雷管 3—脚线
图3-8 不正确的引药装配法

(4)引药保存。引药装配以后,应清点数目,入箱锁好,不得乱放,以防散失。

3. 装药

(1)安全装药条件要求。爆破工在装药前,必须与班组长和瓦斯检查员对装药工作面附近及炮眼等进行全面检查,对查出的问题应及时处理。有下列情况之一时,严禁装药:

①采掘工作面的控顶距不符合作业规程规定,或者支架有损坏、伞檐超过规定;采煤工作面炮道宽度不符合作业规程规定;采掘工作面上下出口支护状态不好。

②装药前未检查瓦斯,或装药地点附近20m内风流中瓦斯浓度达1%。

③在装药地点20m范围内,有矿车、未清除的煤、矸石或者其他物体堵塞巷道断面1/3以上。

④炮眼内发现异状、有显著的瓦斯涌出、煤岩松散、温度骤高骤低、透老空等情况。

⑤采掘工作面风量不足、风向不稳,或风筒末端距掘进工作面的距离超过作业规程规定,循环风未处理好以前。

⑥炮眼内煤、岩粉没有清除干净。

⑦炮眼深度与最小抵抗线不符合规定。

⑧发现炮眼有坍塌、变形或裂缝。

⑨装药安全警戒范围内正在进行打眼、装岩等工序作业。

⑩没有符合质量和满足数量要求的黏土炮泥与水炮泥。有冒顶、透水、瓦斯突出预兆,以及过断层、冒顶区无安全措施,发现拒爆未处理时。

(2)装药结构。煤矿常用的装药结构有正向装药和反向装药。

①正向装药是指起爆药卷(引药)位于柱状药卷的外端,靠近炮眼口,雷管底部朝向眼底的装药方法,如图3-9(a)所示。

②反向装药是指起爆药卷(引药)位于柱状药卷的里端,靠近炮眼底,雷管底部朝向眼口的装药方法,如图3-9(b)所示。

《煤矿安全规程》规定:在高瓦斯矿井、低瓦斯矿井的高瓦斯区的采掘工作面采用毫秒爆破时,若采用反向起爆,必须制定安全技术措施。

(3)安全装药程序和方法。

①清孔。装药前,必须用掏勺或压缩空气吹眼器清除干净炮眼内的煤岩粉和积水,以防

煤岩粉堵塞,使药卷不能密接或装不到眼底。使用吹眼器时,附近人员必须避开压风吹出气流方向,以免炮眼内飞出的岩粉等杂物伤人。

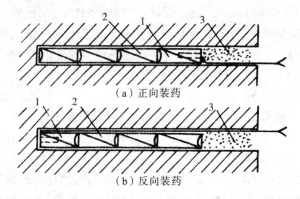

1—起爆药卷　2—被动药卷　3—炮泥
图 3-9　正向装药与反向装药

②验孔。清孔后,用炮棍检查炮眼的角度、深度、方向和炮眼内的情况。发现不符合装药要求的,严禁装药。

③装药。验孔后,爆破工必须按爆破说明书规定的装药量、起爆方式进行装药。装药时,一手拉着电雷管的脚线,一手用炮棍将装入眼口的药卷逐个轻轻推入,使药卷与眼底、药卷与药卷互相密接,但不能用炮棍冲撞或捣实。

④封孔。装炮泥时,最初封堵的炮泥应慢慢用力、轻捣压实,以后各段炮泥须依次用力捣实。装水炮泥时,在紧靠药卷处先封堵 0.03～0.04m 的黏土炮泥,再装水炮泥,水炮泥外边剩余部分应用黏土炮泥封实。炮泥的长度必须符合《煤矿安全规程》规定。

⑤电雷管脚线末端扭结。装药后,必须把电雷管脚线末端悬空,严禁电雷管脚线、放炮母线与运输设备及采掘机械等导电体相接触。

4. 封孔

(1)黏土炮泥的作用。炮泥是用来封塞炮眼的,炮泥的质量和封泥长度直接影响到爆破效果和安全。炮泥的主要作用有:

①能提高炸药的爆破效果。炮泥能阻止爆生气体自炮眼透出,爆炸初始就能在炮眼内聚积压缩能,增加冲击波的冲击力;同时,还能使炸药在爆炸反应中充分氧化,放出更多的热量,使热量转化为机械功,从而提高炸药的爆破效果。

②有利于爆破安全。由于炮泥的堵塞作用,炸药在爆炸中充分氧化,从而减少有毒气体的生成,降低了爆生气体逸出工作面时的温度和压力,减少了引燃瓦斯煤尘的可能性;同时,炮泥能阻止火焰和灼热固体颗粒从炮眼内喷出,有利于防止瓦斯和煤尘爆炸。

(2)水炮泥的作用。水炮泥是一种在塑料圆筒袋中充满水的炮泥。水炮泥有以下优点:

①炸药气浪的冲击作用使水炮泥中的水形成一层水幕,可降低炸药爆炸后的温度,使爆炸火焰存在的时间大为缩短,减少引爆瓦斯和煤尘的可能性,有利于矿井生产安全。

②水炮泥形成的水幕有降低和吸收炮烟中的有毒有害气体的作用,可改善井下的劳动条件。

《煤矿安全规程》规定:炮眼封泥应用水炮泥,其余炮眼部分应用黏土炮泥封实。

(3)炮眼封泥长度的规定。《煤矿安全规程》规定,炮眼深度和炮眼的封泥长度应符合下列要求:

①炮眼深度小于0.6m时,不得装药、爆破;在特殊条件下,如挖底、刷帮、挑顶等确需浅眼爆破时,必须制定安全措施,炮眼深度可以小于0.6m,但必须封满炮泥。

②炮眼深度为0.6~1.0m时,封泥长度不得小于炮眼深度的1/2。

③炮眼深度超过1m时,封泥长度不得小于0.5m。

④炮眼深度超过2.5m时,封泥长度不得小于1m。

⑤光面爆破时,周边光爆炮眼应用炮泥封实,且封泥长度不得小于0.3m。

⑥工作面有2个或2个以上自由面时,在煤层中最小抵抗线不得小于0.5m,在岩层中最小抵抗线不得小于0.3m。浅眼装药爆破大岩块时,最小抵抗线和封泥长度都不得小于0.3m。

如果炮眼无封泥、封泥不足或不实,则不能阻止爆生气体自炮眼内逸出,炮眼内形不成足以破碎、抛掷岩石的有效功;同时,炸药的爆炸不能充分氧化,不能放出更多的热量,导致热效率低,热能不能或不完全能转化为机械能,从而影响爆破的效果。因无炮泥、炮泥不足或不实而造成的"放空炮"(打筒子)就是例证。

炸药在无炮泥、炮泥不足或不实的情况下爆炸时,高温高压的爆生气体和炽热的固体颗粒就会自炮眼内喷出,直接与瓦斯煤尘接触,能引起瓦斯和煤尘的燃烧与爆炸。因此,《煤矿安全规程》规定:对无封泥、封泥不足或不实的炮眼,严禁放炮。

5.连线

(1)放炮母线和连接线的要求。《煤矿安全规程》规定,放炮母线和连接线必须符合下列要求:

①煤矿井下爆破母线必须符合标准。

②爆破母线和连接线、电雷管脚线和连接线、脚线和脚线之间的接头必须相互扭紧并悬挂,不得与金属管、刮板输送机等导电体相接触。

③巷道掘进时,爆破母线应随用随挂。不得使用固定爆破母线,特殊情况下,在采取安全措施后,可不受此限。

④爆破母线与电缆、电线、信号线应分别挂在巷道的两侧。如果必须挂在同一侧,则放炮母线必须挂在电缆的下方,并应保持0.3m以上的悬挂距离。

⑤只准采用绝缘母线单回路放炮,严禁将轨道、金属管、水或大地等当作回路。

⑥爆破前,爆破母线必须扭结成短路。

(2)连线方式。掘进工作面的连线方式有串联、并联和混联。

①串联。串联是将相邻的2个电雷管管脚线各1根依次连接起来,最后将两端剩余的2根脚线接到母线上,再将母线接入电源,如图3-10(a)所示。串联接线操作简便,不易漏接或误接;接线速度快,便于检查,网路计算简单,通过网路的电流较小,适合用发爆器作电源,使用安全。因此,串联方式在煤矿井下使用最为普遍。这种连线方式的缺点是,若串联网路中有一个电雷管不导通或在一处开路,全部电雷管将拒爆。在起爆电能不足的情况下,每个电雷管对电的敏感程度总有差异,往往是较敏感的电雷管先爆,电路被切断,使不敏感的电雷管不爆。

②并联。将所有的电雷管的2根脚线分别接到网路的2根母线上,通过母线与电源连接。并联方式可分为分段并联(图3-10(b))和并簇联(图3-10(c))2种。在并联网路中,即

使某个电雷管不导通,其余的电雷管也可以起爆,各个电雷管对电敏感程度的差异不像串联接法那样造成显著的丢炮。这种网路虽然总电阻小,要求起爆电源的电压小,但网路所需总电流较大。

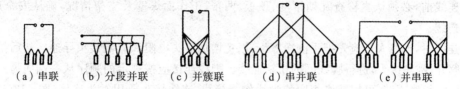

(a) 串联　　(b) 分段并联　　(c) 并簇联　　(d) 串并联　　(e) 并串联

图 3-10　网路连接方式

③混联。混联是上述 2 种方法的结合,分为串并联和并串联 2 种。当一次起爆炮眼数目较多时,须采用串并联或并串联。串并联是指先将电雷管分组,每组串联接线,然后将各组剩余的 2 根脚线分别接到放炮母线上,如图 3-10(d)所示。并串联是指将各组电雷管并联,然后将各组串联起来,如图 3-10(e)所示。并串联在现场很少采用。

混联接法兼顾了串联法和并联法的缺点,也部分兼有它们的优点。但连接和计算网路都比较复杂,容易错接和漏接,因此,每个并联分路的电阻要大致相等,分组均匀。否则,电阻小的分路会因分路电流大而先爆炸,而电阻大的分路由于分路电流小,电雷管仍未得到足够的电爆电能,网路却已被炸断,会造成雷管拒爆。

在井下掘进工作中,由于一次放炮炮眼数量少,且多用发爆器起爆,发出的电压较高,电量有限,故多采用串联。若用并联或混联,由于分路电阻安排不当,有的分路先爆炸,故可能炸断仍在通电的其他分路或母线,造成丢炮、瞎炮或产生电火花而引起瓦斯或煤尘爆炸。并联和混联因一次放炮的电雷管数量较多,发爆器因容量小而无法起爆,只能使用动力电源,而《煤矿安全规程》规定,除开凿或延深通达地面的井筒时,无瓦斯的井底工作面外,井下放炮不能用动力电源,只能使用发爆器。因此,井下一般不使用并联和混联连线方法。

炮采工作面的连线方法都是大串联法,其连线方式有以下几种:单排眼串联法,如图 3-11(a)所示;双排眼串联法,如图 3-11(b)所示;三排眼串联法,如图 3-11(c)、(d)所示。

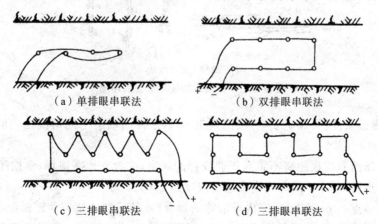

(a) 单排眼串联法　　　　　　(b) 双排眼串联法

(c) 三排眼串联法　　　　　　(d) 三排眼串联法

图 3-11　炮采工作面放炮连线法

(3)连线的方法和要求。连线工作应按照爆破说明书规定的连线方式,将电雷管脚线与脚线、脚线与连接线、连接线与放炮母线等连好接通。

连线的方法和要求是：

①脚线的连接工作可由经过专门训练的班组长协助爆破工进行。放炮母线连接脚线、检查线路和通电工作只准爆破工一人操作。与连线无关的人员都要撤离到安全地点。

②连线前，必须认真检查瓦斯浓度、顶板、两帮、工作面煤壁及支架情况，确认安全后，方可进行连线。

③连线时，连线人员应先把手洗净擦干，以免增加接头电阻和影响接头导通。然后把电雷管脚线解开，刮净接头，进行脚线间的扭结连接。脚线连接应按规定的顺序从一端向另一端进行。如脚线长度不够，可用规格相同的脚线作连接线，连线接头要用对头连接（图3-12(a)），不要用顺向连接（图 3-12(b)），不要留有须头。当炮眼内的脚线长度不够，需接长脚线时，两根脚线接头的位置必须错开，并用胶布包好，防止脚线短路和漏电。连线接头必须扭紧牢固，并要悬空，不得与任何物体相接触。

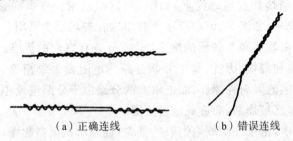

(a) 正确连线　　　　(b) 错误连线

图 3-12　脚线、连接线和端线间的接头

④电雷管脚线间的连线工作完成以后，再与连接线连接。

⑤连接线与放炮母线连接方法如图 3-13 所示。

⑥在煤矿井下，严禁用发爆器检查母线是否导通，这样易发生火花而引爆瓦斯或煤尘。

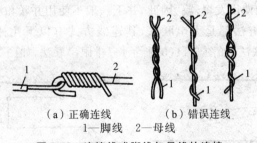

(a) 正确连线　　　(b) 错误连线

1—脚线　2—母线

图 3-13　连接线或脚线与母线的连接

6. 放炮

(1) 安全爆破条件。《煤矿安全规程》规定，装药和爆破前有下列情况之一的，严禁装药、爆破：

①采掘工作面的控顶距离不符合作业规程的规定，或者支架有损坏、伞檐超过规定。

②爆破地点附近 20m 以内风流中瓦斯浓度达 1.0%。

③在爆破地点 20m 以内，矿车内未清除的煤、矸或其他物体堵塞巷道断面 1/3 以上。

④炮眼内发现异状、温度骤高骤低、有显著瓦斯涌出、煤岩松散、透老空等情况。

⑤采掘工作面风量不足。

(2) 安全起爆程序。

①爆破工在检查连线工作无误后，将警戒牌交给班组长。

②班组长接到警戒牌后,检查顶板、支架、上下出口、风量、阻塞物、工具设备、洒水等放炮准备工作,达到放炮要求时,布置警戒,组织人员撤离到规定的安全地点待避。

班组长必须布置专人在警戒线和可能进入放炮地点的所有通路上担任警戒工作。警戒人员必须在规定距离的有掩护的安全地点进行警戒。警戒线处应设置警戒牌、栏杆或拉绳等标志。

班组长必须清点人数,确认无误后,方能下达放炮命令,将自己携带的放炮命令牌交给瓦斯检查员。

③瓦斯检查员在检查放炮地点附近 20m 内风流中瓦斯浓度在 1% 以下,煤尘符合规定后,将自己携带的放炮牌交给爆破工。

④爆破工接到放炮牌后,才允许将放炮母线与连接线进行连接,最后离开放炮地点;必须在通风良好、有掩护的安全地点进行放炮,掩护地点到放炮工作面的距离由矿务局统一规定。爆破工、警戒人员和放炮待避人员都必须躲在有支架、物体等掩护和支护、通风良好的安全地点。

⑤放炮通电工作只能由爆破工一人完成。放炮前,爆破工应先用导通表或爆破电桥及欧姆表检查网路是否导通,若网路不导通,必须查清原因。

⑥若网路正常,爆破工必须发出放炮警号,高喊数声"放炮"或鸣笛数声,至少再等 5s,方可放炮。

⑦放炮时,先将母线扭结解开,牢固地接在发爆器的接线柱上。使用电容式发爆器时,先将钥匙插入发爆器内,将毫秒开关转至"充电"位置,待氖灯泡闪亮(MFB 型发爆器)或红绿灯交闪(MFBB 型发爆器)时,迅速将开关转至"放电"位置。当经过"爆破"位置瞬间,发爆器电能输入爆破网路,从而引爆炮眼内的电雷管和炸药。

⑧放炮后,爆破工必须立即取下发爆器把手和钥匙,并将放炮母线从电源上摘下,扭结成短路。将三牌各交原主。

(3) 爆破后必须进行的工作。

①巡视放炮地点。放炮后,爆破工、班组长和瓦斯检查员必须巡视放炮地点,检查通风、瓦斯、煤尘、顶板、支架、瞎炮、残炮等情况。如有危险情况,必须立即处理。

②撤除警戒。警戒人员必须由布置警戒的班组长亲自撤回。

③发布作业命令。只有在工作面上的炮烟已经吹散,警戒人员按规定撤回,检查瓦斯不超限,影响作业安全的崩倒、崩坏的支架已经修复的情况下,班组长才能发布人员可进入工作面正式作业的命令。

④洒水降尘。放炮后,放炮地点附近 20m 的巷道内,都必须洒水降尘。

⑤处理瞎炮。发现瞎炮(包括残爆)时,必须在班组长的直接领导下进行处理,并在当班处理完毕。如果当班未能处理完毕,爆破工必须同下一班爆破工在现场交接清楚。

二、机械掘进

断面掘进机是实现连续破岩、装岩、转载、临时支护、喷雾防尘等工序的一种联合机组。岩石全断面掘进机机械化程度高,可连续作业,工序简单,施工速度快,施工巷道质量高,支护简单,工作安全;但构造复杂,成本高,对掘进巷道的岩石性质和长度均有一定的要求。

岩巷掘进机一般由移动部分和固定支撑推进部分组成,主要包括破岩装置、行走推进装置、岩渣装运装置、驱动装置、动力供给装置、方向控制装置、除尘装置和锚杆安装装置等。

图 3-14 为岩巷全断面掘进机系统示意图。全断面掘进机已广泛应用于隧道等大断面工程掘进，在矿山平巷施工中也有应用。

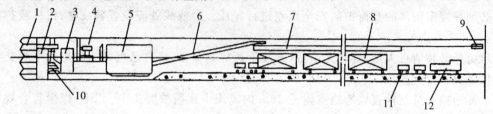

1—刀盘　2—机头架　3—水平支撑板　4—锚杆钻机　5—司机房　6—斜带式输送机　7—转载机
8—龙门架车　9—激光指向仪　10—环形支架机　11—矿车　12—环形电机车

图 3-14　岩巷全断面掘进机系统示意图

1. 综掘机截割破岩

切割方式：煤巷一般由上帮底部左侧进刀，沿底板从左至右扫地掏槽，至右帮后向上移动截割头，再从右至左螺旋上升截割，接近顶板时，截割头要离开顶板 100～300mm，防止截割头破坏顶板。

岩巷一般从巷道拱基线的中部进刀，从左至右、再从右至左螺旋向上截割，至巷道顶部时，对顶板进行临时支护和一次支护，然后由上而下左右往复截割扫地，至设计底板高度。

2. 工艺流程

岩巷：交接班安全检查→校对中线后画出巷道轮廓线→切割迎头→安全检查→初喷临时支护→出矸→支护→检修综掘机、质量验收→复喷→检查。

煤巷：交接班安全检查→校对中线后画出巷道轮廓线→洒水、综掘机割煤（岩）→临时支护→（手镐刷帮）永久支护（打注水孔注水）→检修综掘机、皮带机、延转载机→检查。

三、竖井掘进与施工

竖井施工主要包括竖井掘进、永久支护和井筒装备 3 项工作。竖井掘进又包括表土掘进施工和基岩掘进施工。

表土掘进一般采用非爆破的方法，而当井筒穿过松软的含水表土或岩层以及厚度较大的流沙层等，用普通方法难以施工时，必须采用特殊方法进行施工。基岩掘进多采用以凿岩爆破为主的普通施工法。竖井永久支护一般采用石材、浇灌混凝土或锚喷支护，其永久支护与掘进施工同时进行。井筒装备的安装主要是指罐道、罐梁、梯子间和各种管缆的安装，一般是在井筒掘进施工完成后进行，先自上而下安装罐梁，然后自下而上安装罐道，最后安装管缆。

（一）竖井表土掘进施工

在工程实践中，常按稳定性把表土分为以下两大类：稳定表土层，包括黏性土、无水的多孔性土以及无水或含水不多的卵石、砾石等；不稳定表土层，包括含水的砂土、淤泥，含饱和水的黏土以及浸水的多孔性土等。

1. 稳定表土掘进施工

施工程序与选用的提升方式密切相关，但不管选用哪种提升方式，其基本程序都是先架设临时锁口，然后安装提升设备，掘砌表土部分（井筒超过 40m 时，要安设吊盘），掘砌至基岩时刷砌壁座。表土掘进施工方法主要有以下 3 种。

(1)井圈背板普通施工法。用人工或抓岩机出土,下掘一小段后(空帮距不超过1.2m),用井圈、背板临时支护。掘一小段后(一般不超过30m),再由下向上拆除井圈、背板,然后砌筑永久井壁。如此重复操作,直至基岩。这种方法适用于较稳定的土层。

(2)吊挂井壁施工法。该法是用于稳定性较差土层中的一种短段掘砌施工方法,段高为0.5~1.5m,采用台阶式或分段分块,并配以超前小井降低水位的挖掘方法(图3-15)。为了防止井壁拉裂或脱落,在井壁内设置钢筋,各分段井壁的自重主要靠上部井壁通过吊挂钢筋来承担(图3-16)。

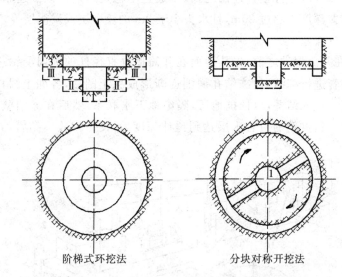

1—水窝 2、3、Ⅱ、Ⅲ—开挖顺序 4—环形集水沟槽

图 3-15 表土施工的挖土方式

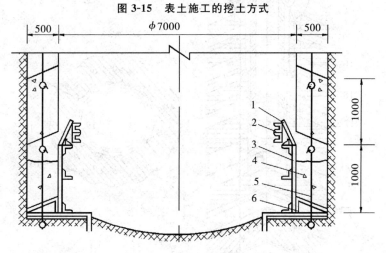

1—接茬板 2—井圈 3—金属模板 4—钢筋棒 5—吊挂钢筋 6—托盘

图 3-16 吊挂井壁施工法

吊挂井壁施工法工序简单,施工安全,但消耗钢材较多,井壁接茬多,封水不够理想,由于混凝土养护所需时间比掘进时间长,故限制了施工速度。该法适用于通过稳定性较差的表土层和岩石破碎带,也可在流动性小、水压不大的砂层或透水性强的卵石层中使用。当土层中含有薄层流砂或淤泥等不稳定层时,可采用板桩法强行通过。

(3)板桩法。对于厚度不大的不稳定表土层,在开挖之前,可先用人工或打桩机在工作面或地面沿井筒周边外缘打入一排密集的板桩,形成一个密封的圆筒,用以支承井壁,在它的保护下进行掘进,这种施工方法称为"板桩法"。板桩法是一种先临时支护、后掘进的施工方法。

板桩常用木材制作而成,端脚削成刃锋,以便劈开土壤向深部插进。桩顶冠以铁帽,以免桩体因锤击而劈裂。桩身长度一般取 1.2~1.6m。当一段板桩不能完全穿过不稳定土层时,可再打入另一圈板桩,边打板桩边出土,直至通过不稳定地层。该法适用于土层中含有厚度不大于 2m,埋藏深度不超过 20m,且水头小于 2m 的流砂层或淤泥层等。

2. 不稳定表土特殊施工

(1)冻结法。在井筒掘进之前,先从地面在井筒掘进直径外的圆周上钻一圈冻结孔,然后在孔内安装冻结管进行冻结,使冻结孔周围逐渐形成冻土圆柱,各冻土圆柱逐渐扩大,交汇形成封闭的圆筒——冻结壁,以抵抗地压,隔绝地下水联系,然后在冻结壁的保护下进行掘砌工作(图 3-17)。待井筒通过含水层达到预计深度后,便可回收冻结管,并充填空孔,让冻土自然解冻。

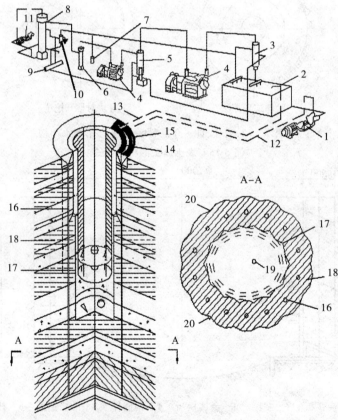

1—盐水泵 2—蒸发器 3—氨液分离器 4—氨压缩机 5—中间冷却器 6—油氨分离器
7—集油器 8—冷凝器 9—贮氨器 10—空气分离器 11—冷却水泵 12—去路盐水干管
13—回路盐水干管 14—配液圈 15—集液圈 16—冻结器(内有供液管) 17—井壁
18—冻结壁 19—水文观察孔 20—测温孔

图 3-17 冻结法凿井示意图

冻结法施工将井筒范围内冻实，所以冻结段井筒有时也需辅以钻眼爆破法掘进。由于冻结段井壁是在低温条件下施工，对混凝土井壁的强度和不透水性都有不良影响，因此，常常出现井壁漏水甚至冒砂淹井事故。近年来，深井冻结多采用双层钢筋混凝土井壁，外层井壁厚度一般取 400mm，内层井壁厚度一般取 600mm，内层井壁是自下而上一次施工。为了保证内层井壁的质量，在两层井壁之间加塑料隔热层。

冻结法凿井在理论和施工技术上比较成熟，基本上不受深度限制，实践证明它是一种有效的特殊凿井方法。冻结法凿井的缺点主要是准备时间长、需用设备多、成本高等，故在浅表土流砂层不宜采用冻结法，而由沉井、帷幕等方法取代。

(2) 钻井法。钻井法是指用钻头破碎岩石，用泥浆洗井排砟和护壁，待井筒钻至设计直径和深度以后，在泥浆中下沉预制井壁的机械化凿井方法。

钻进时，钻头的部分重量加在刀具上，使刀具压入岩石，转盘通过方钻杆带动钻头旋转，从而破碎工作面的岩石。多数采用分次扩孔钻进，即首先用超前钻，一次钻至设计全深，然后分次扩孔。钻头破碎下来的岩砟由泥浆冲至吸收口吸入，经钻杆、水龙头、排浆管送到地面沉淀池沉淀。泥浆是由泥浆池经过浆地槽流入井内进行洗井护壁的。泥浆循环的动力由空气吸泥机产生，钻好的孔壁也由泥浆进行维护。

在井筒钻至设计直径和深度后，一般是将预制好的井壁在井口随着下沉而接长(图 3-18)。井壁沉到设计深度后，及时进行壁后充填。最后把井筒内的水排净，通过预埋的注浆管进行壁后和封底注浆，以提高壁后充填质量和防止破底掘进时发生涌水冒砂等事故。

钻井法施工的地面化与机械化改变了传统的井下作业方式，工作安全可靠，施工质量好。从技术上讲，钻井法可用于任何地层，将成为我国主要的凿井方法之一。目前，由于钻基岩的刀具没有完全过关，以及受材料设备不足的条件限制，故钻井法在基岩掘进中还不能广泛应用。

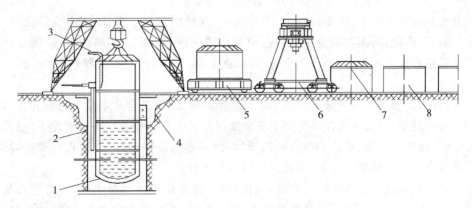

1—井壁底　2—排浆管　3—注平衡水水管　4—导向木　5—平车　6—龙门吊车
7—吊装联结器　8—预制的井壁

图 3-18　悬浮下沉井壁示意图

(3) 沉井法。沉井法是指在井筒设计位置把预先制好的一段 6～7m 长的整体井壁，靠自重局部沉入土中，然后在它的掩护下由人工边掘进边下沉，井壁随下沉而相应接高。这种方法通常又称为"普通沉井法"(图 3-19)。由于沉井井壁与井帮之间摩擦阻力的影响，下沉深度受到限制，故一般情况下只能下沉 20～30m。

为了减少侧面阻力和防止井内涌砂冒泥,近年来发展起来的淹水法的沉井最大下沉深度已达192.75m。这种方法的实质是在沉井井壁和土层之间充以泥浆,用以减少井壁下沉的侧面阻力,井筒内灌满水,使井内外水压保持平衡,从而防止涌砂冒泥以及地面塌陷。出土工作在水下进行,利用水枪破土,压气排砟。当井筒全部穿过冲积层后,使沉井刃脚坐落在基岩上,再封底,注浆稳固井筒,转入基岩井筒掘进。

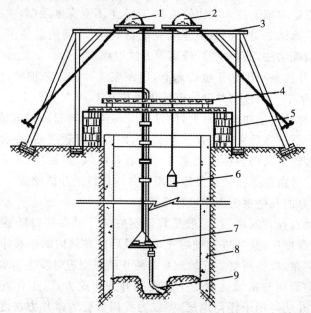

1—吊挂天轮 2—提升天轮 3—简易龙门架 4—井口工作盘 5—木垛 6—提升吊桶
7—水泵 8—沉井 9—超前小井

图 3-19 普通沉井法示意图

沉井法具有工艺简单、需要设备少、作业安全、井壁质量易于保证、成本低等优点,只是沉井容易偏斜,因此,防偏纠偏是沉井过程中需高度重视的问题。实践证明,采用淹水沉井法穿过冲积层在技术上可行,经济上合理,可以在不含有大粒径卵石的厚约100m的冲积层中推广使用。

(4)帷幕法。预先在设计井筒周围形成一封闭圆筒状、穿过含水不稳定地层并进入稳定基岩的混凝土帷幕,从而可以在其保护下安全地进行井筒掘砌作业。一般情况下,沿井筒圆周划分2~3段圆弧,依次在各圆弧段内向下钻孔,并连通形成槽孔,在槽孔内灌注混凝土,各段槽孔内混凝土互相嵌接起来,形成需要的混凝土帷幕。

帷幕法是我国独创的特殊施工方法,其优点是:能适应各种复杂地层,井筒进入基岩牢固可靠,施工准备期短,一般1个月即可开工,机具简单,不需要大型施工设备,用电少,工程造价比冻结法、钻井法低得多。

(二)竖井基岩掘进施工

竖井基岩掘进施工常用凿岩爆破法,用于井筒涌水量小于$30m^3/h$,稳定及中等稳定的岩层。施工时,将井筒全深划分为若干个井段,自上而下逐段施工。段长主要取决于井筒里围岩的稳定程度、涌水量、施工设备等条件。段长2~6m的称为"短段",段长30~60m的称为"长段"。竖井施工作业按掘进、砌筑和安装3项作业在时间和空间上的不同可分为掘砌单行作业(又有长段单行、短段单行和混合短段平行之分)、掘进按顺序作业、掘砌掘安平行作业、掘砌安三平行作业、掘砌安混合作业一次成井等方式。

基岩掘进工序包括凿岩、爆破、通风、装岩、支护和涌水处理,以及提绞设施、供风、供水、排水、动力照明和通讯等作业。

1. 凿岩

当炮眼深度小于 2m(浅孔)时,采用手持式凿岩机凿岩;当炮眼深度大于 2m(中深孔)时,采用凿岩钻架凿岩。手持式凿岩机凿岩方式适用于各种井直径、不同硬度岩石的浅孔。凿岩钻架有环形钻架和伞形钻架 2 种,适用于 5.0~9.5m 井径的竖井掘进、各种硬度岩石的中深孔凿岩。

2. 爆破

一般采用 2 号抗水岩石炸药和水胶炸药、国产 8 号延期或毫秒延期电雷管电力爆破。炮眼布置分为掏槽眼、崩落眼和周边眼。圆形井筒炮眼一般都按同心圆分圈布置,使每个炮眼的最小抵抗线相等。炮眼装填结构分为普通爆破炸药装填结构和光面爆破炸药装填结构。爆破网络有并联网络、串并联网络和串联网络 3 种。

3. 装岩

装岩有人工装岩和机械装岩 2 种。抓岩机装岩适用于竖井。提高抓岩生产率的主要措施有:

(1)综合防治涌水措施,根据地质水文条件,采用地面、工作面预注浆及壁后注浆封闭水源,用截水、堵水措施减少工作面的涌水、淋水,工作面应尽快抓出水窝,用风动潜水泵及时排除积水,使工作面水位低于岩碴面 0.1~0.2m。

(2)改进爆破技术,实现中深孔爆破,增加一次爆破岩石量,减少清底岩石量,缩短清底时间。

(3)合理安排抓岩路线及顺序,尽快抓出水窝和罐窝,使吊桶低于岩面,人工辅助扒出井帮岩碴,合理布置吊桶位置和抓岩机台数。

(4)根据井深及小时出碴量配置大吊桶及多套提升机,保证抓岩机不间断工作。采用自动翻岩装置,缩短提升休止时间,减少一次提升时间。

(5)采用技术性能好的设备,加强司机培训,提高操作水平,严格遵守保养和检修制度,减少机械故障,提高设备完好率。

(6)加大地面矸石仓面积,协调抓岩、提升、排矸等环节,提高抓岩能力。

4. 支护和涌水处理

井筒工作面涌水大小是影响竖井掘进速度和支护质量的最关键因素,应采取综合处理措施,加强对井筒涌水的处理。竖井涌水处理一般分为预处理和后处理 2 种。

(1)预处理。在井筒开凿前进行处理,使地下水流不到井筒工作面。预处理方法有预注浆堵水法(用注浆材料把井筒围岩的裂隙、孔洞堵塞,形成隔水帷幕)、降低地下水位法(疏干工作面上部岩层的水)和钻孔泄水法(当井筒下部有矿山巷道时,可打泄水孔,将水疏干)。

(2)后处理。在井筒掘砌过程中或井壁砌筑之后,对井筒淋水和工作面涌水进行处理。后处理包括井壁注浆、二次复壁封水、截水、导水以及工作面排水等。工作面排水又有吊桶排水和吊泵排水 2 种。

【任务实施】

任务一　掘进爆破工艺过程演练

利用爆破模板和仿真爆破工作面,按照爆破工岗位工作流程,演练掘进爆破工艺。

图 3-20　爆破模板和仿真爆破工作面

任务二　综掘工艺过程演练

利用学校实习矿井中的综掘工作面,实施现场教学,演练综掘工艺。

图 3-21　综掘工作面

【考核评价】

序号	考核内容	考核项目	配分	评价标准	得分
1	掘进工艺	爆破掘进工艺	30	正确表述爆破掘进工艺流程	
2		综掘工艺	30	正确表述综掘工艺流程	
3		立井掘进工艺	40	正确表述立井表土层和基岩掘进方法及施工工艺	
合计					

模块三 井巷掘进及支护

【课后自测】
1. 简述爆破掘进工艺过程。
2. 简述综合机械化掘进工艺工程。
3. 矿用电雷管按作用时间可分为哪几种?
4. 简述爆破操作流程。
5. 竖井表土掘进施工方法有哪几种?
6. 如何进行竖井基岩施工?

课题三 巷道支护

【应知目标】
□巷道断面形状和巷道断面尺寸计算方法
□各种单一支护方式的含义、支护原理及支护工艺
□联合支护的种类、含义、支护原理及支护工艺

【应会目标】
□能结合矿井巷道列举出不同巷道形状
□会计算各种形状巷道的断面尺寸
□能够正确阐述各种支护方式的含义、支护原理及支护工艺
□能够正确阐述联合支护的种类、含义、支护原理及支护工艺

【任务引入】
在开掘一条巷道之前,必须先确定巷道断面的形状,计算巷道断面的尺寸,如何才能实现呢?巷道的稳定性主要取决于巷道围岩压力和巷道支护方式,那么我们必须了解巷道围岩压力,并能根据巷道围岩压力大小选择合适的支护形式。

【任务描述】
要想选择合适的巷道断面形状,必须根据巷道的服务年限、用途、支护方式及围岩压力等因素进行确定,因此,必须了解巷道围岩压力,根据巷道围岩压力确定巷道的支护形式。下面将介绍相关知识内容。

【相关知识】

一、巷道断面形状及尺寸

1. 巷道断面形状

巷道断面形状按其轮廓线可以分为折边形和曲边形2类。前者如矩形、梯形、不规则形等;后者如三心拱形、半圆拱形、切圆拱形、封闭拱形、椭圆形、圆形等。如图3-22所示。

2. 巷道断面尺寸

断面尺寸必须满足运输、行人、管线架设和通风等的需要。断面尺寸可根据支护方式、运输设备的最大外形尺寸、轨道数量(单轨或双轨)以及《煤矿安全规程》中的有关规定,经过计算求出。

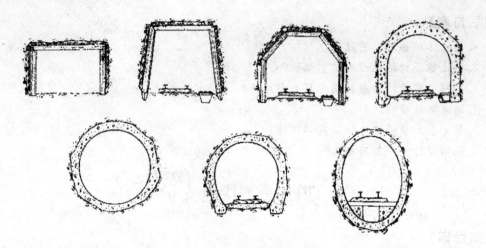

图 3-22 巷道断面形状示意图

(1)巷道净宽度的确定。直墙拱形巷道的净宽度是指巷道两侧内壁或锚杆露出长度终端之间的水平间距。矩形巷道的净宽度是指巷道两侧内壁或锚杆露出长度终端之间的水平间距。当梯形巷道内通行矿车、电机车时,其净宽度是指车辆顶面水平的巷道宽度(如图3-24所示);当梯形巷道内不通行运输设备时,其净宽度是指自底板起 1.6m 高的水平巷道宽度。

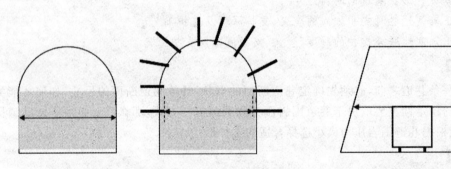

图 3-23 直墙拱形巷道净宽度示意图   图 3-24 梯形巷道净宽度示意图

(2)巷道的净高度。

①矩形、梯形巷道净高度:自渣面或底板到顶梁或顶部喷层面、锚杆露出长度终端的高度。

②拱形巷道净高度:自渣面至拱顶内沿或锚杆露出长度终端的高度。

计算巷道净高度主要是确定净拱高和自底板起的墙高。

$$H = h_0 + h_3 - h_b \tag{3-3}$$

式中:H——拱形巷道净高度;

h_0——拱形巷道拱高;

h_3——拱形巷道墙高;

h_b——巷道内道砟高度。

拱高 h_0 常用巷道净宽度的比来表示(高跨比):半圆拱 $h_0=R=B/2$。墙高 h_3 是自巷道底板至拱基线的距离。

一般情况下,架线电机车运输的巷道,按其中架线电机车导电弓子和管道装设要求计算即能满足要求;其他如矿车运输、仅铺设输送机或无运输设备的巷道,一般按行人高度即能满足要求,但在人行道范围1.8m以下,不得架设管线和电缆。

以上计算的墙高 h_3 值,必须按只进不舍的原则,以0.1m进级。

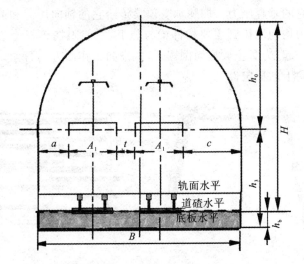

图 3-25 拱形巷道净高示意图

(3)巷道的净断面面积。

①矩形巷道净断面面积:
$$S = BH \tag{3-4}$$

式中:B—巷道净宽度;
H—巷道净高度。

②梯形巷道净断面面积:
$$S = (B_1 + B_2)H/2 \tag{3-5}$$

式中:B_1、B_2—巷道顶梁、底板处净宽度;
H—巷道净高度。

③半圆拱巷道净断面面积:
$$S = B(0.39B + h_2) \tag{3-6}$$

式中:h_2—自渣面起巷道壁的高度。

④圆弧拱巷道净断面面积:
$$S = B(0.24B + h_2)$$

(4)巷道风速验算。生产矿井的巷道通常兼作通风用,因此,还要进行风速验算:
$$V = \frac{Q}{S} \leqslant V_{max} \tag{3-7}$$

式中:V—通过巷道的风速;
Q—通过巷道的风量;
V_{max}—巷道允许通风的最高风速,m/s。

二、巷道支护及其材料

1. 木支架

巷道中常用的木支架是梯形棚子,由顶梁、棚腿、背板、木楔等组成,如图 3-26 所示。顶梁承受顶板岩石给它的垂直压力。棚腿承受顶梁传给它的轴向压力和侧帮岩石给它的挤压力。背板将岩石压力均匀地传到主要构件梁与腿上,并能阻挡碎石垮落。木楔的作用是使棚子与围岩紧固在一起,为防止放炮崩倒棚子,木楔向工作面方向打紧。撑柱的作用是加强棚子在巷道轴线方向上的稳定性。

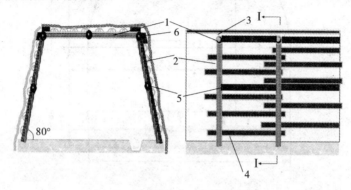

1—顶梁　2—立柱　3—木楔　4—背板　5—撑柱　6—楔子

图 3-26　木支架

2. 金属支架

金属支架是较好的支护用品,常用废旧钢轨、矿用工字钢或 U 型钢制作而成。支架形状有梯形和拱形 2 种。

(1)梯形金属支架。如图 3-27 所示,梯形金属支架为一梁两柱结构,常用 18～24kg/m 钢轨、16～20 号工字钢及 11 号和 12 号矿用工字钢制作而成。梁柱连接多采用如下方式:在柱腿上焊接一块槽板,梁上焊接一块挡块,限制梁和柱腿接口处的移位。为了防止柱腿受压陷入底板,可在腿下焊一块钢板底座。梯形可缩性支架也是一梁两柱结构,顶梁用矿用工字钢,柱腿用 U 型钢,由两节构件组成,用卡缆连接,具有可缩性。

(2)拱形金属支架。如图 3-28 所示,拱形金属支架可分为 2 类,即普通拱形金属支架和 U 型钢拱形支架。普通拱形金属支架多采用工字钢、矿用工字钢或轻型钢轨制作而成,没有可缩性,一般仅作巷道临时支护和锚喷支架巷道联合支护使用。U 型钢拱形支架采用 U 型钢制作而成,具有可缩性,多用于地压大、受采动影响显著的采区巷道。

普通拱形金属支架分为无腿、有腿和铰接 3 种。无腿拱形支架适用于两帮岩石较为稳定的巷道,用托架承托梁,因无腿不妨碍砌墙工作,简化了工序,故有利于安全,不易被掘进放炮崩倒。有腿拱形支架采用 18kg/m 旧钢轨、槽钢或矿用工字钢制作而成,其构件有架梁、架肩、架腿 5 节和只有架梁、架腿 3 节,5 节的多用于宽度较大的巷道。铰接拱形支架由 3～5 节支架组成,支架节间采用铰接形式,具有可缩让压的性能,连接方式也较简单。该支架适用于岩层松软和受采动影响较大的采区巷道。

U 型钢拱形支架可分为半圆拱、直腿拱和曲腿三心拱 3 种。

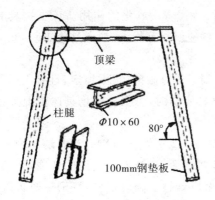
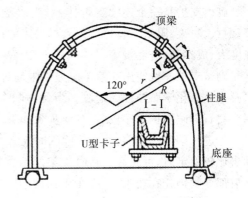

图 3-27　梯形金属支架　　　　　　图 3-28　拱形金属支架

3.钢筋混凝土支架

钢筋混凝土支架可分为两大类，一类是普通混凝土支架，另一类是预应力混凝土支架。

钢筋混凝土支架构件断面有矩形、T形、梯形、"工"字形、槽形、空心矩形和管形等。选择断面形状时，应充分利用混凝土抗压强度大的特点，在抗弯构件中，应使受压和受拉区断面配合适当，使受拉钢筋距中性轴有较大的距离，以便在同样材料消耗情况下，能抵抗更大的弯矩。目前，最常用的断面是矩形、"工"字形和 T 形，顶梁和柱腿一般采用相同形式的断面。

钢筋混凝土支架背帮顶常用钢筋混凝土背板。背板有板形和槽形 2 种。钢筋混凝土支架均适应于地压稳定、服务年限长及断面小于 $12m^2$ 的巷道，但应避免用于受采动影响的巷道。

架设混凝土支架必须遵守下列规定：

(1)所用支架构件应无开裂、露筋现象，支架接口处要垫上经防腐处理的 20～30mm 厚的木垫板。

(2)找正支架时，不准用大锤直接敲打支架，必须敲打时，应垫上木块等可塑性材料，保护支架不被损坏。

(3)混凝土支架巷道一般采用预制水泥板背顶背帮，梁、柱不准直接与顶、帮接触。

(4)在煤岩和软岩巷道中，混凝土支架紧跟工作面时，必须采取防炮崩的加固措施，确保不崩倒、崩坏支架。

4.砌碹支护

砌碹支护是指用料石、混凝土或钢筋混凝土砌筑而成的连续整体式支架。煤矿经常采用的主要形式是直墙拱顶式，由拱、墙和基础 3 部分组成。

①拱的作用是承受顶压，并传给墙和基础。做成拱形是为了使拱的各个截面都承受压应力，充分利用石材抗压强度高而抗拉强度低的特性。至于截面中产生的弯矩，可通过调整拱形，使其尽量减少。如弧形拱比半圆拱、三心拱为优。

②墙的作用是支承和抵抗侧压，在拱基处传给墙的压力是斜的，要求壁后必须充密实，防止拱与墙开裂，侧压过大时，可用弯曲的墙。

③基础的作用是把墙传来的载荷和自重均匀地传给底板。若底板岩石坚硬，墙与基础可以等宽(厚)度；若底板比较软，基础必须加宽；若底板有底鼓，还可以砌底拱。

砌碹支护是一个连续支护体,对围岩能够起到封闭、防止风化的作用。该支护具有坚固、耐久、防火、阻水、通风阻力小、材料来源广、便于就地取材等优点;缺点是施工复杂、劳动强度大、成本高、进度慢等。

砌碹支护一般使用在巷道服务年限超过10年,围岩十分破碎、很不稳定,且有大面积淋水及水质有化学腐蚀性的地段。当各种联合支护不易实施时,可根据现场具体情况加以选用。料石砌碹支护工序较多,具体步骤如下。

①进行砌碹作业前,首先拆除临时支架。拆除临时支架分两步进行。当巷道压力不大、围岩比较稳定时,可先卸去临时支架两帮背板,处理两帮活矸,再拆下支架的架腿,其架顶、架肩部分则仍托在托钩上,或在无托钩的临时支架架肩处打上临时顶柱,待砌拱时再拆除。当顶压较大、围岩破碎时,必须将顶和帮维护好后,再拆柱腿和梁,防止冒顶。

②掘砌基础。在临时支架的保护下,先将两帮底板浮石清理干净,再用风镐按设计将基础坑挖出。当岩石坚硬、风镐挖不动时,可打浅眼、少装药,将岩石崩松后再挖。打眼放炮必须符合《煤矿安全规程》的规定,确保安全。

③按巷道中、腰线放上边线。将基础沟槽内的积水排净,在硬底上先铺约50mm厚的砂浆。当基础坑的深度大于设计要求时,也可在硬底上铺一层碎石混凝土,然后在其上砌石材基础。

④砌筑碹墙。砌筑料石墙时,垂直缝要错开,横缝要水平,灰缝要均匀、饱满。用荒料石或片石砌筑时,砌缝间的凹凸不平处应用片石垫平咬紧,使砌块与灰浆紧密结合。砌石材墙应做到横平、竖直。砌筑时将壁后空隙充填密实。

⑤砌碹拱。该工序包括拆除临时支架的架肩、架顶、过梁、立碹胎、搭工作台和砌碹拱。拆除临时支架时,先用长钎子处理顶、帮浮石,必要时在局部打上顶柱或架过顶梁管理顶板。进行此项作业时,人员一定要站在安全地点。确认安全后,便可按中、腰线稳立碹胎和模板。碹胎顶端高度应比设计高30~50mm。碹胎柱一定要立牢,不得下沉。碹胎立好后,用拉钩拉紧、稳固,再测量校正一次位置,便可搭稳固的工作台,开始砌拱。砌拱必须从两侧拱基向拱顶对称进行,使碹胎两侧受力均匀,以防碹胎向一侧歪斜变形,一边砌一边铺放模板,砌块应垂直于拱的辐射线,在拱背上用石片楔紧。同时,应做好壁后充填工作。封顶时,最后的砌块必须位于正中,并由内向外进行;封拱顶时,最后一块砌块应在四周和顶部涂满砂浆,用力推进去后固定。混凝土拱封顶时,水灰比应适当减小。掘进工每砌筑一段拱、墙时,都应留有台阶式咬合碴,以便下次砌筑时能够接合密实。

⑥拆模清理。砌碹完毕,要待拱、墙稳定后,才能拆除碹胎和模板。拆模时,切忌用大锤敲打,以免碹胎、模板损坏变形;拆下的碹胎、模板应洗刷、整理、堆放起来,损坏变形的要及时修理,以便复用。砌碹表面质量不合格处,如灰缝不饱满、局部有蜂容麻面等,应用砂浆勾缝、抹面,必要时要进行挖补处理。

倾斜巷道的操作顺序和方法基本上和水平巷道相同。主要要求是:砌块要和巷道倾斜角度平行,立碹胎要和巷道底板垂直。同时,应有以下安全技术措施:在上山掘进和砌碹平行作业时,在砌碹工作面上方5~10m处设置安全挡;在下山掘进和砌碹平行作业时,除了在下山上部设置安全挡以外,在砌碹和掘进工作面的上方5~10m处也要设置安全挡,以防跑车。同时,砌碹处的材料和工具等都要安全存放,防止向下滚动伤人。

5.锚杆支护

(1)锚杆的支护作用机理。

①锚杆的悬吊作用。1952—1962年,Louis A 和 Pane K 经过理论分析及实验室和现场测试,提出锚杆作用,机理是将直接顶板悬吊到坚硬岩层上(图3-29)。例如,在缓倾斜岩层中,锚杆的悬吊作用就是将下部不稳定的岩层(直接顶或块状结构中不稳固的岩块)悬吊在上部稳固的岩层上,阻止岩块或岩层的垮落。锚杆所受的拉力来自被悬吊的岩层重量,并据此设计锚杆的支护参数。

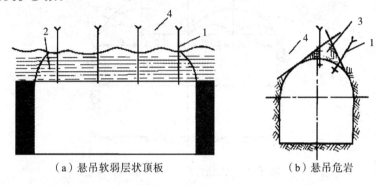

(a)悬吊软弱层状顶板　　　　(b)悬吊危岩

1—锚杆　2—不稳定岩层　3—危岩　4—稳定围岩

图 3-29　锚杆的悬吊作用

该理论有一定的局限性,大量的工程实践证明,即使巷道上部没有稳固的岩层,锚杆也能发挥其作用。

②锚杆的组合梁作用。为了解决悬吊理论的局限性问题,1952年,德国 Jacobi 等在层状地层方面提出了组合梁理论。该理论认为,在没有稳固岩层提供悬吊支点的薄层状岩层中,可利用锚杆的拉力将层状地层组合起来,形成组合梁结构进行支护,这就是所谓的"锚杆组合梁作用"(图 3-30)。

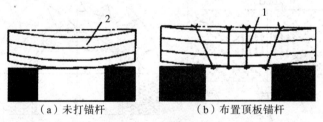

(a)未打锚杆　　　　(b)布置顶板锚杆

1—锚杆　2—层状岩层

图 3-30　锚杆的组合梁作用

组合梁作用的本质在于,通过锚杆的预拉应力将原视为叠合梁(板)的岩层挤紧,增大岩层间的摩擦力;同时,锚杆本身也提供一定的抗剪能力,阻止其层间错动。锚杆把数层薄的岩层组合成类似铆钉加固的组合梁,这时被锚固的岩层便可看成组合梁,全部锚固层能保持同步变形,顶板岩层的抗弯刚度得以大大提高。决定组合梁稳定性的主要因素是锚杆的预拉应力、杆体强度和岩层的性质。

该观点有一定的影响,但是其工程实例比较少,也没有进一步的资料供锚杆支护设计应用,尤其是组合梁的承载能力难以计算,而且组合梁在形成和承载过程中,锚杆的作用难以确定。另外,岩层沿巷道纵向有裂缝时,梁的连续性、抗弯强度等问题也难以解决。

③锚杆的减跨作用。如果把不稳定的顶板岩层看成支撑在两帮的叠合梁(板),由于可视悬吊在老顶上的锚杆为支点,安设了锚杆就相当于在该处打了点柱,增加了支点而减少了顶板的跨度(图 3-31),从而降低了顶板岩层的弯曲应力和挠度,维持了顶板与岩石的稳定性,使岩石不易变形和破坏。这就是锚杆的"减跨"作用,它实际上来源于锚杆的悬吊作用。但是,它也未能提供锚杆支护参数确定的方法。

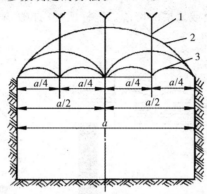

1—锚杆 2—无锚杆跨度 3—有锚杆跨度

图 3-31 锚杆的减跨作用

④挤压加固拱作用。形成以锚杆头和紧固端为顶点的锥形体压缩区,如将锚杆沿拱形巷道周边按一定间距径向排列,在预应力作用下,每根锚杆周围形成的锥形体压缩区彼此重叠联结,在围岩中形成一连续压缩带。它不仅能保持自身的稳定,而且能承受地压,阻止上部围岩的松动和变形(图 3-32)。显然,对锚杆施加预紧力是形成加固拱的前提。

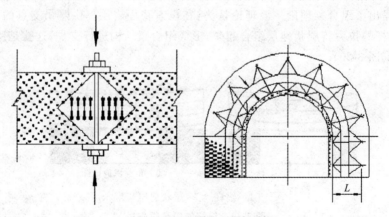

图 3-32 锚杆挤压加固拱示意图

(2)锚杆种类。

①倒楔式金属锚杆。这种锚杆曾经是使用最为广泛的锚杆形式之一。由于它加工简单,安装方便,具有一定的锚固力,因此,这种锚杆在有些地区至今还在使用。

倒楔式金属锚杆由锚头、杆体、托板和螺帽 4 部分组成。锚头由与杆体相连的固定楔和活动倒楔 2 个部分组成,固定楔与倒楔沿斜面相对移动,压紧眼孔壁形成锚固力;杆体通常选用 3 号圆钢,直径为 14~22mm,长度为 1.4~2.0m;锚杆尾端加工成长 100~150mm 的标准三角螺纹。

安装时,先把倒楔绑在固定楔的下部适当位置,轻轻地送入锚杆眼孔中,然后用一个专用的金属杆沿锚杆侧插入倒楔处。锤击金属杆时,将倒楔顶入固定楔斜面,利用倒楔把固定楔楔紧在眼孔中,使锚杆得到锚固力,再上好托板,拧紧螺帽即可。

这种锚杆在安装时不需完全插到眼孔底部就能锚固,所以对眼孔深度要求不严;巷道报废时,可拧下螺帽,退下垫板,用锤向里打击杆体,松动倒楔,拆下锚杆,故这种锚杆可以回收复用。

②管缝锚杆。管缝锚杆是一种全长摩擦锚固式锚杆,这种锚杆具有安装简单、锚固可靠、初锚力大、永久锚固力随围岩移动而增长等特点。

管缝锚杆由高强度钢管或钢板卷制成。沿钢管全长有一条缝,实际上,管缝锚杆是一条有开缝的钢管。管的顶端是锥体,尾端焊有一个由 8 号钢筋制成的圆环。这种锚杆已形成了支护系列,直径从 33mm 到 45mm,长度从 1.4m 到 2.0m。为配合风动锚杆钻机的使用,又研制出直径为 30mm 的管缝锚杆。经过现场试验表明,锚杆杆体稳定,锚固力大,节省钢材,施工速度快,支护效果好。

管缝锚杆在安装对钻孔要求比较严格,目前常用的安装机有 2 种:一种是用风钻稍作改进制作而成,另一种是液压锚杆安装机。用风动锚杆安装机时,需要在安装机与锚杆之间配备连接装置——冲击杆。冲击杆的作用是把风动锚杆安装机的冲击力传递给管缝锚杆,以克服锚杆与眼孔壁相互作用而产生的摩擦阻力,使锚杆能够装进钻孔中。

一般锚杆直径要比钻孔直径大 2~3mm,用外力强迫压入钻孔中。管径缩小,对孔壁产生环向的径向弹性张力,紧紧挤压孔壁。杆体与孔壁之间产生轴向摩擦力,从而形成锚固力,该锚固力沿锚杆全长分布。此外,托板紧压孔口岩壁,使岩石近似处于三向应力状态。

③树脂锚杆。用树脂作为粘结剂进行锚固的锚杆称为"树脂锚杆"。由于树脂成本高,所以多用端头锚固,但也可以实现全长锚固。

树脂锚杆的杆体可以是钢材、木材或玻璃钢材等。树脂锚固剂根据其凝固固化时间可分为超快的 CK 型、快速的 K 型、中速的 Z 型和慢速的 M 型。

一般树脂锚杆的安装应遵循以下方法:

a. 锚杆眼钻眼工具一般用风动凿岩机、煤电钻或液压钻。

b. 钻眼前,应按设计要求定好眼位,做出标记。锚杆眼尽量与岩层层理、裂隙面垂直,当条件不具备时,应与巷道周边垂直。锚杆眼深必须符合设计要求。

c. 钻眼后,应用压缩空气或水将眼中的岩粉清除干净。在煤层或软岩中的锚杆眼里,煤电钻不许来回拉钻杆,以免扩大眼径。

d. 安装前,要检查锚杆眼的方向、位置及平直度是否符合设计要求,锚固剂、杆体是否合格。如果有一项不符合要求,则不得进行安装。

e. 树脂锚杆搅拌工具可采用煤电钻或单体风动锚杆机等。

f. 安装时,先将带螺母的连接头拧紧在杆尾螺纹上;如采用六方套连接头,应预先把两个螺母在杆体上互相挤紧,然后用杆体量准眼深,画好记号,再用杆体将锚固剂送到眼底。搅拌时间应根据锚固剂技术特征而定。

g. 取下煤电钻或搅拌器。采用螺母连接头时,要等锚固剂固化后才准取下;采用六方套筒连接头时,可马上卸下。

h. Z 型锚固剂在锚杆安装 15min 后上托板;K 型锚固剂在锚杆安装 10min 后上托板;

CK 型锚固剂在锚杆安装 5min 后上托板。尾部螺母必须用机械或力矩扳手拧紧,确保托板与岩面贴紧,严防松动。

④快硬膨胀水泥锚杆。快硬膨胀水泥是采用普通硅酸盐水泥或矿渣硅酸盐水泥加入外加剂而制成的,具有速凝、早强、减水、膨胀等特点,常用于锚固锚杆,一般都是做成水泥药卷使用。水泥药卷一般做成空心药卷,中心有带砂网的中心孔,锚杆可直接穿入,也可做成实心药卷。安装时,先把药卷串入锚杆,上好垫圈,然后手持锚杆体将药卷浸水,浸水 5s 后套上 φ20mm 辅助安装钢管,把锚杆送进眼孔中,再用辅助安装管冲压密实即可。由于下井操作时浸水时间不易掌握,安装质量受人为因素影响较大,故现已很少使用这种锚杆。

⑤锚索。锚索是采用有一定弯曲柔性的钢绞线,通过预先钻出的钻孔,以一定的方式锚固在围岩深部,外露端由工作锚通过预张拉压紧托盘对围岩进行加固补强的一种手段。其特点是锚固深度大、承载能力高、可施加较大的预紧力,因而可获得比较理想的支护效果,是目前最可靠、最有效的一种手段。其加固范围、支护强度、可靠性是普通锚杆支护所无法比拟的。

传统的锚索支护一般适用于煤矿井下大断面硐室和巷道的补强加固。锚索钻孔和吨位一般较大,而且采用注浆锚固时,这种锚索的技术参数和施工工艺无法满足回采巷道的要求。近年来,开发出了适合在煤巷掘进期间按正规循环施工的新型小孔树脂锚固预应力锚索加固技术。其最大的特点是,采用树脂药卷锚固,通过专用装置,可以像安装普通树脂锚杆那样,用锚索搅拌树脂药卷对锚索锚固端进行加长锚固,其安装孔径仅为 28mm,用普通锚杆机即可完成打孔和安装。

小孔径锚索主要用在破碎、复合顶板回采巷道、放顶煤开采沿煤层底板掘进的煤顶巷道、软弱和高地应力回采巷道以及大跨度开切眼和巷道交叉点。

6. 喷射混凝土支护

喷射混凝土支护是指以压缩空气为动力,用喷射机将细骨料混凝土以喷射的方法覆盖到需要维护的岩面上,凝结硬化后形成混凝土结构的支护方式。

喷射混凝土可以单独使用,在岩石、土层面或结构面上形成护壁结构;也可以与锚杆、预应力锚杆(锚索)联合使用,形成以锚杆为主的支护结构,简称"锚喷联合支护"。联合使用时,喷射混凝土主要用于避免锚头部位锚杆间岩体的风化和松脱,起到加固表面围岩及锚头构件的作用。

近年来,喷射混凝土支护的最新发展主要表现在:一是开发出了混凝土湿喷机;二是喷射高强度混凝土(钢纤维、聚丙烯纤维等)研究取得了较大进展,改善了喷射混凝土的脆性,提高了喷射混凝土的抗压和抗拉性能。

(1)支护原理。

①加固与防止风化作用。喷射混凝土以较高的速度射入张开的节理裂隙,产生如同石墙灰缝一样的黏结作用,从而提高了岩体的黏结力和内摩擦角以及围岩的强度。同时,喷射混凝土层封闭了围岩,能够防止因水和风化作用而造成的围岩破坏与剥落。

②改善围岩应力状态。巷道掘进后及时喷射一层具有早期强度的混凝土,一方面,可将围岩表面的凹凸不平处填平,消除因岩面不平引起的应力集中现象,避免过大的集中应力所造成的围岩破坏;另一方面,可使巷道周边围岩由单向或双向受力状态转化为三向受力状态,提高了围岩的强度。

③柔性支护结构作用。一方面,由于喷射混凝土的黏结强度大,能和围岩紧密地黏结在一起,同时喷层较薄,具有一定的柔性,因此,可以和围岩共同变形产生一定量的径向位移,在围岩中形成一定范围的非弹性变形区,使围岩自身的支承能力得以充分发挥,从而使喷层本身的受力状态得到改善;另一方面,混凝土喷层在与围岩共同变形中受到压缩,对围岩产生越来越大的支护反力,能够抑制围岩产生过大的变形,防止围岩产生松动破碎。

④与围岩共同作用。开巷后,如能及时对暴露围岩喷射一层混凝土,使喷层与岩石的黏结力和抗剪强度足以抵抗围岩的局部破坏,防止个别危岩活石的滑移或坠落,那么岩块间的连锁咬合作用就能得以保持。这不仅能保持围岩自身的稳定,并且能与喷层构成共同承载的整体结构。

(2) 喷射混凝土材料。

水泥:优先选用硅酸盐水泥,水泥的强度等级不得低于 32.5。

细骨料:采用坚硬干净的中砂或粗砂,细度模数宜大于 2.5。

粗骨料:粗骨料粒径一般不大于 15mm。

速凝剂:速凝剂的掺加比例根据品种不同而异,一般要求喷射混凝土初凝时间不大于 5min,终凝时间不大于 10min。

混凝土配合比:喷射混凝土的强度一般要求不得低于 15MPa,水灰比以 0.4~0.5 为最佳。当水灰比在此范围内时,喷射的混凝土强度高且回弹少。

(3) 喷射混凝土主要性能指标。

①喷射混凝土抗压强度。一般设计喷射混凝土强度为 15~20MPa。强度随时间增加而增加,最终强度可以为 120%~130%。

②黏结强度。混凝土的拌和料高速冲击受喷面,不仅可以提高浆料密实度,而且能形成 5~10mm 厚的浆液层并充满面层,从而接受后续的骨料。因此,无论喷层面是砖、混凝土或石料,均有较高的黏结强度。

③喷射混凝土厚度。单独使用时,喷射混凝土厚度一般为 50~150mm;多次喷射时,喷层厚度也可以达 250mm;与锚杆联合使用时,根据工程性质不同,厚度可以选用 50~120mm。一般考虑到防止围岩风化及工程特点,要求喷层厚度不少于 50mm。

当岩体变形较大时,混凝土喷层不能有效地进行支护。当喷层厚度超过 150mm 时,不但支护能力不能提高,而且支护成本明显提高,这时应选用锚喷联合支护。

(4) 喷射混凝土施工工艺流程。

①干式喷射法工艺流程。先将砂、石过筛,按配比和水泥一同送入搅拌机内搅拌,然后用矿车将拌和料运送到工作面,经上料机装入以压缩空气为动力的喷射机,同时加入规定量的速凝剂,再经输料管吹送到喷头处,与水混合后喷敷到岩面上。用干式喷射机喷射混凝土时,装入喷射机的是干混合料,在喷头处加水后喷向岩石。喷射作业时粉尘大,水灰比不易控制,混合料与水的拌和时间短,使混凝土的均质性和强度受到影响,而且回弹量大,喷层质量低。

②湿式混凝土施工工艺流程。将混凝土混合料与水充分拌和后,再由喷射机进行喷射。国内使用的湿式喷射机主要有挤压泵式和柱塞泵式 2 种。在意大利、日本、挪威、瑞典及瑞士等一些国家,湿式喷射法已经取代了干式喷射法,成为喷射混凝土作业的主要方式。

7. 联合支护

(1)锚喷支护。锚喷支护原理：锚杆与其穿过的岩体形成承载加固拱，喷射混凝土层的作用则在于封闭围岩，防止风化剥落，和围岩结合在一起，能对锚杆间的表面岩石起支护作用。

(2)锚网支护。锚网支护是将铁丝网、钢筋网或塑料网等用托盘固定在锚杆上所组成的复合支护形式。各种网主要用来维护锚杆间的围岩，防止小块松散岩石掉落，也可用作喷射混凝土的配筋；同时，被锚杆拉紧的网还能起到联系各锚杆、组成支护整体的作用。

(3)锚带网支护。锚带网支护由锚杆、钢带及金属网等组成。其中，钢带是锚带网支护系统的关键部件，它将单根锚杆连接起来，组成一个整体承载结构，提高锚杆支护的整体效果。钢带由 2～3mm 的薄钢板制成，钢带上有锚杆安装孔，使打眼、安装极其方便。根据制作钢带的材料不同，主要有平钢带、W 型钢带及钢筋梯等形式。

(4)锚杆桁架支护。锚杆桁架是在巷道肩窝处顶板上，沿 45°～60°方向安装钢丝绳、钢筋或钢绞线锚杆，并用拉紧装置将锚杆的外露部分连接起来，再背上木楔组成的。形成的锚杆桁架结构除有锚杆的支护作用外，还有支撑顶板的作用，可用于处理常规支护方法无效的恶劣顶板情况；但巷道两帮需用锚杆进行加固，其长度应大于顶板锚杆的水平投影。一般情况下，锚杆桁架由锚杆、拉杆、拉紧螺栓及木楔等组成。

(5)预应力锚索支护。为扩大锚杆支护的使用范围，充分发挥锚杆支护经济、快速、安全可靠等优点，在大断面、地质构造破坏地段、顶板软弱且较厚、高地应力、综放巷道等复杂的巷道中，为增加锚杆支护的安全可靠性，可使用小孔径预应力锚索进行加强支护。

预应力锚索加强支护在煤巷支护中占有重要地位。由于它的锚固深度大，可将下部不稳定岩层锚固在上部稳定的岩层中，可靠性较好，且可施加预应力，实现主动支护，因而是支护技术中一种可靠有效的手段。

【任务实施】

任务　巷道支护方式识别

方案一：采用多媒体课件，展示金属支架支护、锚杆支护、砌碹支护、联合支护等煤矿巷道现场支护图，让学生根据本课题学习的理论知识，正确识别各种巷道支护形式。

方案二：教师带领学生到模拟巷道和实习矿井巷道内进行现场教学，让学生识别模拟巷道、实习矿井巷道的支护方式。

【考核评价】

序号	考核内容	考核项目	配分	评价标准	得分
1	巷道支护方式	巷道断面尺寸	20	正确计算各种形状巷道断面尺寸	
2		金属支架支护与原理	10	正确阐述金属支架类型及支护原理	
3		砌碹支护及原理	20	正确阐述砌碹支护原理	
4		喷射混凝土支护及原理	10	正确阐述喷射混凝土支护及原理	
5		锚杆支护及原理	20	正确阐述锚杆种类及支护原理	
6		联合支护及原理	20	正确阐述联合支护种类及支护原理	
合计					

【课后自测】

1. 巷道断面形状有哪几种？
2. 如何计算巷道的净断面面积？
3. 简述金属支架类型及支护原理。
4. 什么是砌碹支护？其作用原理是什么？
5. 什么是喷射混凝土支护？其作用原理是什么？
6. 什么是锚杆支护？其作用原理是什么？
7. 锚杆有哪几种类型？
8. 联合支护有哪几种类型？各自作用原理是什么？

模块四　采煤方法

课题一　采煤方法及其分类

【应知目标】
- 采煤工作面、采煤方法、采煤工艺等概念
- 采煤方法的分类方式

【应会目标】
- 能正确叙述采煤工作面、采煤方法、采煤工艺的含义
- 能按照煤层倾角、煤层厚度、工作面布置和推进方向、工作面采煤工艺、空区处理方法、煤层开采方式对采煤方法进行分类

【任务引入】

煤矿生产最终的目的就是把煤炭采出,采用哪些采煤方法才能安全高效地把煤炭采出呢?本课题将重点介绍常用采煤方法及其分类。

【任务描述】

若要实现煤炭的安全高效生产,首先要根据煤层的赋存和地质构造情况,选择适宜的采煤方式和开采方法。常用的采煤方式主要有倾斜长壁采煤法和走向长壁采煤法,常用的开采方法有爆破采煤法、普通机械化采煤法、综合机械化采煤法和综合放顶煤开采方法等。下面就来介绍相关的知识内容。

【相关内容】

一、基本概念

(1)采场。采场是指在采区内,用来直接大量开采煤炭资源的场所。

(2)采煤工作面。采煤工作面是指采煤作业的场地。

(3)采高。采高是指采煤工作面煤层被直接采出的厚度。

(4)采煤工作。采煤工作是指在采场内,为了开采煤炭资源所进行的一系列工作。采煤工作包括破、装、运、支、处等基本工序和辅助工序。

(5)采煤工艺。采煤工艺是指在采煤工作面内,各道工序所有方法和设备及其在时间、空间上的相互配合。

(6)采煤方法。采煤方法是指采煤系统和采煤工艺的综合及其在时间、空间上的相互配合。

二、采煤方法的分类

采煤方法的分类方式很多,通常按采煤工艺、矿压控制特点,将采煤方法分为壁式和柱

式两大体系,如图 4-1 所示。

壁式体系采煤法的类型：

①按煤层倾角分为缓斜煤层采煤法、倾斜煤层采煤法和急斜煤层采煤法。

②按煤厚分为薄煤层采煤法、中厚煤层采煤法和厚煤层采煤法。

③按工作面布置和推进方向不同分为走向长壁采煤法和倾斜长壁采煤法。

④按工作面采煤工艺不同分为爆破采煤法、普通机械化采煤法和综合机械化采煤法。

⑤按采空区处理方法不同分为全部垮落采煤法、煤柱支撑采煤法和充填采煤法。

⑥按煤层开采方式不同分为整层采煤法和分层采煤法。整层采煤法又分为单一长壁采煤法、放顶煤采煤法和掩护支架采煤法。分层采煤法又分为倾斜分层采煤法、水平分层采煤法、斜切分层采煤法和水平分段放顶煤采煤法。

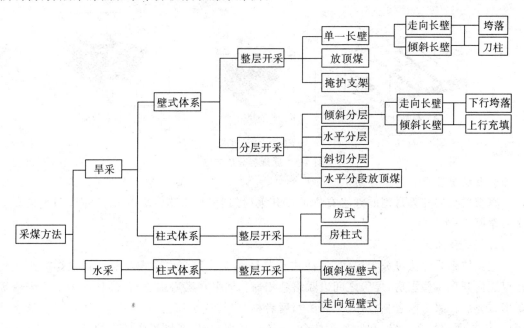

图 4-1 采煤方法分类

1. 薄及中厚煤层单一长壁采煤法

薄及中厚煤层一般采用一次采全高方法,即所谓的"单一长壁采煤法"。单一走向长壁垮落采煤法如图 4-2(a)所示。"单一"表示整层开采;"垮落"表示采空区处理采用垮落法。

（a）走向长壁　　　　（b）倾斜长壁（仰斜）　　　　（c）倾斜长壁（俯斜）

1、2—区段运输、回风平巷　3—采煤工作面　4、5—分带运输、回风斜巷

图 4-2 单一长壁采煤法示意图

把厚煤层分为若干中等厚度的分层来开采,即分层长壁采煤法。按照回采工作面推进方向的不同,又可分为走向长壁采煤法(工作面沿倾斜方向布置、沿走向推进)和倾斜长壁采煤法(工作面沿走向布置、沿倾斜方向推进)2种类型。而倾斜长壁采煤法又可分为仰采和俯采2种,如图4-2(b)、(c)所示。

2. 厚煤层分层开采采煤法

厚煤层分层开采方法可分为倾斜分层采煤法、水平分层采煤法、斜切分层采煤法和水平分段放顶煤采煤法,如图4-3所示。

①倾斜分层:将煤层划分为若干个与煤层层面相平行的分层,工作面沿走向或倾向推进。

②水平分层:将煤层划分为若干个与水平面相平行的分层,工作面一般沿走向推进。

③斜切分层:将煤层划分为若干个与水平面成一定角度的分层,工作面沿走向推进。

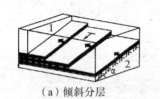  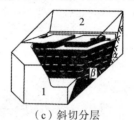

（a）倾斜分层　　　（b）水平分层　　　（c）斜切分层

1—顶板　2—底板

图 4-3　厚煤层分层方法

3. 厚煤层整层开采采煤法

厚煤层整层开采常用的方法有放顶煤开采(煤层厚度 3.5～5.0m 为下限)和大采高一次采全厚。

4. 柱式体系采煤法

柱式体系采煤法可分为房式、房柱式及巷柱式3种类型。房式及房柱式采煤的实质是在煤层内开掘一些煤房,煤房之间以联络巷相通。回采在煤房中进行,煤柱可留下不采或等煤房采完后再采。前者称"房式采煤法",后者称"房柱式采煤法",如图4-4所示。其特点是短壁,工作面数目多,采房和回收煤柱合一;矿压显现弱,生产过程中的支架和处理采空区简单;出煤方向与工作面垂直,配套设备灵活;通风条件较壁式差,采出率较低。

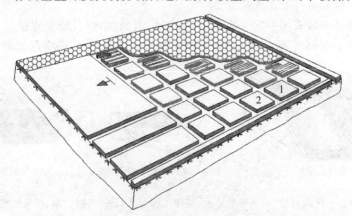

图 4-4　房柱式采煤法示意图

5.单一长壁刀柱式采煤法

当煤层顶板极为坚硬时,若采用强制放顶(或注水软化顶板)垮落法处理采空区有困难,可采用煤柱支撑法(刀柱法),又称"单一长壁刀柱式采煤法",如图4-5所示。采煤工作面每推进一定距离,即留下一定宽度的煤柱(即刀柱)支撑顶板。

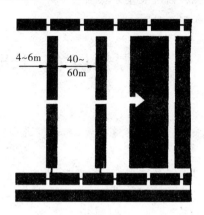

图 4-5　刀柱式采煤法示意图

巷柱式采煤法的实质是在采区(盘区)范围内,预先开掘大量的巷道,将煤层切割成 6m×(6~20)m×20m 的方形煤柱,然后有计划地回采这些煤柱,采空地带的顶板任其自行垮落。

【任务实施】

任务一　绘制采煤方法分类图

结合本课题的学习,独立绘制如图 4-1 所示的采煤方法分类图。

任务二　单一长壁采煤法示意图

结合本课题的学习,独立绘制如图 4-2 所示的走向长壁和倾斜长壁采煤法示意图。

【考核评价】

序号	考核内容	考核项目	配分	评价标准	得分
1	采煤方法及其分类	基本概念	20	正确叙述相关概念的含义	
2		壁式体系整层开采方法分类	30	能正确对壁式体系整层开采方法进行分类	
3		壁式体系分层开采方法分类	30	能正确对壁式体系分层开采方法进行分类	
4		柱式体系开采方法分类	20	能正确对柱式体系开采方法进行分类	
合计					

【课后自测】
1. 什么是采煤工作面、采煤工艺和采煤方法？
2. 采煤方法如何分类？
3. 什么是走向长壁采煤法和倾斜长壁采煤法？
4. 厚煤层分层开采方法有哪几种？

课题二 薄及中厚煤层单一长壁采煤法

【应知目标】
□单一走向长壁采煤法采煤系统的巷道布置、巷道掘进顺序以及主要生产系统
□区段平巷的布置方式、工作面的回采顺序
□区段间无煤柱开采的回采巷道布置（沿空留巷、沿空掘巷）
□采场通风方式

【应会目标】
□会分析单一走向长壁采煤法采煤系统的主要生产系统
□会分析区段间无煤柱开采的回采巷道布置（沿空留巷、沿空掘巷）方式
□会绘制采场通风方式示意图，并分析其特点

【任务引入】
单一走向长壁采煤法采煤系统是煤矿采区常用的壁式采煤系统。本课题将重点介绍单一走向长壁采煤法采煤系统的巷道布置、巷道掘进顺序以及主要生产系统、区段平巷的布置方式、工作面的回采顺序、区段间无煤柱开采的回采巷道布置（沿空留巷、沿空掘巷）方式以及采场通风方式。

【任务描述】
通过本课题学习，会分析单一走向长壁采煤法采煤系统的主要生产系统，会分析区段间无煤柱开采的回采巷道布置（沿空留巷、沿空掘巷）方式，会绘制采场通风方式示意图，并分析其特点。

【相关内容】
单一走向长壁采煤法采煤系统适用于开采地质构造简单、瓦斯涌出量小的近水平、缓斜、倾斜的薄、中厚及厚煤层(3～5m)。

一、单一走向长壁采煤法

（一）单一走向长壁采煤法采区巷道布置及生产系统

1. 巷道布置

单一煤层采区巷道布置如图 4-6 所示。

模块四 采煤方法

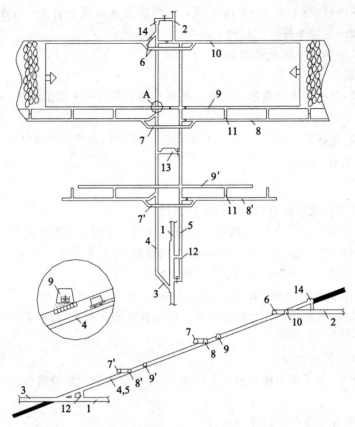

1—采区运输石门 2—采区回风石门 3—采区下部车场 4—轨道上山 5—运输上山 6—上部车场
7,7'—中部车场 8,8',10—区段回风平巷 9,9'—区段运输平巷 11—联络巷 12—采区煤仓
13—采区变电所 14—绞车房

图4-6 单一煤层采区巷道布置示意图

2.巷道掘进顺序

(1)采区运输石门1—采区下部车场3—轨道上山4和运输上山5—采区上部车场6与采区回风石门2—回风平巷10。

(2)中部车场7—回风平巷8和运输平巷9—联络巷11—开切眼。

(3)采区煤仓12—采区变电所13和绞车房14。

3.生产系统

(1)运煤系统。工作面—运输平巷9—运输上山5—采区煤仓12—采区运输石门1。

(2)运料排矸系统。

①物料运送顺序:下部车场3—轨道上山4—上部车场6—回风平巷10—采煤工作面。

②区段回风平巷8,8'和运输平巷9,9'所需的物料,自轨道上山4经中部车场7,7'送入。

③掘进巷道所出的煤和矸石从各平巷运出,经轨道上山4运至下部车场3。

(3)通风系统。

①采煤工作面:采区运输石门1—下部车场3—轨道上山4—中部车场7—分成两翼至回风平巷8—联络巷11—运输平巷9—工作面—回风平巷10(右翼:采区回风石门2;左翼:车场绕道)—采区回风石门2。

②掘进工作面：轨道上山 4—中部车场 7′—两翼送到回风平巷 8′—在平巷内由局部通风机送到工作面—运输平巷 9′—运输上山 5—采区回风石门 2。

③采区绞车房和变电所由轨道上山 4 直接供给。

(4)供电系统。

①高压电缆：井底中央变电所—大巷—采区运输石门 1—下部车场 3—运输上山 5—采区变电所 13。

②低压电缆：采区变电所 13—各工作面配电点、输送机和绞车房用电点。

(二)采煤系统分析

1. 区段参数

区段参数主要包括区段斜长和区段走向长度。

区段斜长：采煤工作面长度、区段煤柱宽度及区段上下两平巷宽度之和。

采煤工作面长度：一般为 120~180m；薄煤层较短，综采不小于 150m。

区段煤柱：一般为 8~15m；薄煤层取下限。

区段平巷：普采为 2.5~3.0m；综采为 4.0~4.5m。

区段走向长度：区段走向长度是指采煤工作面连续推进长度，普采不小于 500m，综采不小于 1000m。

2. 区段平巷的坡度和方向

在实际工作中，为了便于排水和矿车运输，平巷都是按照一定坡度(0.5%~1.0%)布置和掘进的。

(1)普通机械化采煤的区段平巷布置。

①区段回风平巷。采用矿车、平板车运输；要求巷道基本水平，保持一定流水坡度，允许巷道有一定弯曲；巷道沿煤层按腰线掘进。

②区段运输平巷。采用刮板输送机运输；要求巷道呈直线，允许有一定坡度；巷道沿煤层按中线掘进。具体布置方式如图 4-7(a)所示。

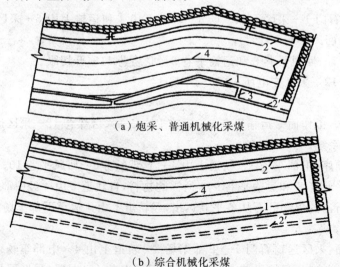

(a)炮采、普通机械化采煤

(b)综合机械化采煤

1—区段运输平巷　2(2′)—区段回风(轨道)平巷　3—联络巷　4—煤层底板等高线

图 4-7　区段平巷的坡度及方向

(2)综合机械化采煤的区段平巷布置。要求上下两平巷呈直线且互相平行,具体布置方式如图 4-7(b)所示。

3.区段平巷的单巷布置和双巷布置

(1)普通机械化采煤。

①双巷布置。区段轨道平巷超前区段运输平巷,沿腰线掘进。

优点:有利于探明煤层变化情况,可辅助运输、排水,有利于掘进通风和安全,由上区段工作面立即转到下区段工作面,可减少轨道巷的维护时间。

缺点:下区段轨道平巷维护比较困难,增加掘进联络巷费用。

②单巷布置。瓦斯含量不大,煤层埋藏稳定,涌水量不大。注意:应加强掘进通风,减少风筒漏风。

(2)一般综采工作面区段平巷布置。

①双巷布置。上区段机巷与下区段风巷统一布置双巷,同时一次掘出,轨巷超前掘进。如图 4-8 所示。

优点:掘进通风容易;安全性好,进出掘进面有 2 个出口,对回采也有避灾出口;可

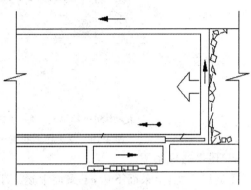

图 4-8 双巷布置示意图

超前勘探煤层变化,有利于为机巷定向;泄水方便;易送物料到机巷(安装维修);为上、下采面及时接替创造条件。

缺点:下区段风巷受采动影响,维护时间长且困难;若设备放在下区段风巷内,需重新移置电路和油管等;损失区段煤柱。

②单巷布置。在低瓦斯、煤层倾角小于 10°、允许采用下行风的条件下,可将配电点和变电站布置在区段上部平巷中,称为"分巷布置法"。区段上部平巷进风,区段运输巷回风,如图 4-9 所示。

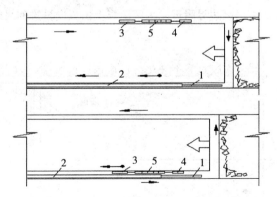

1—转载机 2—胶带运输机 3—变电站 4—泵站 5—配电站

图 4-9 单巷布置示意图

单巷布置时,由于巷道断面较大,不利于巷道掘进和维护,故要求平巷采用强度较高的支护材料,如梯形金属支架或 U 型钢拱可缩性支架。若条件允许,可采用锚杆支护。

4. 工作面布置

双工作面布置—对拉工作面如图 4-10 所示。

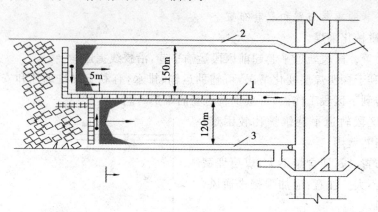

1—中间运输平巷　2—上轨道平巷　3—下轨道平巷
图 4-10　双工作面布置—对拉工作面布置示意图

(1) 还煤通风系统。

①运煤系统：上采面下运，下采面上运。下工作面应短一些，根据煤层倾角和工作面输送机的能力而定。

②通风系统：1—进风，2、3—回风，下采面下行风；2、3—进风，1—回风，上采面下行风；串联掺新，3、1—进风，2—回风。

(2) 优缺点及适用条件。

优点：减少平巷掘进量和维护量；采出率高；占用设备少；生产集中；管理方便。

缺点：上、下采面交接处难维护。

适用条件：非综采工作面；顶板中等稳定以上；瓦斯少。

5. 工作面回采顺序

工作面回采顺序主要有后退式、前进式、往复式和旋转式。

(1) 采面后退式回采。由采区边界附近向采区运煤上山方向推进回采顺序，如图 4-11 所示。

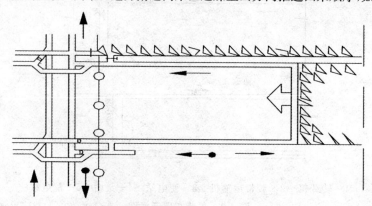

图 4-11　后退式回采示意图

(2) 采面前进式回采。采面由采区上山附近向采区边界方向回采，区段平巷不需要预先掘进，只需随工作面推进，在采空区中留出，即所谓的"沿空留巷"，如图 4-12 所示。

模块四 采煤方法 · 127 ·

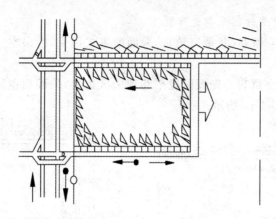

图 4-12　前进式回采示意图

(3)采面往复式回采。上采面前进式,沿空留巷;下采面后退式,沿空留巷。该方式是前 2 种方式的结合,如图 4-13 所示。

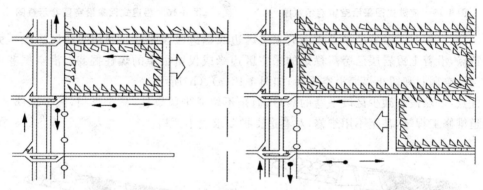

图 4-13　往复式回采示意图

优点:缩短搬家距离;采出率高;少掘巷道。

适用条件:在采区边界布置有边界;上山时应用更为有利。

(4)旋转往复式回采。使综采面旋转 180°,与往复式回采相结合,实现工作面不搬迁而连续回采,沿空留巷,如图 4-14 所示。

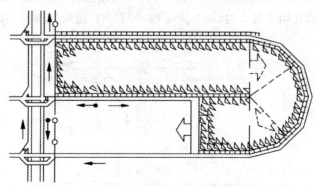

图 4-14　旋转往复式回采示意图

优点:采面不搬家;少掘巷;

缺点:煤损大;回采技术复杂;转折点难维护,设备折损严重。

6. 区段间无煤柱开采的回采巷道布置

(1)前进式回采沿空留巷(巷帮充填)。采面前进式回采,沿采空区留出平巷,如图 4-15 所示。

(2)后退式回采沿空留巷。先掘区段平巷到采区边界,采面后退回采,沿采空区留出平巷,为下区段服务,如图 4-16 所示。

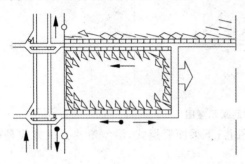 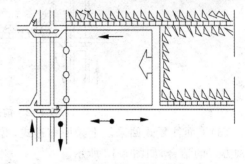

图 4-15　前进式回采沿空留巷示意图　　　图 4-16　后退式回采沿空留巷示意图

(3)沿空掘巷。沿着已采工作面的采空区边缘掘进区段平巷。利用采空区边缘压力较小的特点,沿着上覆岩层已垮落稳定的采空区边缘或仅留很窄的煤柱掘巷。沿空掘巷可分为完全沿空掘巷和留小煤墙沿空掘巷,如图 4-17(a)、(b)所示。

优点:虽然没有减少区段平巷的数目,但是不留或少留煤柱,减少煤损,减少联络巷,减少巷道维修工程量,甚至不用维修,对巷道支护要求也不严格。

(a)完全沿空掘巷　　　　　　　　(b)留小煤墙沿空掘巷

图 4-17　沿空掘巷示意图

7. 采场通风方式

(1)U 型通风。特点:通风系统简单,漏风少,风流线路长,变化大。适用于瓦斯含量不太大的采场。工作面瓦斯含量大时,设瓦斯尾巷,即 U+L 通风。如图 4-18 所示。

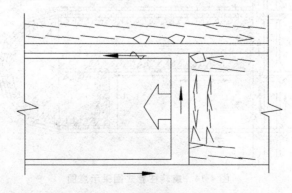

图 4-18　U 型通风示意图

模块四 采煤方法

(2) Z型通风。Z型通风是顺流通风方式(进风流与回风流的方向相同),风路通风效果比U型好,如图4-19所示。

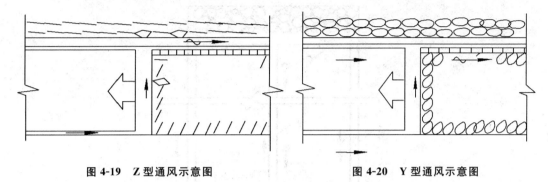

图4-19 Z型通风示意图　　　图4-20 Y型通风示意图

(3) Y型通风。当工作面产量大和瓦斯涌出量大时,可以稀释风流中的瓦斯。上下平巷均进新鲜风流有利于上下平巷安装机电设备。

要求:设有边界回风上山,当无边界上山、区段回风巷设在上平巷进风巷的上部时,偏Y型通风,如图4-20所示。

(4) H型通风。系统复杂,增加了风量,稀释瓦斯,采用较少,如图4-21所示。

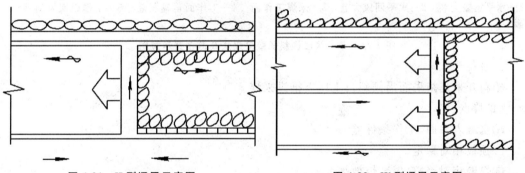

图4-21 H型通风示意图　　　图4-22 W型通风示意图

(5) W型通风。对拉工作面,有利于满足上下工作面同采,实现集中生产的要求,如图4-22所示。

二、单一煤层倾斜长壁采煤法

(一)仰斜开采与俯斜开采

1. 仰斜开采

仰斜开采是指采面沿倾斜从下向上推进采煤。

(1) 特点:

① 水流入采空区。

② 煤壁稳定性差。

③ 顶板稳定性差,临界角为8°左右。

④ 当倾角大于10°时,采煤机偏离煤壁,输送机易断链;当倾角大于17°时,采煤机不稳定,易翻倒。

(2) 措施:输送机设下部三脚架,调平。

(3)适用条件:顶板稳定,煤质较硬;顶板淋水量大;煤易自燃,需注浆。

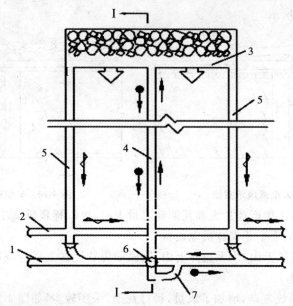

1—水平运输大巷 2—水平回风大巷 3—采煤工作面 4—工作面运输斜巷 5—工作面回风斜巷
6—煤仓 7—进风行人斜巷

图 4-23 单一煤层倾斜长壁采煤法巷道布置示意图

2.俯斜开采

俯斜开采是指采面沿倾斜自上向下推进采煤。

(1)特点:

①水流入采面,工作条件差。

②顶板相对稳定。

③煤壁相对稳定,但装煤效果变差。

④机组不稳定,易掉道。

(2)适用条件:煤厚;倾角大;煤松软、易片帮;瓦斯含量大。

(二)倾斜长壁采煤法的优缺点及适用条件

1.优点

(1)巷道布置简单,巷道掘进及维护费用低,投产快。

(2)运输系统简单,占用设备少。

(3)回采巷道沿煤掘进,易固定方向,采面可等长布置,有利于生产管理。

(4)通风系统简单,风路短,通风构筑物少。

(5)对某些地质条件的适应性强。

(6)技术经济效益显著,采面单产增加,巷道掘进率降低,采出率增加,工效提高。

2.缺点

(1)长距离倾斜巷道辅运和行人困难。

(2)当前采掘运机械设备不完全适应倾斜长壁的要求。

(3)大巷装车点多,可设带区,共用一个煤仓。

模块四　采煤方法

(4)下行回风。

3.适用条件

适用于倾角在12°以下的煤层,采取措施后倾角最大可达17°。

【任务实施】

任务一　单一走向长壁采煤法采区巷道布置及生产系统

一、绘制图 4-6 所示单一煤层采区巷道布置示意图。

二、根据图 4-6 对单一走向长壁采煤法生产系统进行分析。

运煤系统：_____

_____

通风系统：_____

_____

运料、排矸系统：_____

_____

_____

供电系统：_____

_____

_____

任务二　工作面通风方式识别

正确绘制采场 U 型通风、Z 型通风、Y 型通风、H 型通风、W 型通风等采场通风方式示意图。

【考核评价】

序号	考核内容	考核项目	配分	评价标准	得分
1	单一煤层长壁采煤法采煤系统	单一走向长壁采煤法巷道布置及掘进顺序	20	正确识别巷道名称	
2		单一走向长壁采煤法主要生产系统	20	结合图形正确叙述主要生产系统	
3		单一走向长壁采煤法工作面回采顺序	10	正确叙述工作面回采顺序及特点	
4		沿空留巷与沿空掘巷	20	正确分析沿空留巷与沿空掘巷	
5		单一走向长壁采煤法采场通风方式	10	正确分析采场通风方式及特点	
6		单一煤层倾斜长壁采煤法生产系统	20	结合图形正确叙述主要生产系统	
合计					

【课后自测】
1. 简述单一走向长壁采煤法巷道布置及掘进顺序。
2. 什么是沿空留巷？
3. 什么是沿空掘巷？有哪几种类型？
4. 采场通风方式有哪几种？

课题三　长壁采煤法采煤工艺

【应知目标】
☐ 炮采的含义及其工艺过程
☐ 普采的含义及其工艺过程
☐ 综采的含义及其工艺过程

【应会目标】
☐ 能正确阐述炮采工艺过程
☐ 能正确阐述普采工艺过程
☐ 能正确阐述综采工艺过程

【任务引入】

煤矿生产的目的就是把煤采出。那么如何才能把煤从煤壁上采落下来呢？开采空间如何支护？采空区又如何处理呢？这与我们选择不同的采煤工艺有关。本课题将重点介绍常用的回采工艺，分别是爆破采煤(炮采)工艺、普通机械化采煤(普采)工艺和综合机械化采煤(综采)工艺。

【任务描述】

通过本课题的学习，要能够熟练阐述炮采工艺、普采工艺及综采工艺的含义及工艺流程，即3种采煤工艺的破煤方式、装煤方式、运煤方式、顶板支护方式和采空区处理方式。

【相关知识】

一、炮采工艺

炮采工艺主要包括打眼、放炮落煤和装煤、人工装煤、刮板输送机运煤、移置输送机、人工支架和回柱放顶等工序。

1. 爆破落煤

爆破落煤由打眼、装药、填炮泥、连炮线及放炮等工序组成。炮眼布置方式分为单排眼、双排眼和三排眼，如图4-24所示。

2. 装煤与运煤

爆破装煤：爆破后刮板输送机贴近煤壁，有利于装煤。

人工装煤：人工攉煤。

机械装煤：在输送机煤壁侧装有铲煤板。

模块四 采煤方法 · 133 ·

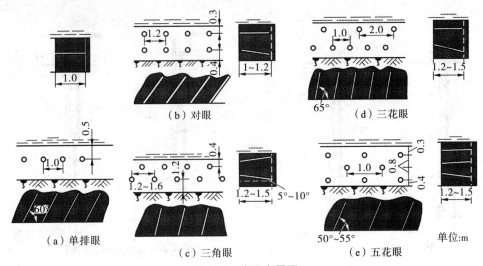

图 4-24 炮眼布置图

3. 工作面支护

工作面支护主要采用金属支柱和铰接顶梁支护。单体液压支柱主要有 2 种：正悬臂齐梁直线柱（图 4-25(a)）和正悬臂错梁三角柱（图 4-25(b)）。

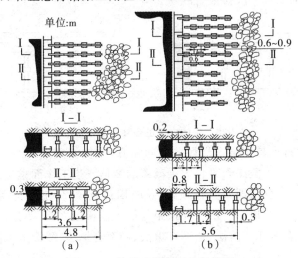

图 4-25 炮采工作面支护示意图

二、普采工艺

普采工艺是指回采工作面用单滚筒采煤机（或刨煤机）落煤、可弯曲刮板输送机运煤、单体液压支柱支护顶板、冒落（或充填）法处理采空区，以机械落煤、装煤和运煤为主要特征。

1. 工艺过程

采煤机破煤装煤→刮板输送机运煤→单体支柱加金属顶梁支护。

2. 采煤机割煤方式

(1) 单向割煤、往返一刀。特点：采煤机上行时割煤，下行时装煤，往返一次只进一刀。如图 4-26 所示。

(2) 双向割煤、往返两刀。特点：采煤机往返一次进两刀，所以又称为"穿梭采煤"，如图

4-27 所示。

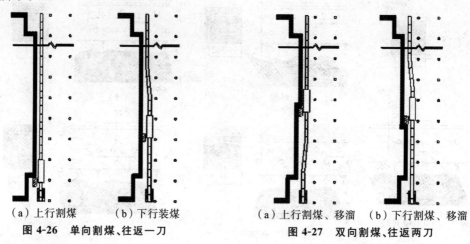

（a）上行割煤　（b）下行装煤
图 4-26　单向割煤、往返一刀

（a）上行割煤、移溜　（b）下行割煤、移溜
图 4-27　双向割煤、往返两刀

3. 支架布置方式

带帽点柱、单体液压支柱与铰接顶梁组成悬臂支架。按悬臂顶梁与支柱的关系分为正悬梁和倒悬梁 2 种，如图 4-28 所示；按梁的排列特点分为齐梁式和错梁式 2 种。为了行人和工人作业方便，工作面支柱一般排成直线状。

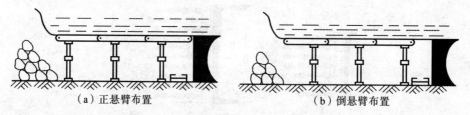

（a）正悬臂布置　　　　　　　　（b）倒悬臂布置
图 4-28　单体支架正悬臂与倒悬臂布置

齐梁直线柱布置特点是悬梁端沿煤壁方向相齐，支柱排成直线。根据截深与顶梁长度的关系，又可分为梁长等于截深和梁长等于截深的 2 倍。当工作面推进 1 次或 2 次之后，工作空间达到允许的最大宽度，即最大控顶距；及时回柱放顶，使工作空间只保留回采工作所需要的最小宽度，即最小控顶距。最大控顶距与最小控顶距之差，即为放顶步距。

采空区处理方法有全部垮落法、全部充填法、局部充填法、缓慢下沉法和煤柱支撑法。

三、综采工艺

综采工艺是指采煤工作面破煤、装煤、运煤、支护和处理采空区全部实现机械化的采煤工艺。其工艺过程是：采煤机落煤与装煤、输送机运煤、自移式液压支架前移、推移输送机至新的位置、采空区顶板自行垮落。综采工作面设备布置如图 4-29 所示。

1. 综采工作面设备

（1）工作面设备包括采煤机、自移式液压支架和刮板输送机。

（2）平巷设备包括转载机、破碎机和可伸缩胶带输送机。

（3）液压系统包括乳化液泵站、乳化液混溶箱和进回液主管路。

（4）控制系统主要包括控制台、声光信号、扩音电话及线路。

（5）供水系统包括冷却水、喷雾泵、水箱和管路。

模块四 采煤方法

(6)供电系统包括高压供电线路、开关、移动变电站、配电开关和线路。
(7)其他系统包括照明、绞车和水泵等。

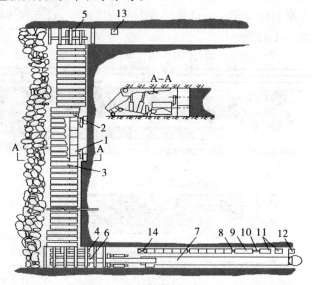

1—采煤机 2—刮板输送机 3—液压支架 4—下端头支架 5—上端头支架 6—转载机
7—可伸缩胶带输送机 8—配电箱 9—移动变电站 10—设备列车 11—泵站 12—喷雾泵站
13—绞车 14—集中控制台

图 4-29 综采工作面设备布置图

2.综采面双滚筒采煤工作方式

(1)滚筒的转向和位置。转向:面向煤壁看,采煤机的右滚筒为右螺旋,顺时针旋转;左滚筒为左螺旋,逆时针旋转。位置:一般是前端的滚筒沿顶板割煤,后滚筒沿底板割煤("前顶后底");薄煤层"前底后顶"。

①"前顶后底"作业方式。采煤机向右牵引时,前滚筒为右螺旋,割煤时顺时针旋转,沿顶板割煤;后滚筒为左螺旋,割煤时逆时针旋转,沿底板割煤。向左牵引时,调整滚筒摇臂,原割顶煤的滚筒落下割底煤,原割底煤的滚筒升起割顶煤,即"前顶后底"工作方式,如图4-30所示。

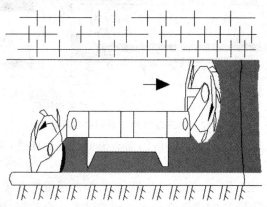

图 4-30 "前顶后底"工作方式示意图

②"前底后顶"作业方式。采煤机向右牵引时,前滚筒为左螺旋,逆时针旋转,沿底板割煤;后滚筒为右螺旋,顺时针旋转,沿顶板割煤。在下部有采空区的情况下,中部硬夹矸易被后滚筒破落下来,向左牵引时则相反。这种作业方式应用很少,只有在煤层中有硬夹矸层的特殊条件下才使用,如图 4-31 所示。

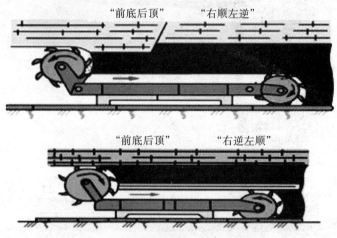

图 4-31 "前底后顶"工作方式示意图

3. 采煤机进刀方式

常用的采煤机进刀方式为斜切进刀法,包括端部斜切进刀和中部斜切进刀,其中端部斜切进刀又可分为留三角煤进刀法和割三角煤进刀法。

(1)割三角煤端部斜切进刀,如图 4-32 所示。

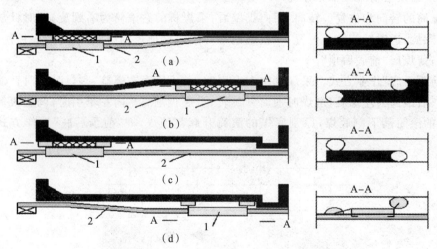

1—综采面双滚筒采煤机　2—刮板输送机

图 4-32 割三角煤端部斜切进刀示意图

①当采煤机割煤至工作面端头时,其后的输送机槽已移近煤壁,采煤机机身尚留有一段下部煤。

②调整滚筒位置,前滚筒降下,后滚筒升起,然后沿输送机弯曲段反向割煤,直至采煤机机身进入输送机直线段为止,这时采煤机已向煤壁推进了一个截深,然后将输送机移直。

③再调整两滚筒上下滚筒位置,采煤机重新返回割煤至输送机机头处。

④将三角煤割掉,煤壁割直后,再次调换上下滚筒位置。

(2)留三角煤端部斜切进刀,如图4-33所示。

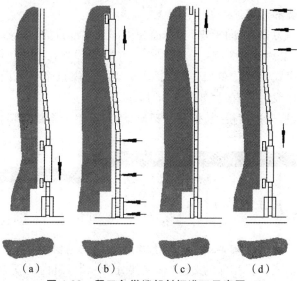

图 4-33　留三角煤端部斜切进刀示意图

①采煤机割煤至工作面下端头后,反向上行沿输送机弯曲段割三角底煤,割至工作面直线段时,改为割顶煤直至工作面上切口。

②推移机头和弯曲段,将输送机移直,在工作面下端部留下三角煤。

③采煤机下行割底煤至三角煤处时,改为割顶煤直至工作面下端部。

④随机自上而下推移输送机至工作面下端部三角煤处,完成进刀全过程。

(3)中部斜切进刀,如图4-34所示。

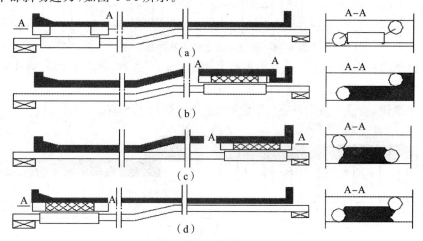

图 4-34　中部斜切进刀示意图

①采煤机割煤至工作面左端。

②空牵引割煤至工作面中部,并沿输送机弯曲段斜切进刀,继续割煤至右工作面右端。

③移直输送机,采煤机空牵引至工作面中部。

④采煤机自工作面中部开始割煤至工作面左端,工作面有半段输送机移近煤壁,恢复初始位置。

4. 综采面双滚筒采煤机割煤方式

(1)往返一次割两刀。这种割煤方式也叫"穿梭割煤",多用于煤层赋存稳定、倾角较缓的综采面,工作面为端部进刀。

(2)往返一次割一刀,即单向割煤,工作面为中部或端部进刀。

5. 综采面液压支架的移架方式

(1)单架依次顺序式,又称"单架连续式"。支架沿采煤机牵引方向依次逐架前移,移动步距等于截深,支架移成一条直线,如图 4-35 所示。

特点:操作简单,移架速度慢,易保证移架质量,能适用于不稳定顶板,应用较多。

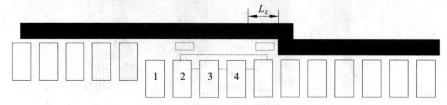

图 4-35　单架依次顺序式移架示意图

(2)分组间隔交错式。将相邻的 2~3 个支架分为一组,组内的支架间隔交错前移,相邻组间沿采煤机牵引方向顺序前移,组间的一部分支架可以平行前移,如图 4-36 所示。

特点:移架快,移架质量不易保证,适用于较稳定顶板。

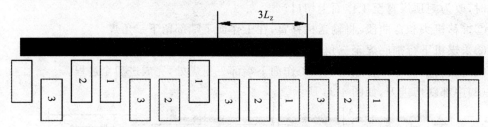

图 4-36　分组间隔交错式移架示意图

(3)成组整体依次顺序式。对支架进行分组,每组 2~3 架。组内联动,整体移架,组间顺序前移,如图 4-37 所示。

特点:移架快,质量不易保证,适用于顶底板条件好的工作面。

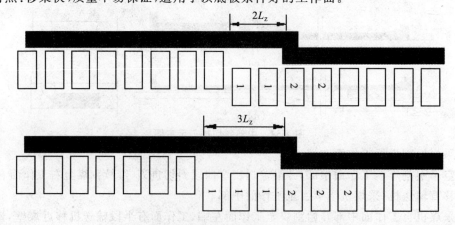

图 4-37　成组整体依次顺序式移架示意图

6.综采液压支架支护方式

液压支架的支护方式是指割煤、移架、推移输送机的配合方式。割煤后,按推移输送机与移架的先后关系,分为及时支护和滞后支护。

(1)及时支护。在采煤机割煤后,先移支架(承压或降架移步),再移输送机。及时支护适用于顶板中等稳定以下或煤壁片帮较严重的工作面,如图4-38所示。

特点:工作空间大,行人、通风、运料方便,及时支护顶板,但控顶宽度大。

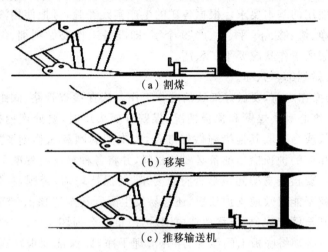

图 4-38 及时支护方式

(2)滞后支护。在采煤机割煤后,先移输送机,再移支架。滞后支护适用于顶板岩石不易冒落的工作面,如图4-39所示。

特点:工作空间小,行人、通风、运料不便,滞后支护顶板,但控顶宽度小;适用于顶板稳定的工作面。

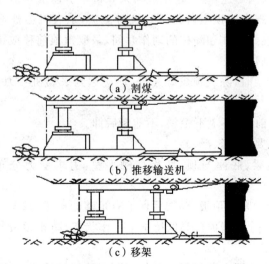

图 4-39 滞后支护方式

(3)液压支架的升与降。

①升架。操纵控制手把使其位于升柱位置,由泵站所提供的高压液体经单向阀进入立

柱的上腔，同时立柱上腔排液，于是活柱推动顶梁同时升起，支撑顶板。当立柱下腔达到泵站的工作压力后，液体不再流入，单向阀关闭（支架进入初撑阶段）。随着顶板的下沉，立柱下腔的封闭液体压力将不断升高（支架进入承载阶段）。当压力达到安全阀的整定值时，安全阀开启，泄出液体，防止损坏支架。

②降架。操纵控制手把使其位于降架位置，高压液体进入立柱上腔，同时打开液控单向阀，立柱下腔排出液体（支架处于卸载状态），立柱带动顶梁下降。

(4)液压支架使用的基本要求。根据各矿的生产实践经验，可把使用液压支架的基本要求概括为"细、匀、净、快、够、正、平、紧、严"9个字，即准备工作要做到细、匀、净，移架操作要做到快、够、正，支架的工作状况要平、紧、严。

①准备工作要做到细、匀、净。

a.细。在移架操作之前，要做好细致的准备工作。认真检查管路、阀组和移架千斤顶是否处于正确位置。细心观察煤壁和顶板情况，煤壁有探头煤时，要处理掉探头煤；底板松软时，要预先铺设垫板或为采取其他措施做好准备，为支架的顺利前移创造好条件；顶板破碎时，还必须为采取相应的护顶措施准备必要的材料，并将各种材料备件准备齐全。

b.匀。移架前，要检查支架间距是否符合要求，并保持均匀，否则，移架时要调整间距。若支架间距过大，就不能有效地支护顶板，还容易发生漏矸甚至冒顶；若支架间距过小，则容易出现挤架、卡架甚至倒架现象，给移架造成困难，严重时会损坏支架。

c.净。移架前，必须将底板上的浮煤、浮矸清理干净，以保证刮板输送机和支架的顺利前移及支架底座平整接底。若底板浮煤、浮矸过多，将会降低支架的实际工作阻力，增加顶板下沉量，甚至出现顶板离层、破碎、台阶式下沉等现象，给支架带来更大的压力，不易前移，并可能把支架压死。

②移架操作要做到快、够、正。

a.快。移架时要及时、迅速，移架速度应与采煤机牵引速度相适应，否则，会影响采煤机效能的充分发挥。新暴露出的顶板若得不到及时支护，采煤机会被迫降速或停机。为提高移架速度，应尽量缩短支架升柱和降柱的动作时间，采取擦顶前移或带压前移的方法。加快移架速度，也有利于控制顶板。

b.够。每次移架步距时，除放顶煤综采外，还应达到采煤机一刀截深量，支架移过后应排成一条直线。

c.正。支架要定向前移，不上下歪斜，不前倾后仰。

③支架的工作状况要平、紧、严。

a.平。要使支架顶梁、底座与顶、底板接触平整，力求受力分布均匀，保证支架稳定可靠。

b.紧。要使支架顶梁紧贴顶板，移架后保证有足够的初撑力。

c.严。架间空隙要靠严，侧护板要保持正常工作状态，防止顶板漏矸或采空区矸石窜入支架空间。

为达到上述要求，应掌握在各种复杂条件下顺利移架的技能。井下地质条件复杂多变，即使在同一煤层、同一采区，甚至在同一工作面的推进范围内，经常能碰到各种不同的地质构造，煤层及其顶底板岩层也可能发生变化，经常出现局部顶板破碎或底板起伏不平的现象。在实际工作中，不可能因地质条件的变化而轻易搬家换面或更换架型，所以，应针对具体情况,采取相应的措施来保证支架顺利工作。

(5)防止液压支架和输送机下滑。

①调斜工作面或增大伪斜角度。若工作面未采取调斜防滑措施而发生刮板输送机和液压支架下滑,可把工作面调成伪倾斜。若工作面调成伪倾斜后仍发生下滑,则可适当增大伪斜角度,并辅以逐刀上行顺序推移措施处理。增大伪斜角 α 的方法,即在工作面下部多进一刀煤。若工作面调斜后有上窜现象,则表明伪斜角 α 调大了,割煤时应在工作面上端多进一刀煤。

②调整输送机和液压支架。在输送机机头后部和中间槽之间,往往安装有 1m 或 0.5m 长的调节槽,输送机下滑 0.5m 后,可更换一次调节槽,这样输送机就可缩回 0.5m,保证了输送机和转载机的正常搭接。液压支架下滑最易发生在支架前移过程中,可利用其侧护板、防滑装置由上至下逐架上调。顶板不好时,慎用此方法。

③用千斤顶向上牵引输送机。在工作面内,每隔 10～15m(7～10 架)安置一个牵引千斤顶,其两端分别用锚链与刮板输送机和液压支架底座相连接。千斤顶的活塞杆腔通过邻近架的操纵阀与泵站来的压力管路接通。在本架支架推移输送机前,先操纵邻架操纵阀,使牵引千斤顶活塞杆收回并拉紧锚链;然后切断其液路,再操纵本架操纵阀推移输送机,这时锚链斜角拉大,便给输送机一个向上的牵引力。

(6)液压支架倒架事故的处理。支架轻微的歪斜一般无需采取特殊措施,移架时进行几次自调即可将支架扶正。严重倒架时,可采取下列措施处理。

①用柱子顶。当支架倾倒比较严重时,移架前,在支架倾倒方向顶梁下支一根斜撑柱子,并系上安全绳,以防伤人;拉架时,支架将在此斜撑柱子的作用下摆正。

②用千斤顶扶架。若支架倾倒严重,可用 2 个或更多的防倒千斤顶扶架,在支架上方用千斤顶拉顶梁,在支架下方用千斤顶拉底座;也可采取斜拉的方式扶正支架。

③用绞车拉架。当支架倒架现象严重且多台支架倾倒时,可用在工作面轨道平巷或运输平巷设置的绞车扶架并逐架拉正。

④用采煤机拉架。支架大面积倾倒时,可将钢丝绳的一端固定在采煤机上,另一端拴在倾倒的支架上,利用采煤机的运行将支架拉正。

(7)刮板输送机和支架的移动。支架的形式不同,则移架和移输送机的方式也不同。整体式支架、移架和推移输送机共用一个液压千斤顶,分别连接支架底座和输送机槽,且互为支点,推拉输送机和支架。迈步式自移支架的移动依靠本身两框架互为支点,用一个千斤顶推拉两框架分别前移,用另一个千斤顶推移输送机。

(8)采空区处理。综采工作面主要用垮落法处理采空区。因液压支架具有切顶性能强(支撑式)、掩护作用好(掩护式)、种类多等特点,所以不采用局部充填和煤柱支撑法。对极坚硬顶板的处理方法与机采相似。

【任务实施】

任务一 炮采工艺过程演练

利用实习矿井炮采工作面,教师进行现场教学,演示炮采工艺过程。学生分组制订炮采工艺过程演练计划,在教师的指导下,按照制订的计划分组演练炮采工艺,最后进行演练考核评价。

任务二　综采工艺过程演练

利用实习矿井综采工作面,教师进行现场教学,演示综采工艺过程。学生分组制订综采工艺过程演练计划,在教师的指导下,按照制订的计划分组演练综采工艺,最后进行演练考核评价。

【考核评价】

序号	考核内容	考核项目	配分	评价标准	得分
1	长壁采煤法采煤工艺	炮采工艺	40	能正确演练炮采工艺过程	
2		普采工艺	20	能正确阐述普采工艺过程	
3		综采工艺	40	能正确演练综采工艺过程	
合计					

【课后自测】

1. 简述炮采工艺过程。
2. 简述普采工艺过程。
3. 简述综采工艺过程。

课题四　厚煤层放顶煤采煤法

【应知目标】

□放顶煤采煤法的分类、特点及适用条件
□放顶煤液压支架的分类及适用条件
□放顶煤综采的主要工艺过程
□常用的放煤方式

【应会目标】

□能正确对放顶煤采煤法进行分类,并能阐述其特点和适用条件
□能正确对放顶煤液压支架进行分类,并能阐述其特点和适用条件
□能正确阐述综采放顶煤工艺过程

【任务引入】

我国有些矿区的煤层厚度都在 3.5m 以上,属于厚煤层,如何实现厚煤层的经济合理开采呢?厚煤层开采需要先进的技术,本课题将重点介绍厚煤层放顶煤采煤法。

【任务描述】

我国现有的厚煤层开采技术主要有厚煤层分层开采和综合放顶煤开采。特别是综合放顶煤开采技术,已经被越来越多的矿区所应用,继而提高了煤炭的开采效率。因此,我们需要掌握常用的厚煤层开采技术。

【相关知识】

放顶煤采煤法是指在开采厚煤层时,沿煤层(或分段)底部布置一个采高 2～3m 的长壁

工作面,用综合机械化采煤工艺进行回采,利用矿山压力的作用或辅以人工松动方法使支架上方的顶煤破碎成散体后,由支架后方(或上方)放出,并予以回收的一种采煤方法。

一、放顶煤采煤法的分类

1. 一次采全厚放顶煤开采

沿煤层底板布置综采(或机采)放顶煤工作面,一次采放出煤层全部厚度。一次采全厚综采放顶煤一般适用于厚度在 14m 以下的缓倾斜厚煤层;简易型一次采全厚放顶煤一般适用于厚度在 8m 以下的煤层,如图 4-40 所示。

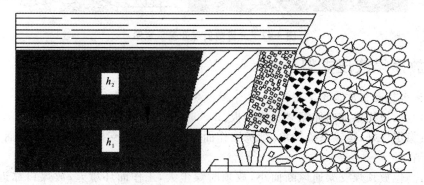

图 4-40 一次采全厚放顶煤开采示意图

2. 顶采顶分层网下放顶煤开采

将煤层划分为 2 个分层,沿煤层顶板下先采一个 2~3m 的顶分层长壁工作面。铺网后,再沿煤层底板布置放顶煤工作面,将 2 个工作面之间的顶煤放出。该采煤法一般适用于厚度大于 12m、直接顶坚硬或煤层瓦斯含量高、需预先抽放的缓倾斜煤层,如图 4-41 所示。

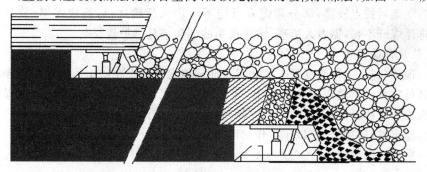

图 4-41 顶采顶分层网下放顶煤开采示意图

3. 分段放顶煤开采

当煤层厚度超过 20m 时,可将煤层沿倾斜分为数段(每段10~20m),自顶板向底板依次进行放顶煤开采。在第一个放顶煤工作面底部进行铺网,使以后的放顶煤工作都在网下进行,以减少煤的含矸率。也可不铺网,须视煤层的顶板岩性而定,如图 4-42 所示。

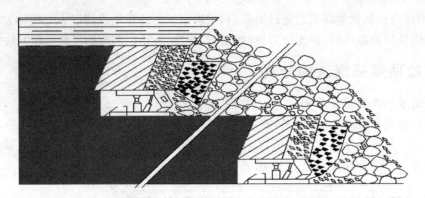

图 4-42 分段放顶煤开采示意图

二、放顶煤液压支架分类

1. 单输送机高位放顶煤支架

结构特点：短托梁加内伸缩梁及侧护板。

优点：稳定性好，运输系统简单，维护工作面量小；顶梁短，支撑力靠前；工作面端头维护简单，易于管理。

缺点：高位放顶煤支架通风断面小，放顶时煤尘大，工作面环境差；放煤口靠近煤壁，易引起顶煤切顶线前移，产生端面漏顶煤，使支架工作状态恶化；放煤时工作面行人受阻，减少了安全出口；受运输能力限制，采、放不能同时平行作业；支架底座插在输送机下面，易增加输送机故障发生率，又抬高输送机槽，使装煤困难。

2. 双输送机中位放顶煤支架

优点：稳定性及密封性能好，后部输送机放煤空间较大。

缺点：支架后铰点较高，部分顶煤有可能不能进入后输送机，造成煤损；放顶时煤尘较大，支架排浮煤矸不畅，需多人清理；输送机头的端头部分维护较复杂。

3. 低位放顶煤支架

优点：顶梁较长，支架的反复支撑卸载可使较稳定的顶煤在矿山压力作用下预先断裂破碎，提高其可放性。后输送机在底板上，无架间脊背煤损，提高煤炭采出率，浮煤矸容易排出，输送机槽及推移千斤顶损坏小。放煤时煤尘小，工作面环境好。经过改进后的四连杆支架强度大、稳定性好，用于25°以下工作面时可靠性高。

缺点：后部空间仍较小。

三、顶煤破碎机理

(1) 综放开采时，实现顶煤的有效破碎和顺利放出是放顶煤工作的核心问题，而顶煤的有效破碎又是顶煤顺利放出的前提，也是支架选型及确定放顶煤工艺的依据。

(2) 煤的普氏系数越小，越有利于顶煤的放出；相反，煤的普氏系数越大，放煤效果越不理想。一般认为，普氏系数 f 小于3的煤层适合放顶煤开采。

(3) 顶煤的破碎是支承压力与顶板运动及支架反复支撑共同作用的结果。

(4) 支架对顶煤反复支撑的次数 N 与顶梁的长度 L 及采煤机截深 B 有关，可表示为：$N=L/B$。

(5) 根据顶煤的变形和破坏发展规律，沿工作面推进方向将煤划分为4个破坏区，依次为完整区、破坏发展区、裂隙发育区和垮落破碎区。如图 4-43 所示。

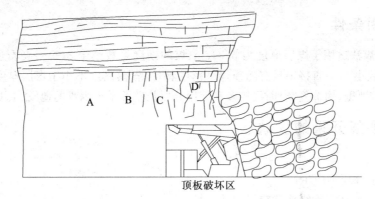

A—完整区　B—破坏发展区　C—裂隙发育区　D—垮落破碎区
图 4-43　顶板破坏区示意图

四、放顶煤综采主要工艺过程

采煤机割煤：破煤和装煤。

移架：维护端面稳定，用前探梁及时支护，后移架。

推移前部输送机：推移时保证输送机弯曲长度大于 15m。

移后输送机：把后输送机移到规定位置。

放顶煤：打开放煤口放顶煤（放煤步距和放煤方式）；处理碎煤成拱、大块煤堵口、顶煤过硬等问题。采煤机割煤→移架及时支护→推移前部输送机→拉后部输送机→打开放煤口放顶煤。

五、放煤步距

放煤步距是指沿工作面推进方向前后两次放煤的间距。放煤过程中不能保证既不混矸又不丢煤，只能控制采出率和混矸率在一定范围内。

$$放煤步距 L = n \times 移架步距 B$$

经验公式：

$$L = (0.15 \sim 0.21)h \tag{4-1}$$

式中：L—放顶煤步距，m；

h—放煤口至煤层顶部垂高，m。

六、放煤方式

常用的放煤方式有连续放煤（单轮）、不连续放煤（多轮）、顺序放煤和间隔放煤，具体有单轮顺序放煤、见矸关门、单轮顺序多口放煤和单轮间隔放煤。

七、端头放煤

随着工作面输送机和支架的不断改进，端头设备布置也不断更新。目前，实施端头放煤的途径主要有以下 3 种：

(1) 加大巷道断面尺寸，将机头机尾置于巷道中，取消过渡支架。

(2) 使用短机头和短机尾工作面输送机或侧卸式工作面输送机。

(3)采用带有高位放煤口的端头支架,实现端头及两巷放顶煤。

八、适用条件

放顶煤采煤法适用于煤层厚度为5～12m;煤的硬度系数小于3;每一夹石层厚度不超过0.5m,硬度系数小于3;直接顶具有随顶煤下落的特性,冒落高度不小于煤层厚度的1.0～1.2倍;地质破坏较严重、构造复杂、断层较多和使用分层长壁综采较困难的地段、上下山煤柱等。

九、放顶煤开采的优缺点

1. 优点

(1)有利于合理集中生产。
(2)对煤层及地质条件具有较强的适应性。
(3)具有显著的经济效益。

2. 缺点

(1)煤炭采出率较低(比分层开采低10%左右)。
(2)工作面粉尘大,自然发火、瓦斯积聚隐患较大,对防火、灭火及防尘要求高,需要专门的设备和技术措施。
(3)放顶煤工艺比较复杂。

【任务实施】

任务 厚煤层大采高开采技术分析

《大采高液压支架技术条件(MT550-1996)》规定:最大采高大于或等于3800mm,用于一次采全高工作面的液压支架称为"大采高液压支架",对应的回采工作面称为"大采高工作面"。在大多数情况下,大采高是指大采高综采,即使用综采支架及配套设备开采厚度在3.5m以上的厚煤层综采整层开采方法。

一、大采高开采适用条件

(1)工作面地质构造简单,无大的褶曲和断层,水文地质条件简单。
(2)工作面煤层的煤质较硬(普氏系数大于1.5),煤层厚度为3.5～6.0m,煤层赋存稳定,厚度变异系数小。
(3)煤层倾角小于18°。
(4)煤层顶板属于稳定或较稳定的类型,煤层顶板能够随采随冒,冒落后能够充满采空区;煤层底板较坚硬。
(5)矿井生产能力大,辅助运输提升条件能够满足重型支架的运送要求。

二、大采高开采技术应用

2007年,郑州煤矿机械集团有限公司针对神华集团神东分公司上湾矿的煤层条件,研制出了ZY10800/28/63D型两柱掩护式大采高液压支架,并于2007年4月在井下进行工业试验,最高日产量达5.1万吨。

2009年12月31日,世界上首个7m大采高综采工作面在神东补连塔煤矿22303综采工作面投入生产。该工作面长度为301m,推进长度为4971m,煤层平均厚度为7.55m,采用由神华和郑州煤矿机械集团合作研发制造的世界首套7m大采高液压支架,每刀可割煤2600吨。

三、大采高开采存在的问题

大采高综采长壁工作面开采后,垮落带高度随采高增大而增加。如垮落的直接顶岩层不能填满采空区,在坚硬岩层下方就会出现较大的自由空间。折断后的基本顶岩层往往在靠直接顶附近难以形成砌体梁式的平衡,在其回转运动过程中,通常对下位岩层和工作面支架形成冲击载荷及在工作面前方的煤体中形成较高的支承压力,并在工作面引起强烈的周期来压。因此,大采高工作面基本顶来压更为剧烈,局部冒顶和煤壁片帮现象更为严重。煤壁片帮深度随采高增大而增加。

四、解决措施

1. 控制初采高度

为了有利于在开切眼中进行大采高液压支架、采煤机、输送机等设备安装,开切眼的高度一般不宜超过3.5m。初采高度与开切眼高度一致。自开切眼开始,工作面保持初采高度推进,待直接顶初次垮落后,将采高逐渐增加至正常采高。若工作面上下回采巷道高度小于工作面初采高度,可在直接顶初次垮落前,沿平行于工作面方向,先将工作面两端5~6架支架范围内的采高由回采巷道高度逐渐增加至初采高度,待直接顶初次垮落后,再沿工作面全长将采高逐渐增加至正常采高。

2. 加强煤壁片帮的防治

工作面容易出现煤壁大面积片帮,片帮后端面距加大,顶板失去煤壁支撑,常造成冒顶事故。大面积、大深度片帮是大采高工作面周期来压显现的特征。防止煤壁片帮及架前漏顶是大采高工作面开采与矿压控制的关键技术。

煤壁片帮是松软煤层大采高综采的关键问题。治理煤壁片帮及由此引起的冒顶,可从机械装置和采矿技术2方面采取措施。

(1)改进顶梁端部结构,加装防片帮板。

(2)提高支架的实际初撑力和工作阻力。

(3)加固煤壁,提高其整体强度。

(4)改进回采工艺和操作技术。

①采用及时移架结构(先拉架后推输送机)的方法,使支架顶梁顶住煤壁,采煤机只采底刀,如留有粘顶煤,可利用支架顶梁铲落。

②工作面出现局部的片帮和大采高支架歪倒、陷底、挤架等现象时,应及时调整。

③当遇松软煤体和破碎顶板岩层时,截深要减少到0.3~0.4m,并提高牵引速度,以加快推进。

④采用台阶割煤法,即单向割煤方式,采煤机从输送机头向机尾割煤时,仅割顶煤,留1.2m高的台阶护帮,并及时移架,用护帮板将煤壁护好。当采煤机返刀割底煤时,护帮板不动,随采煤机割底煤后跟机推输送机。

⑤操作液压支架要实行擦顶带压移架,以防液压降低,影响拉架力和拉架速度。

⑥优化作业方式,加快工作面推进速度。

⑦严格控制工程质量,防止采高超限、支架超高,做好设备维修工作,防止片帮冒顶和设

备故障交替出现。

⑧在设计工作面时,应避开上覆煤层遗留煤柱对工作面造成集中压力;工作面推进方向上的煤层主节理应倾向煤壁;工作面宜处于俯斜开采状态。

3. 防止液压支架倾倒和下滑

大采高综采工作面的装备重量大,工作面倾角大于 8°后,输送机及液压支架的下滑及支架倾倒问题将会出现,随着倾角的增大,这一问题将更加突出。要满足大采高综采支架对煤层倾角的要求,除了增加支架的稳定性外,还应选择宽度超过 1.75m 的支架。

(1)严格控制采高,尽量做到不留顶煤,使支架直接支撑顶板。当顶板出现冒顶时,应及时在支架顶部用木料接顶、背严刹紧,以便有效地控制顶板。

(2)对工作面排头、排尾的 3 架液压支架,用顶梁千斤顶、底座及后座千斤顶进行锚固,防止倒架。当工作面倾角较大时,中部支架也要增设防倒千斤顶;当工作面倾角大于 10°时,可在每 10 架液压支架范围内增设 1 个斜拉防倒千斤顶。

(3)工作面端头应采用大采高专用的端头支架,该支架应具有防倒防滑装置,具备自移、推移输送机机头和转载机的功能,能与平巷的断面形状和支护形式相适应。

【考核评价】

序号	考核内容	考核项目	配分	评价标准	得分
1	厚煤层放顶煤采煤法	放顶煤采煤法分类	20	正确进行放顶煤采煤法分类	
2		放顶煤液压架分类	20	正确进行放顶煤液压架分类	
3		顶煤破碎机理	20	正确阐述顶煤破碎机理	
4		放顶煤综采主要工艺过程	20	正确阐述放顶煤工艺过程	
5		放煤方式	20	正确阐述放煤方式	
		合计			

【课后自测】

1. 放顶煤采煤方法有哪几种?
2. 放顶煤液压支架有哪几种?
3. 简述顶煤破碎机理。
4. 放煤方式有哪几种?
5. 什么是放煤步距?
6. 简述放顶煤综采工艺过程。

课题五　急倾斜煤层采煤方法

【应知目标】

□急倾斜单一薄及中厚煤层采区巷道布置方式
□倒台阶采煤法
□伪倾斜柔性掩护支架采煤法

模块四 采煤方法

【应会目标】
□ 会分析急倾斜单一薄及中厚煤层采区巷道布置及生产系统
□ 会分析倒台阶采煤法巷道布置及生产系统
□ 会分析伪倾斜柔性掩护支架采煤法巷道布置及生产系统

【任务引入】
由于急倾斜煤层倾角大,工作面矿压显现规律及采煤工艺都有着较大的变化,因此,不能采用与近水平煤层开采相似的采煤方法及工艺过程。开采急倾斜煤层还会出现采煤机和刮板输送机下滑、支架倾倒等情况。急倾斜煤层开采应采用什么样的方法解决这些问题呢?

【任务描述】
为解决急倾斜煤层开采的问题,国内已有相当成熟的急倾斜煤层开采经验以及可行的急倾斜煤层开采方法。下面重点介绍几种比较成熟的急倾斜煤层开采方法。

【相关知识】

一、急倾斜煤层开采的特点

(1)矿井地质构造复杂,开采难度大,生产能力小。

(2)由于煤层倾角已经超过岩石自然安息角,故采煤工作面破落的煤块会沿底板自动向下滑滚,简化了采煤工作面的装运工作。

(3)采煤工作面的行人、破煤、支护、采空区处理、运料等各项工序的操作困难,增加了机械化采煤的难度。

(4)急倾斜煤层顶板压力垂直分力小,沿倾斜分力大,工作面顶板压力不大,但支柱稳定性差。

(5)煤层倾角超过底板岩层移动角,煤层开采后顶板会发生移动垮落,底板也会发生滑动和垮落。如图 4-44 所示。

(6)由于急斜煤层倾角大于岩石自然安息角,故采空区垮落矸石会自动由上部向下部滚落,对下部采空区产生局部充填作用,造成工作面上下部压力不同。

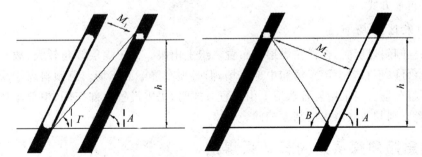

(a)上部煤层开采底板移动影响下部煤层　(b)下部煤层开采顶板移动影响上部煤层

图 4-44　急倾斜煤层群对未采煤层的影响

二、急倾斜煤层采区巷道布置方式

(一)单层布置

在采区中央沿煤层倾斜方向掘进 3～5 条上山眼,用于溜煤、运料、行人以及溜矸等。当工作面涌水量大时,还需设置放水眼。如图 4-45 所示。

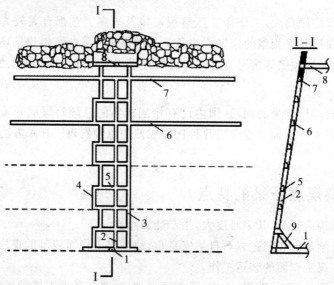

1—采区运输石门 2—采区溜煤眼 3—采区运料眼 4—采区行人眼 5—联络平巷
6—区段运输平巷 7—区段回风平巷 8—采区回风石门 9—采区煤仓

图 4-45 急倾斜单一薄及中厚煤层采区巷道布置示意图

(二)近距离煤层群联合布置

(1)分组小联合布置。当采区内开采煤层数目较多、层间距远近不一时,根据煤层间距远近、煤质、自燃发火倾向性、采煤方法等因素,将采区内煤层划分为若干开采组。

(2)大联合布置。当井田内煤层数目多、间距较大时,可以采用不分组集中大联合或分组大联合布置方式。

(三)采区车场布置

开采急倾斜煤层时,往往在煤层中布置一组上山眼。由于煤层倾角较大,故一般不使用轨道运输,可以不布置上部车场和中部车场,但必须布置下部车场。急倾斜煤层采区下部车场多为石门车场。当采用岩石轨道上山布置方式时,仍需设置上部车场、中部车场和下部车场,其布置原则与缓倾斜煤层基本相同。

三、急倾斜煤层走向长壁采煤法

(一)急倾斜单一煤层走向长壁采煤法

工作面沿走向布置,上部为回风平巷,下部为运输平巷,在采区边界布置开切眼,多采用钻眼爆破破煤。为了适应急倾斜煤层顶板下滑力大的特点,采用平行于采煤工作面的顺山木支柱或单体液压支柱支护,用四、六排距控顶,分段错茬放顶。

(二)倒台阶采煤法

1. 倒台阶全部垮落采煤法

(1)运煤系统。工作面破煤自溜到下部储煤台阶,由区段运输平巷中的运输机运至溜煤上山,下放至采区煤仓,由采区运输石门装车运至井底车场。

(2)运料系统。由采区运输石门、回风石门运进,经运料上山提运至区段平巷,经人工转运至工作面运输平巷和回风平巷,再转到各台阶。

(3)通风系统。新鲜风流由采区运输石门进入,经人行上山进入区段运输平巷到采煤工作面,污浊风流经区段回风平巷、采区回风上山到上部回风石门排出。

2. 优缺点

(1)优点:巷道布置简单,采区生产系统简单可靠;对地质条件变化适应性强;掘进率较低,煤炭回收率高。

(2)缺点:人工破煤、支柱,工人劳动强度大,劳动生产率低;工作面采用木支柱支护,坑木消耗量大;台阶上隅角容易积聚瓦斯,工人需要高空作业,安全性较差;对支柱操作技术要求高,不利于实现采煤机械化。

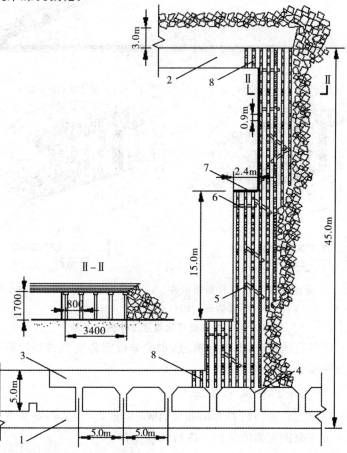

1—区段运输 2—区段回风巷 3—超前辅助平巷 4—溜煤小眼 5—溜煤护身板
6—脚手板 7—支架背板 8—超前加强支架

图 4-46 倒台阶工作面布置

(三)正台阶采煤法

正台阶采煤法是指在急倾斜煤层的阶段或区段内沿倾斜或伪斜方向布置正台阶形工作面而沿走向推进的采煤方法。现将沿伪斜方向布置正台阶工作面的正台阶采煤法称为"伪斜短壁采煤法"或"斜台阶采煤法"。

该采煤法是将一个在上下区段平巷之间的伪斜长壁工作面分为若干个短壁工作面,短壁工作面呈正台阶状布置。每个短壁工作面沿倾斜长5m左右,沿层面与走向线成30°夹角的伪斜方向间距为15~20m。长壁工作面沿走向推进,始终保持沿倾斜方向的短壁工作面沿30°伪斜方向推进,如图4-47所示。

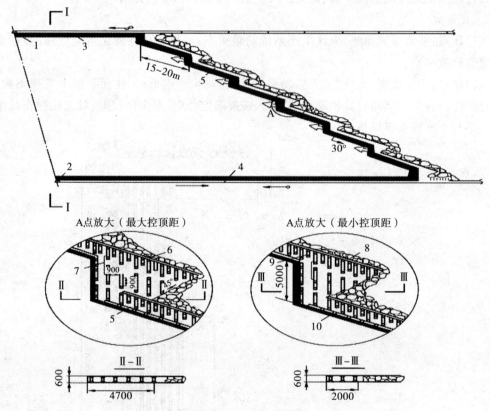

1—回风石门 2—运输石门 3—工作面回风巷 4—工作面运输巷 5—伪斜小巷 6—竹笆 7—胶带挡煤板 8—支柱 9—放煤插板 10—溜槽

图4-47 伪斜短壁采煤法工作面布置图

特点:采面呈伪斜直线布置,沿走向推进;水平分段密集切顶、挡矸、隔离采空区与采面工作空间;采面分段爆破采煤,煤自溜。

(四)伪倾斜柔性掩护支架采煤法

采煤工作面呈直线形,按伪倾斜方向布置,沿走向推进;用柔性掩护支架隔离采空区与回采空间,工作人员在掩护支架的保护下进行采煤工作。

1.采区巷道布置

采区运输石门1通入煤层后,向上掘进一组上山眼,布置区段运输平巷6、回风平巷7,在采区边界开掘一对开切眼10,用于回采开始阶段的运输、通风和行人。然后即可安装支

模块四 采煤方法

架,进行回采工作。正常的采煤工作面应有 25°~30°的伪倾斜角。回采时,为了溜煤、行人、通风和运料,在工作面下端掘进超前平巷,并沿走向每隔 5m 左右,由区段运输平巷回风巷向上开掘小眼,与超前平巷贯通。

从工作面落下的煤自溜至区段运输平巷 6,再运至采区溜煤眼 3,在石门装车外运。新鲜风流从采区石门进入,经行人眼 5、区段运输平巷 6 到采煤工作面。废风从工作面经区段回风平巷 7 到采区回风石门 2 排出。如图 4-48 所示。

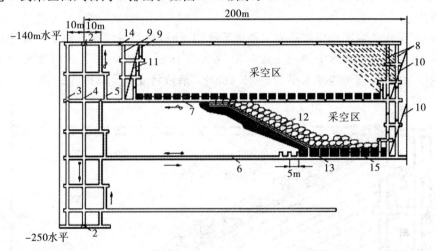

1—采区运输石门　2—采区回风石门　3—采区溜煤眼　4—采区运料眼　5—采区行人眼
6—区段运输平巷　7—区段回风平巷　8—采煤工作面　9—溜煤眼　10—开切眼

图 4-48　伪倾斜柔性掩护支架采煤法巷道布置

2. 掩护支架的结构

柔性掩护支架主要由钢梁及钢丝组成。钢丝绳沿走向布置,钢梁沿煤层厚度布置。钢梁与钢绳进行联结。在钢梁上部铺设双层荆笆,用作隔离采空区矸石和折架子时的人工假顶。这种架子的结构具有柔性,便于控制和回收。如图 4-49 所示。

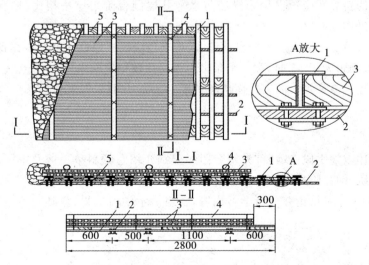

1—工字钢　2—钢丝绳　3—荆笆条　4—压木　5—撑木

图 4-49　柔性掩护支架结构

3.回采工作

这种采煤法的回采工作大致分为3个阶段:准备回采、正常回采和收尾工作。

(1)准备回采。主要是在回风平巷内安装掩护支架,并逐步下放成为伪倾斜工作面,为正常回采做准备。

(2)正常回采。在正常回采过程中,除了在掩护支架下回采外,还要在回风平巷中扩巷、挖地沟,加长掩护支架,以及在工作面下端的顺槽中拆除支架。目前,在支架下采煤主要用打眼放炮法。

(3)收尾工作。当工作面推进到区段停采线附近时,在停采线靠工作面一侧掘进2条收尾上山眼,然后加大工作面上部的下放步距,缩小工作面下部的进尺,同时逐渐缩小工作面长度和伪倾斜角度,直至变成水平状态(图4-50)。最后将支架全部拆除。

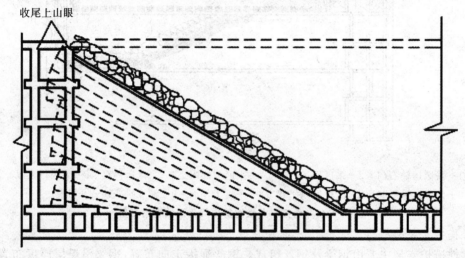

图4-50 掩护支架采煤工作面收尾

4.优缺点

(1)优点:伪斜柔性掩护支架采煤法与水平分层倒台阶采煤法相比,具有产量高、效率高、工序简单、操作方便、生产安全、掘进率低等优点。

(2)缺点:掩护支架的宽度不能自动调节,难以适应煤层厚度的变化。因此,当煤层厚度为1.5～6.0m,倾角大于55°时,在一个条带内煤层比较稳定的条件下,应优先选用伪倾斜柔性掩支架采煤法。该采煤法的工作面伪倾角度一般不小于25°,工作面长度为30～60m,年进度可达660m。

【任务实施】

采用多媒体教学手段,教师首先结合图形分别介绍急倾斜单一薄及中厚煤层采区巷道布置及生产系统、倒台阶采煤法巷道布置及生产系统、伪倾斜柔性掩护支架采煤法巷道布置及生产系统;学生分组讨论并分析学习内容,各组展示学习成果;教师对各组展示成果进行评价和总结。

【考核评价】

序号	考核内容	考核项目	配分	评价标准	得分
1	急倾斜煤层采煤方法	急倾斜单一薄及中厚煤层采区巷道布置及生产系统	40	正确分析巷道布置及生产系统	
2		倒台阶采煤法	30	正确分析倒台阶采煤法	
3		伪倾斜柔性掩护支架采煤法	30	正确分析伪倾斜柔性掩护支架采煤法	
		合计			

【课后自测】

1. 简述急倾斜煤层开采的特点。
2. 什么是倒台阶采煤法？有何特点？
3. 什么是伪倾斜柔性掩护支架采煤法？有何优缺点？
4. 什么是正台阶采煤法？有何特点？

课题六 其他采煤方法

【应知目标】

☐ "三下一上"开采含义及主要技术措施
☐ 煤炭气化开采技术
☐ 水力采煤技术

【应会目标】

☐ 会阐述"三下一上"开采的含义及主要开采技术
☐ 会阐述地表移动变形的基本规律
☐ 会阐述煤炭气化原理及工艺过程

【任务引入】

煤矿开采会导致地表下沉，导致地面建筑、铁路、公路等遭到破坏，有的煤层赋存在地面水体下和地下承压水体上，开采煤层可能会出现透水事故。那么如何才能把地面建筑、铁路、地面水体下以及承压水体上的煤安全采出呢？目前，国内外还有哪些先进的采煤方法呢？这些都是本课题要重点介绍的内容。

【任务描述】

通过本课题的学习，要熟悉并掌握"三下一上"开采的含义以及主要开采技术措施、地表移动下沉规律及对地面建筑物的影响，了解煤炭地下气化等先进开采方法。

【相关知识】

一、"三下一上"采煤方法

（一）"三下一上"采煤概念

建筑物下、铁路下、水体下以及承压水体上煤层的开采，简称"三下一上'开采"。"三下一上"采煤既要保证建筑物和铁路不受开采影响而被破坏,又要保证开采安全,尽量多地采出煤炭。

目前,据不完全统计,我国国有大中型矿井"三下"压煤量超过140亿吨,其中建筑物下压煤占整个"三下"压煤量的60%以上,水体下(包括承压废岩水上)压煤占28%左右,铁路下压煤占12%左右。然而,到目前为止,我国从"三下"采出的煤炭仅有约10亿吨,只占整个"三下"压煤量的7%左右。

1. 建筑物下采煤

建筑物下开采是指那些不适合搬迁的城镇、工厂、居民区、村庄等所压煤层的开采,包括井筒矿柱的回收。这种开采法要做到既采出资源,又保护地面建筑物。需要采取的主要措施是:在井下开采时,使用一些不同于普通的开采方法,以减少地面移动与变形;另外,对地面的建筑物或构筑物采取加固与维修的方法,使其所受的采动影响和破坏程度在其本身能够承受的范围内。

2. 铁路下采煤

铁路下开采是指铁路干线与支线下所压煤层的开采。过去对铁路的保护也是采用留设矿柱的方法,目前对铁路矿柱的开采已积累了丰富的经验。

3. 水体下采煤

水体下开采包括地面水体下开采和地下水体下开采。地面水体包括江河湖海、水库池塘、沼泽洪区、灌区水田、山沟小溪以及地表沉降区积水等;地下水体包括表土层的砂层水、顶板灰岩中的岩溶水、砂岩含水层及老窑水等。水体下开采的实质是确定防水和防砂煤柱的高度,此上限到地面的垂高就是安全开采深度。水体下开采主要是防止覆水和泥沙溃入井下,有时还要保护地面水体,如水库、堤坝等。水体下开采通常用疏干、排放、隔离等措施,使资源尽量采出,还要减少排水费用。

4. 承压水体上采煤

承压水体上开采是指可采矿层下、承压水体上的矿层开采,即受基盘岩溶水威胁矿层的开采。

(二)地表移动变形的基本规律

矿体采出后,采空区顶底板和两帮形成了自由空间,围岩中应力应变重新分布,产生应力集中。当开采空间跨度足够大时,即使是完整坚硬的顶板,也会因强度超过极限而造成垮塌、冒落、侧帮压垮、片帮等。实际上,由于大多数岩体都含有各类地质弱面,如断裂、破碎带、层理、节理、片理等,因此,将岩体切割成为一系列弱连接的嵌合体或各式各样的组合体。这种岩体在围岩应力与自重的共同作用下,当矿体采空、紧靠采空区的块体被暴露后,临空块体就会发生移动,失稳的块体先行垮落,并将这种过程传递给相邻的后方块体,垮落相继发生,顶板岩块的移动逐渐发展,破裂区逐渐扩大。当然,垮落和相对滑移都是以有自由空间为条件的。当垮落岩块碎胀时,会沿弱面滑移一定程度并剪胀,当碎胀与剪胀体积之和等于采出空间时,垮落也发展到相应高度并终止。垮落停止后,因矿体采空而转移到采场周围的覆岩重力通过压密垮落岩体而恢复平衡。在此过程中,裂缝将继续发展,并随密压过程止息而逐渐停止下来。因此,对层状或似层状矿体,缓倾条件下的上覆岩层因下方采动而产生运动,从性质上可分为3个带。

(1)垮落带。在采空区不充填或只有干式部分充填情况下,顶板岩石一般都将发生垮落。对于水平煤层,垮落带高度通常为采厚的2~4倍。垮落带高度主要取决于顶板岩体碎胀性、采矿方法与矿层厚度。碎胀系数越小,垮落带高度越大;用水砂充填时,垮落带高度可以受到控制;矿层越薄,垮落带高度越小,如薄煤层垮落带高度通常在1.7倍煤层采厚以下。

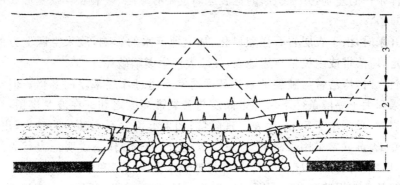

1—垮落带　2—断裂带　3—弯曲下沉带

图4-51　岩层移动分带示意图

(2)断裂带。断裂带位于碎裂带之上,主要由岩层离层和相对滑移而生成,其厚度大体与垮落带相当。垮落带与破裂带并无明显分界线,其共同特征体现在岩石运动的不连续性。破裂带高度通常用钻孔观测站来测定。垮落带高度、裂隙带高度及发育情况的确定在水体下开采时尤为重要。

(3)弯曲下沉带。从裂隙带往上直到地表,将发生大范围移动和变形,但仍保持岩体原始结构而不破坏,其移动与变形连续、平稳而有规律。这种在自重作用下产生的弯曲变形区称为"弯曲带"。当开采深度较大时,弯曲带高度大大地超过垮落带高度和破裂带高度之和。此时,破裂带没达到地表,地表变形相对比较缓和。虽然地表也会因变形超限而产生地表裂缝,但是它们一般不直通地下采空区,而是在地下一定深度处。

上述3种岩石的移动形式和分带是在开采水平或缓倾斜矿层且当开采深度较大时岩石移动和分带的基本模式。开采倾斜和急倾斜面煤层时,除了上述基本移动模式外,还有以下几种。

(1)岩石沿层理面方向滑移。由于在岩体倾斜成层条件下,自重方向不与岩层层面垂直,因此,在自重作用下,岩体除发生垂直于层面方向的弯曲外,还产生沿层理方向的顺层滑移。岩层倾角越大,顺层滑移也越显著。其结果使采空区上山部分岩石受拉,下山部分岩石受压。在岩石塑性较大的情况下,导致上山方向岩层变薄,下山方向岩层变厚。此类现象在研究相邻煤层群、相邻矿层开采时很有意义。

(2)垮落岩石下滑。煤层采出后,采空区和垮落带被大小岩块所充满。如果矿层倾角较大,继续下采形成新采空区时,上部老采空区的垮落岩石就可能下滑并充填新的采空区。垮落带岩石下滑之后,其上部破裂带岩石失去支撑而垮落,造成垮落带和破裂带向上发展。如果岩层倾角很大,上山开采边界距地表又很近,则垮落带就可能向上发展直达地表,上山边界所留护顶矿柱会破碎下滑,造成地表塌陷。

(3)底板岩石隆起。当底板岩石软弱且倾角较大时,在矿体煤层采出后,底板岩石将向空区隆起。某些遇水膨胀的岩石在水的作用下将隆起更为严重,甚至底板会被破坏。底板岩石移动有时能波及地表,在煤层露头以外形成微小的地表下沉。这类地表下沉一般不大,对地表建筑物的危害有限。

(三)地表塌陷、破裂与连续变形

根据具体条件的差别,开采引起的地表运动主要有塌陷、破裂及连续变形3种形式。

1. 地表塌陷

在浅部开采时,由于表层岩石强烈风化,加上地下水的影响,故采空区上方的浅薄盖层极难长期稳定,垮落带或破裂带直通地表,使地表产生塌陷破坏。

当采深较大时,垮落带与破裂带累计高度通常不超过煤层采厚的8倍。但浅部开采使地表塌陷的采深大于一般条件下垮落带高度与破裂带高度之和。在波兰煤田,当上覆岩石大部分为页岩时,采深小于50m,地表出现陷坑;如果上覆岩石大部分为砂岩,出现塌陷坑,采深可达100m。苏联常采用采深 H 与采厚 m 之比(H/m)作为说明地表行为的一般性指标。据统计,用落顶法开采,H/m 小于20时,地表常发生剧烈变形。

浅部开采的地表塌陷与井下冒顶密切相关,不仅包括采煤,还包括大型地下空洞、硐室、工程交叉口、隧道、地下厂房等处的冒顶,也会通达地表造成坍陷。它们往往突然发生,在几分钟内就在地表形成巨大陷坑,摧毁地面建筑物。

2. 地表破裂

地表破裂是地表变形常见的一种形式。除了极浅开采以外,地表裂缝一般是不直通采区的,而是在表土中发育,缝宽往下变小而消失。这种裂缝通常是地表表层变形集中、拉伸变形超限的结果,也可能与断层破碎带有关。大量现场实测资料证实,地表破裂与该处拉伸变形、地表岩层及地貌相关联。

采深越小,采厚越大,则采区周围煤体上方地表所承受的拉伸变形越大。由于规则的采区形状使拉伸变形等值线围绕采区规则化分布,因此,采煤地表裂缝通常平行于开采边界,往往有1~4条主缝,互相平行,往地下向着采空区延深。随着开采工作面的推进,裂缝也逐渐向前发展,当岩层节理十分发育时,裂缝带常平行于某一组或与开采界线交角最小的一组节理方向。

随着开采深度的增加,地表破裂情况逐渐减少。但在地表的个别地方还可见到裂缝,个别情况下会出现大型有规律断裂。这往往在特定地质与开采条件下出现。

3. 地表连续变形

当开采深度超过100m或者 $H/m \geqslant 20$ 时,开采影响下的地表移动和变形在性质上发生了显著变化,杂乱无章的坍陷消失了,地表移动和变形在时间和空间上都具有明显连续的特征。部分地段可能破裂,但这并不改变运动宏观连续的特征。

(四)充分采动与非充分采动

当采空区面积扩大到一定的范围时,岩层移动波及地表,使地表产生移动和变形,这一过程和现象称为"地表移动"。当采煤工作面采完,地表移动稳定后,在采空区上方地表形成沉陷的区域,称为"最终移动盆地"或"最终下沉盆地"。

1. 盆地主断面

地表移动和变形实质上是一个时间—三维空间问题,图4-52所示是一个地表平面图,表示某一长方形开采引起的地表变形。图中虚线表示地表等值下沉线,箭头表示点移动矢量的平面投影。由图 4-53 可见,地表移动范围远远超过了采空区的范围。地表的等下沉线是一组大致平行于开采边界的线簇。下沉值在采空区中心上方地表最大,向四周逐渐减小,到开采边界上方减小速度比较快,更远处的下沉值更小并趋近于零。地表水平移动大致指向采空区中心,在采空区中心上方,地表最终的水平移动值几乎为零,该点的下沉值最大,开采边界上方地表水平移动量也最大,向边缘逐渐减小到零。地表等水平移动线大致平行于开采边界的曲线。

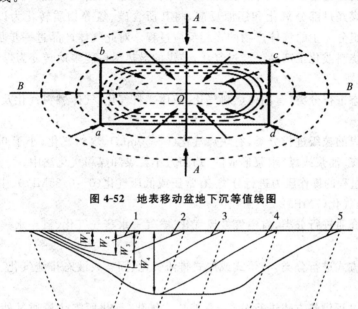

图 4-52 地表移动盆地下沉等值线图

图 4-53 地表移动下沉示意图

由于等下沉及等水平移动线平行于开采边界,最大下沉和水平移动零点都在采区中央,因此,通过开采中心且垂直于开采边界的剖面是岩石移动的对称面,称为"盆地主断面"。

2. 充分采动和非充分采动

(1)充分采动。地下煤层采出后,地表下沉值达到该地质采矿条件下应有的最大值,此时的采动称为"充分采动"。为了加以区别,通常把地表移动盆地内只有一个点的下沉值达到最大下沉值的采动情况称为"刚达到充分采动",此时的开采称为"临界开采",地表移动盆地呈碗形;地表有多个点的下沉值达到最大下沉值的采动情况称为"超充分采动",地表移动盆地呈盘形。

(2)非充分采动。采空区的尺寸(长度和宽度)小于该地质开采条件下的临界开采尺寸值,地表任意一点的下沉值均未达到该地质采矿条件下应有的最大下沉值,这种采动称为"非充分采动",此时地表移动盆地呈碗形。工作面沿一个方向(走向或倾向)达到临界而另一个方向未达到临界开采尺寸的情况,也属于非充分采动,此时的地表移动盆地呈槽形。

二、煤炭气化

煤炭气化是指将煤放在特定的设备内,在一定温度及压力下使煤中有机质与气化剂(如蒸汽、空气或氧气等)发生一系列化学反应,将固体煤转化为含有 CO、H_2、CH_4 等可燃气体和 CO_2、N_2 等非可燃气体的过程。煤炭气化时,必须具备3个条件,即气化炉、气化剂和供给热量,三者缺一不可。

1. 煤炭气化简介

煤炭气化是指在一定温度、压力下,用气化剂对煤进行热化学加工,将煤中有机质转变为煤气的过程,具体是指以煤、半焦炭或焦炭为原料,以空气、富氧、水蒸气、二氧化碳或氢气为气化介质,使煤经过部分氧化和还原反应,将其所含碳、氢等物质转化为以一氧化碳、氢气、甲烷等可燃组分为主的气体产物的多相反应过程。对此气体产品进一步加工,可制得其他气体、液体燃烧料或化工产品。经过气化,使煤的潜热尽可能多地转变为煤气的潜热。

2. 煤炭气化方法

(1)以原形态进行分类,有固体燃料气化、液体燃料气化、气体燃料气化及固液混合燃料气化等。

(2)以入炉煤的粒级进行分类,有块煤气化(6～50mm)、煤粉气化(小于0.1mm)等。此外,入炉燃烧以煤/油浆或煤/水浆形成的,均归入小粒煤和煤粉气化法中。

(3)以气化过程的操作压力进行分类,有常压或低压气化(0～0.35MPa)、中压气化(0.7～3.5MPa)和高压气化(7MPa)。

(4)以气化介质进行分类,有空气鼓风气化、空气-水蒸气气化、氧-水蒸气气化和加氢气化等。

(5)以排渣方式进行分类,有干式或湿式排渣气化、固态或液态排渣气化、连续或间歇排渣气化等。

(6)以气化过程供热方式进行分类,有外热式气化(气化所需热量通过外部加热装置由气化炉内部释放出来)和热载体(气、固或液渣载体)气化。

(7)以入炉煤在炉内的过程动态进行分类,有移动床气化、液化床气化、气流(夹带)床气化和熔融床(熔渣或熔盐、熔铁水)气化等。

(8)以固体煤和气体介质的相对运动方向进行分类,有同向气化(或称"并流气化")和逆流气化等。

(9)以反应的类型进行分类,有热力学过程、催化室验过程等。

(10)以过程的阶段性进行分类,有单段气化、两段(单筒、双筒)气化和多段气化等。

(11)以过程的操作方式进行分类,有连续间歇式气化和循环式气化等。

3. 煤炭气化原理

煤炭地下气化是指将处于地下的煤炭进行有控制的燃烧,通过对煤的热作用及化学作用而产生可燃气体的过程。该过程主要是在地下气化炉的气化通道中实现的,如图4-54所示。

(1)氧化区。由进气孔鼓入气化剂(空气、O_2 和 $H_2O(g)$),在进气侧点燃煤层,气化剂中的 O_2 遇煤燃烧产生 CO_2,并释放大量的反应热,燃烧区称为"氧化区"。当气流中 O_2 浓度接近于零时,燃烧反应结束,氧化区结束。主要反应式如下。

氧化反应(燃烧反应):
$$C+O_2=CO_2+393.8MJ/kmol$$

碳的部分氧化反应(不完全燃烧反应):

$$2C+O_2=2CO+221.1MJ/kmol$$

CO 氧化反应(CO 燃烧反应):
$$2CO+O_2=2CO_2+570.1MJ/kmol$$

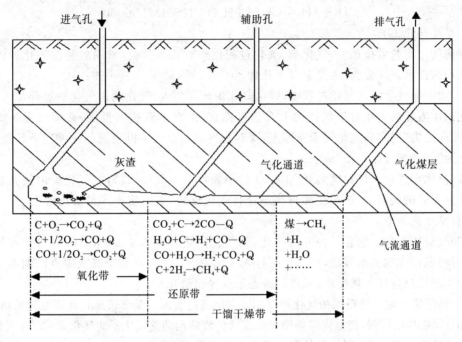

图 4-54 煤炭地下气化原理示意图

(2)还原区。氧化区结束后,则进入还原区,氧化区使还原区煤层处于炽热状态。在还原区,CO_2 与炽热的 C 还原成 CO,$H_2O(g)$ 与炽热的 C 还原成 CO、H_2 等。由于还原反应是吸热反应,可使煤层和气流温度逐渐降低,当温度降低到使还原反应程度变弱时,还原区结束。主要反应式如下。

CO_2 还原反应(发生炉煤气反应):
$$CO_2+C=2CO-162.4MJ/kmol$$

水蒸气分解反应(水煤气反应):
$$H_2O+C=H_2+CO-131.5MJ/kmol$$

水蒸气分解反应:
$$2H_2O+C=2H_2+CO_2-90.0MJ/kmol$$

CO 变换反应:
$$CO+H_2O=H_2+CO_2+41.0MJ/kmol$$

碳的加氢反应:
$$C+2H_2=CH_4+74.9MJ/kmol$$

(3)干馏干燥区。还原区结束后,气流温度仍然很高,对下游即干馏干燥区煤层进行加热,释放出热解煤气,同时发生甲烷化反应。主要反应式如下。

煤热解反应:
$$煤\rightarrow CH_4+H_2+H_2O+CO+CO_2+\cdots\cdots$$

甲烷化反应：
$$CO+3H_2=CH_4+H_2O+206.4MJ/kmol$$
$$2CO+2H_2=CH_4+CO_2+247.4MJ/kmol$$
$$CO_2+4H_2=CH_4+2H_2O+165.4MJ/kmol$$

4. 煤炭气化工艺

煤炭气化工艺可按压力、气化剂、气化过程供热方式等分类，常用的是按气化炉内煤料与气化剂的接触方式分类，主要有以下几种。

(1)固定床气化。在气化过程中，煤由气化炉顶部加入，气化剂由气化炉底部加入，煤料与气化剂逆流接触。相对于气体的上升速度而言，煤料下降速度很慢，甚至可视为固定不动，因此称之为"固定床气化"；而实际上，煤料在气化过程中是以很慢的速度向下移动的，因此称之为"移动床气化"。

(2)流化床气化。以粒度为 0～10mm 的小颗粒煤为气化原料，在气化炉内使其悬浮分散在垂直上升的气流中，煤粒在沸腾状态进行气化反应，从而使得煤料层内温度均一，易于控制，提高气化效率。

(3)气流床气化。它是一种并流气化，用气化剂将粒度小于 $100\mu m$ 的煤粉带入气化炉内，也可将煤粉先制成水煤浆，然后用泵打入气化炉内。煤料在高于其灰熔点的温度下与气化剂发生燃烧反应和气化反应，灰渣以液态形式排出气化炉。

(4)熔浴床气化。将粉煤和气化剂以切线方向高速喷入一温度较高且高度稳定的熔池内，把一部分动能传给熔渣，使池内熔融物做螺旋状的旋转运动并气化。此气化工艺已不再发展。

以上均为地面气化工艺，另外还有地下气化工艺。

5. 煤炭气化应用领域

煤炭气化技术广泛应用于下列领域。

(1)工业燃气。工业燃气一般是热值为 1100～1350 千卡/Nm^3(1 千卡≈4185J)的煤气，使用常压固定床气化炉、流化床气化炉均可制得。工业燃气主要用于钢铁、机械、卫生、建材、轻纺、食品等部门，用于加热各种炉、窑，或直接加热产品或半成品。

(2)民用煤气。一般民用煤气的热值为 3000～3500 千卡/Nm^3，要求 CO 含量小于 10%，除用焦炉生产煤气外，也可通过直接气化得到，常采用鲁奇炉生产煤气。与直接燃煤相比，民用煤气不仅可以明显提高用煤效率和减轻环境污染，而且可以极大地方便人们生活，具有良好的社会效益与环境效益。出于安全、环保及经济等因素的考虑，要求民用煤气中 H_2、CH_4 及其他烃类等可燃气体含量尽量高，以提高煤气的热值；因 CO 有毒，故其含量应尽量低。

(3)合成原料气。早在第二次世界大战时，德国等就采用费托工艺(Fischer-Tropsch)合成航空燃料油。随着合成气化工和碳一化学技术的发展，以煤气化制取合成气，进而直接合成各种化学品的路线已经成为现代煤化工的基础，主要包括合成氨、合成甲烷、合成甲醇、合成醋酐、合成二甲醚以及合成液体燃料等。

化工合成气对热值要求不高，主要对煤气中的 CO、H_2 等成分含量有要求，一般德士古气化炉、Shell 气化炉较为常用。目前，我国合成氨联产甲醇产量的 50% 以上来自煤炭气化合成工艺。

(4)冶金还原气。煤气中的 CO 和 H_2 具有很强的还原作用。在冶金工业中，利用还原气可直接将铁矿石还原成海绵铁；在有色金属工业中，镍、铜、钨、镁等金属氧化物也可用还原气来冶炼。因此，冶金还原气对煤气中的 CO 含量有要求。

(5) 联合循环发电燃气。整体煤气化联合循环发电（简称 IGCC）是指煤在加压下气化，产生的煤气经净化后燃烧，高温烟气驱动燃气轮机发电，再利用烟气余热产生高压过热蒸汽驱动蒸汽轮机发电。用于 IGCC 的煤气，对热值要求不高，但对煤气净化度如粉尘及硫化物含量的要求很高。与 IGCC 配套的煤气化一般采用固定床加压气化（鲁奇炉）、气流床气化（气化炉）、加压气流（Shell 气化炉）、加压流化床气化等工艺，煤气热值为 2200～2500 千卡/Nm^3。

(6) 燃料电池。燃料电池是指由 H_2、天然气或煤气等燃料（化学能）通过电化学反应直接转化为电的电池。煤炭气化燃料电池主要有磷酸盐型（PAFC）、熔融碳酸盐型（MCFC）、固体氧化物型（SOFC）等。它们与高效煤气化结合的发电技术就是 IG-MCFC 和 IG-SOFC，其发电效率可达 53%。

(7) 生产氢气。氢气广泛地应用于电子、冶金、玻璃生产、化工合成、航空航天、煤炭直接液化及氢能电池等领域，世界上 96% 的氢气来源于化石燃料的转化。煤炭气化制氢起着很重要的作用，一般是将煤炭转化成 CO 和 H_2，然后通过变换反应将 CO 转换成 H_2 和 H_2O，将富氢气体经过低温分离或变压吸附及膜分离技术处理，从而获得氢气。

(8) 煤炭液化的气源。不论煤炭是直接液化还是间接液化，都离不开煤炭气化。煤炭液化需要煤炭气化制氢，而可选的煤炭气化工艺同样包括固定床加压 Lurgi 气化、加压流化床气化和加压气流床气化等工艺。

三、水力采煤

1. 水力采煤简介

在井下用水射流击碎煤体或兼用水力运输提升，称为"水力采煤"，简称"水采"。

2. 水力采煤特点

水力采煤法用水射流进行落煤、运煤，人员无须进入工作面，从而发展了柱式采煤法的优点，消除了工作面支护、顶板管理和装运作业工序，使采煤作业工序简化。同时，水力运、提可使矿井装、运、提升等作业实现集中化，简化了矿井生产环节。

优点：机械化程度较高，易于自动化；空气的含尘量低，生产比较安全可靠，事故率和伤亡率较旱采矿井低；一套生产系统的生产能力较大，常在 30 万吨/年以上，其成本和效率指标也较旱采为优；一套水采区生产系统的初期投资低于综采采区；对地质构造的适应能力较强，和地面洗煤系统配套生产，效果较好。

缺点：通风系统不完善；回采率低，只有 60% 左右；仅适用于中等稳定以上的直接顶板，适用范围较窄；巷道掘进率高，准备工作量大；吨煤电耗和粉煤率较高，辅助运输的机械化程度较低。

3. 适用条件

当前，水力采煤法的主要适用条件为：煤层厚 1～8m、倾角超过 6°、顶底板较好、瓦斯不大的软或中硬煤层。在大倾角或不规则煤层中，水采的效果优于传统采煤方法。水采同综采一样，受到各国重视。当前，各国主要致力于试验液压遥控式、程序自控式和高压脉冲式等新型自移水枪和大直径水力钻机，试验超高压细射流与综采相结合的采煤工艺，以及研究水采地压规律和改进水力采煤方法。

4. 水采生产系统

LW型水枪是最常用的水力落煤工具,水枪由高压泵供水。水枪喷出的高速射流冲击并破碎煤体。碎落的煤体与水混合成煤浆,回流入巷道中的溜槽,并汇集于采区或矿井的煤水仓。煤浆用煤水泵或其他方式输送到地面脱水车间或选煤厂,经处理后,将煤外运,水澄清后复用。水枪靠人力或液控系统操纵,枪筒可作垂直和水平旋转,使射流冲击指定地点。

水枪工作压力是指水枪喷嘴出口处的水压。工作压力必须超过一定的数值,才能使射流有明显的破煤效果。煤质越软、脆,裂隙越发育,所需的工作压力也就越低。低于 30kgf/cm 的低压射流只能冲运松软的煤或砂土;30～500kgf/cm 的中高压射流可以破碎煤和较软的页岩;高于 500kgf/cm 的超高压射流则可在煤岩中截缝或钻孔。目前,水力采煤所用的工作压力一般为 60～150kgf/cm。水枪射程是指喷嘴至煤壁的距离。射程超过一定值后,冲击压力和射流破煤能力(也称"水枪生产能力")均随射程的增大而衰减;喷嘴直径越大,衰减越缓慢。

射流破煤能力开始急剧降低时的射程称为"有效射程"。现用水枪的有效射程一般为 15～20m。水枪的最大实际工作射程应小于有效射程。提高水压,增大喷嘴直径,能增大有效射程。我国常采用供水泵向一个喷嘴集中供水,以求尽量增大喷嘴直径,改善落煤效果。但喷嘴直径过大,将使水泵的工作状况点不合理而造成不利后果。我国常用的喷嘴直径为 19～30mm(加拿大为 38mm)。水采的供水泵通常为分级离心泵。我国现用 GZ、GD 泵的额定流量为 270～300m/h,泵压为 42～120kgf/cm,串联时最高泵压可达 210kgf/cm,性能优良。

5. 采煤方法

水力采煤常用倾斜短柱式(漏斗式)和走向短柱式(小阶段式)采煤方法。

(1)倾斜短柱式。在区段中,自区段运输巷沿仰斜方向开掘间距为 15～25m 的回采眼;然后用设于回采眼中的水枪分垛下行后退,回采其两侧的煤垛。水枪设在采垛下方;回采巷(或称"回采眼")除采用巷道支护外,还设有保护水枪支架,采完煤垛后,即拆移水枪,回收支架,采空区的顶板则任其自然垮落。

(2)走向短柱式。在区段中,由分段上山开掘坡度为 57%、间距为 10～18m 的回采巷;然后用设于回采巷中的水枪分垛后退,回采其上帮的采垛。巷道支护、移枪、回收支架等与上法相似。新鲜风流清洗工作面后,经采空区窜流到回风巷排走。如风量不足,可增设局扇。区段内通常布置有 2～3 个生产工作面,交错采煤,只保持单台水枪进行冲采工作。生产工作面间的错距视安全条件和地压情况而异,一般为 15～30m。当地压大、巷道维护困难时,错距可缩小为 6～12m。

回采巷间距和移枪步距直接决定着采垛面积和水枪最大工作射程。在确定采垛参数时,应使最大工作射程不超过有效射程,并且使采垛面积小于其顶板允许悬露面积。水采方法的回采巷处于采动的叠加应力区,一般较难维护。适当增大回采巷的间距有利于减小掘进和维护的工作量。因此,常用移枪步距为 3～6m,回采巷的间距则扩大为 12m 以上。另外,在开采周期来压(见长壁工作面地压)明显、回采巷道不易维护的煤层,常用几个采区交替作业。

和走向短柱式采煤法相比,倾斜短柱式采煤法的掘进率较低,落煤效果较好;但当煤层厚、倾角大时,有自采空区下窜矸石的危险,回采巷中煤水也易溅出溜槽伤人。此外,该法对地质变化的适应能力不如走向短柱式,一般限用于倾角小于15°、层厚为1.5~4.5m的煤层。其他煤层用走向短柱式采煤法。

走向短柱式采煤法在开掘回采巷时需同时保证其坡度和间距。如煤层倾角较小,回采巷较长或遇有地质变化时,往往难以保证其合理间距。采用增开间距为60~100m的分段上山,可解决此问题,并有助于改善采掘接续作业。

【任务实施】

任务 "三下一上"开采技术分析

一、"三下"开采技术分析

(一)条带开采

条带开采是目前国内建筑物下采煤地表沉陷控制的主要技术途径,应用最为广泛。条带开采的原理是把要开采的煤层划分成比较正规的条带进行开采,采一条,留一条,利用保留的条带煤柱支撑上覆岩层,从而减少覆岩沉陷,控制地表的移动和变形,达到保护地面的目的。

1. 条带开采的类型

根据条带开采的布置方式,条带开采可分为走向条带开采、倾斜条带开采和伪斜条带开采3种。

(1)走向条带开采的条带长轴方向沿煤层走向布置,多用于水平或缓倾斜煤层。当煤层倾角较大时,走向条带煤柱稳定性差。它的优点是工作面搬家次数少,工作面推进长度大。

(2)倾斜条带开采的条带长轴方向沿煤层倾斜方向布置,多用于倾斜煤层。它的优点是煤柱的稳定性较好,适应性强,应用较广泛;缺点是工作面搬家次数频繁。

(3)伪斜条带开采即条带长轴方向与煤层走向斜交,多用于倾角大于35°的煤层。

2. 优缺点及适用条件

条带开采与一般长壁式采煤法相比,有采出率低、掘进率高、采煤工作面搬家次数多等缺点,但它的突出优点是开采后引起的围岩移动量小、地表沉陷小。条带开采法适合于以下条件的采煤:

(1)密集建筑群、结构复杂建筑物或纪念性建筑物下采煤。

(2)难以搬迁或无处搬迁的村庄压煤。

(3)铁路桥梁、隧道或铁路干线下采煤。

(4)水体下采煤以及受岩溶承压水威胁的煤层开采。

(5)地面排水困难、高潜水位矿区。

(6)煤层埋藏深度在400~500m以内,单一煤层,厚度比较稳定,顶底板岩层和煤层较硬,断层少。

(7)邻近采区的开采不影响煤柱的稳定性。

3. 条带开采技术措施及注意事项

(1)由于可能存在不可预见的因素,为防止发生意外,建筑物下采煤应该经过试采,并建立观测站定期观测,然后根据地表移动情况决定下一步的开采计划。

(2)在条带开采中,应该严格控制开采宽度,不得随意缩小保留煤柱尺寸,以避免减少条带煤柱的有效支撑面积,使得煤柱安全性降低,地表下沉系数增大。

(3)尽量不在条带煤柱中穿切巷道,以免破坏条带煤柱的完整性,从而降低条带煤柱的整体强度和稳定性。在钻孔爆破时,应尽量减少对条带煤柱的影响,以免使节理裂隙扩展或煤柱片帮。

(4)当采用条带开采方法时,地表移动期显著缩短,条带采完以后,地表移动期将很快趋于稳定。逐条开采时,为了不使条带在预定盆地底部形成短期盆地边缘,应当保持连续开采,尽量不使采掘失调。

(5)当采用条带开采方法时,要控制开采厚度,即使遇到局部煤层变厚的情况,最大开采厚度也要控制在4m以内。

(二)充填开采

充填法管理顶板是减少地表下沉值的有效措施之一,是在煤层开采过程中向工作面后方采空区内充填水砂、矸石或粉煤灰等充填材料以支撑上覆岩层的顶板管理方法,按充填方式可分为水力(砂)充填、风力充填、机械充填、矸石自溜充填、带状充填等。其中,效果最好的是水砂充填,其次是风力充填和矸石自溜充填。国外在重要建筑物下开采时,也曾采用混凝土充填。煤矿充填开采技术主要有采空区充填技术、离层区注浆充填技术和冒落区注浆技术。下面重点介绍离层(区)注浆充填技术。

覆岩离层注浆充填技术是利用矿层开采后覆岩层裂过程中形成的离层空间,借助高压注浆泵,从地面通过钻孔向离层空间注入充填材料,占据空间,减少采出空间向上的传递,支撑离层上位岩层,减缓岩层的进一步弯曲下沉,从而达到减缓地面下沉的目的。该技术是近年来才开发研究出来的。研究发现,地下煤层开采以后,在传统的冒落带、裂隙带和弯曲下沉带"三带"中,在裂隙带和弯曲下沉带之间,在一定的地层结构条件下,存在着沿地层界面发展的离层带。离层带的发展高度与开采煤层的距离为采深的50%~70%,且其发展的充分度和具体位置与开采方法和工作面长度、推进速度、位置等紧密相关。经验表明,在工作面前进方向的后方15~20m处离层发展最为充分。

二、承压水体上开采技术分析

1. 深降强排

采用疏水井巷、疏水钻孔时,将含水层水位降低至开采水平以下的难度大,但可以适当降低水位标高,以保证安全开采。由于疏水工程量大、设备多、耗电量大、投资大,因此,若井田内有奥灰水、水量大且补给充足,则难以采取深降强排方案。

2. 外截内排

先采用帷幕注浆,截堵补给水源,再疏干降压,将承压水水位降至开采水平以下。要求水文地质条件清楚,补给径流集中,帷幕截流工程易施工。

3. 带压开采

在开采过程中,利用隔水层的阻力,防止底板突水。承压水水位高于开采水平,底板要有足够的强度,能承受承压水的压力。带压开采方案比较经济,但要探明水文地质条件,进行论证,并采取安全措施。

模块四 采煤方法

4. 综合治理、带压开采

在带压开采前,堵截地下水补给水源,并进行疏水降压。开采期间可以对部分低阻异常区进行底板改造,增加隔水层厚度,保证正常、安全开采。该方案既安全又经济。

根据以上方案对比,综合治理、带压开采方案较为可行。

【考核评价】

序号	考核内容	考核项目	配分	评价标准	得分
1	"三下一上"开采技术、煤炭气化	建筑物下采煤技术	25	正确分析建筑物下采煤技术	
2		铁路下采煤技术	25	正确分析铁路下采煤技术	
3		地面水体下采煤技术	25	正确分析地面水体下采煤技术	
4		煤炭气化开采技术	25	正确分析煤炭气化开采技术	
		合计			

【课后自测】

1. 什么是"三下一上"开采?
2. 什么是冒落带、裂缝带和弯曲下沉带?
3. 什么是充分采动和非充分采动?
4. 什么是地表移动盆地?
5. 简述煤炭气化开采技术。

模块五　矿山压力及其控制

课题一　矿山压力基础知识

【应知目标】
- □矿山压力、矿压显现、矿压控制的含义
- □矿山岩体的原岩应力及其重新分布规律
- □基本顶的初次来压和周期来压
- □采煤工作面周围的支承压力及其分布

【应会目标】
- □能正确阐述矿山压力、矿压显现和矿压控制三者之间的区别与联系
- □能正确阐述矿山岩体的原岩应力及其重新分布规律
- □能正确分析基本顶初次来压和周期来压
- □能正确分析采煤工作面周围的支承压力及其分布规律

【任务引入】

地下煤岩体经开挖后,会破坏原始应力平衡状态,引起岩体内部应力重新分布,在巷道围岩内形成压力,在此压力的作用下,煤岩体会出现变形、破坏和塌落,支护物也会出现变形、破坏和折损。在大多数情况下,矿压会对采矿工程活动造成不同程度的危害。因此,我们必须了解矿山压力的基础知识。

【任务描述】

通过本课题的学习,要掌握矿山压力、矿压显现以及矿压控制的基本含义,掌握矿山岩体的原岩应力及其重新分布规律,会分析基本顶初次来压和周期来压形成的原因,会分析采煤工作面周围的支承压力及其分布规律。

【相关知识】

一、矿山压力的概念

1. 矿山压力概念

由于地下采掘活动影响而引起的岩层作用在井巷、硐室和工作面周围煤岩体中以及支护物上各种力的总称即矿山压力,简称"矿压"。如顶板对支架、煤壁、采空区充填物的压力,上位岩层对下位岩层的压力,底板的反作用力等。

2. 矿山压力显现

在矿山压力作用下,围岩及支护物呈现的各种力学现象,称为"矿山压力显现",简称"矿压显现"。如顶板下沉、支架变形与折损、冒顶、煤壁片帮、底鼓、支柱插入底板、充填物被压

实、地表塌陷等现象。

3. 矿山压力控制

人为地调节、改变和利用矿压作用的各种技术措施,称为"矿山压力控制",简称"矿压控制"。

二、矿山岩体的原岩应力及其重新分布

地壳中没有受到人类工程活动(如矿井中开掘巷道等)影响的岩体称为"原岩体",简称"原岩"。天然存在于原岩内而与人为因素无关的应力场称为"原岩应力场"。在地层中未受工程扰动的天然应力称为"原岩应力"。

1. 自重应力

设岩体为半无限体,地面为水平面,在距地表深度为 H 处,任意取一单元体(图5-1),作用于其上的应力为 σ_z,σ_y,σ_x,形成岩体单元的自重应力状态。

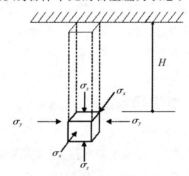

图 5-1 岩体单元体所在位置及其应力状态

单元体上所受的垂直应力 σ_z 等于单元体上覆岩层的重量。

$$\sigma_z = \gamma H \tag{5-1}$$

式中:γ——上覆岩层的平均重力密度,kN/m³;

H——单元体距离地表的深度,m。

在均匀岩体内,岩体的自重应力状态为

$$\left.\begin{array}{l} \sigma_z = \gamma H \\ \sigma_x = \sigma_y = \lambda \sigma_z \\ \tau_{xy} = 0 \end{array}\right\} \tag{5-2}$$

式中 λ 为常数,称为"侧压力系数"。在岩体自重应力场内,垂直应力 σ_z 和水平应力 σ_x、σ_y 都是主应力。

2. 构造应力

构造应力是指由地壳构造运动在岩体中引起的应力。任何一种地质构造形迹都反映着构造应力的作用。地质构造运动结束后,岩体中往往遗留一部分残余构造应力。构造应力在空间上的分布状态有一定规律。

构造应力的特点:

(1)以水平方向为主。

(2)主应力的大小和方向可能有很大变化。

(3)水平应力大于垂直应力,即:

$$\sigma_{H_{\max}} > \sigma_{H_{\min}} > \sigma_V$$

式中：$\sigma_{H_{max}}$——天然最大水平应力；

　　　$\sigma_{H_{min}}$——天然最小水平应力；

　　　σ_V——天然垂直应力。

(4)在坚硬岩层中普遍存在，在软岩中却很少出现。

3. 原岩应力分布的基本规律

(1)实测垂直应力基本上等于上覆岩层重量。

(2)水平应力普遍大于垂直应力。

平均水平应力(σ_{Hav})与垂直应力 σ_V 的比值 λ 是表征地区原岩应力场特征的指标，该值随深度增加而减小。但在不同地区，变化的速度不相同。霍克和布朗用回归列出下列公式，表示比值的变化范围：

$$\frac{100}{H}+0.3 \leqslant \frac{\sigma_{Hav}}{\sigma_V} \leqslant \frac{1500}{H}+0.5 \tag{5-3}$$

(3)平均水平应力与垂直应力的比值随深度增加而减小。最大水平主应力和最小水平主应力一般数值相差较大，最小水平主应力和最大水平主应力之比 $\sigma_{H_{min}}/\sigma_{H_{max}}$ 一般为 0.2～0.8，多数情况下为 0.4～0.8。

三、采场矿压显现基本规律

1. 基本顶的初次垮落与初次来压

(1)随着采煤工作面继续推进，直接顶不断垮落，基本顶悬露跨度逐渐增大并产生弯曲，当达到极限跨度时，基本顶将出现断裂，进而发生垮落。基本顶的第一次垮落称为"基本顶初次垮落"。由基本顶第一次失稳而产生的工作面顶板来压，称为"基本顶的初次来压"。

(2)基本顶初次来压步距是指基本顶初次垮落时，工作面切顶线距开切眼的距离，一般为 20～35m，有时可达 70m，悬露面积可达上万平方米。

(3)矿压显现特征表现为工作面顶板下沉量和下沉速度急增、煤壁片帮严重、顶板裂缝或掉渣、支架载荷迅速提高等，其影响一般持续 2～3 天。

2. 基本顶的周期来压

随着回采工作面的推进，在基本顶初次来压之后，裂隙带岩层形成的结构将始终经历"稳定—失稳—再稳定"的变化。这种变化将呈现周而复始的过程。由于裂隙带岩层周期性失稳而引起的顶板来压现象，称为"周期来压"。

矿压显现特征表现为顶板下沉量增大，下沉速度急增，支架载荷普遍增加，引起煤壁片帮和支架折损，顶板发生台阶下沉、推倒支架、冒顶等现象，延续时间由数小时至 2～3 天。

采取措施：加强矿压观测，掌握来压预兆、步距和强度，进行矿压预报，加强支护；架设双排密集支柱、木垛和丛柱；采用小进度多循环、加快推进速度、强制放顶等措施。

周期来压步距是指两次周期来压(垮落)之间的距离，或指在来压期间工作面推进的距离。周期来压步距的范围为 6～30m，一般为 10～15m。

四、采煤工作面周围的支承压力及其分布

1. 采煤工作面前后方的支承压力

采掘空间附近应力增高区内的应力称为"支承压力"。采煤工作面的前方煤体内，支承压力的分布范围通常从工作面前方 1～3m 处开始，直到 30～40m，有时甚至在距煤壁约

100m 时即开始变形,最大应力的位置距煤壁 5～15m。应力集中系数 K 为支承压力与原岩应力的比值,其变化范围为 1.25～5.00。

采煤工作面前后方支承压力分布形态如图 5-2 所示,可将其分为应力降低区、应力增高区(支承压力区)和应力不变区(原岩应力区)。

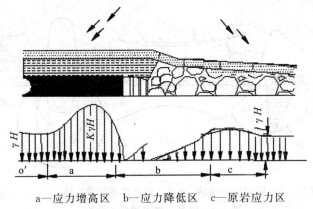

a—应力增高区 　b—应力降低区 　c—原岩应力区

图 5-2　采煤工作面前后方支承压力分布

其分布特点是:

(1)采煤工作面前方煤壁一端几乎支承着采煤工作空间上方裂隙带及其上覆岩层大部分重量,即工作面前方支承压力远比工作面后方支承压力大。

(2)由于工作面煤壁及采空区垮落带是随着时间向前移动的,因此,工作面前后方支承压力带也随着时间向前移动。

(3)由于裂隙带内形成了以煤壁及采空区垮落带为前后支承点的拱式平衡结构,所以,采煤工作面空间是处于减压带范围内的。

2.采煤工作面两侧支承压力分布

随着采煤工作面的推进,除在工作面前后方产生支承压力区外,在采空区两侧煤柱或煤体中也将产生支承压力区(图 5-3)。这种支承压力在采空区上方岩层冒落稳定后逐渐趋于固定值。当工作面两端煤柱或煤体不足以抵抗此支承压力时,煤帮或煤柱将产生变形或破坏。

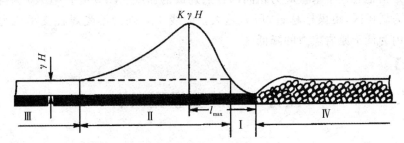

Ⅰ—卸载带　Ⅱ—支承压力带　Ⅲ—原岩应力带　Ⅳ—采后应力稳定带　l_{max}—峰值位置

图 5-3　采煤工作面左右两侧支承压力分布

其分布特点是:

(1)其影响区并不在煤体边缘,而是位于与煤体边缘有一定距离的地带。

(2)其边缘处于应力降低区,支承压力低于原岩应力。

(3)合理滞后时间为 3 个月至 1 年。

3. 支承压力在煤层底板中的分布

采煤工作面采动后，承受支承压力的煤柱或煤体将把支承压力传递给底板。底板内各点的应力与施力点的距离成反比，即随底板岩层与煤柱之间垂直距离的增加而迅速减小。同时，应力以受载中心为最大，向煤柱外侧呈一定角度扩展，在边缘处迅速减小（图5-4）。

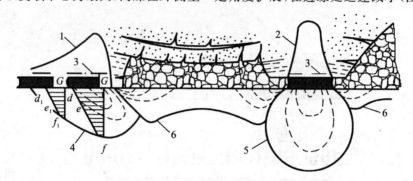

1、2—支承应力曲线　3—原岩应力曲线　4、5—应力增高区警戒线　6—应力降低区警戒线

图 5-4　底板岩层内的应力分布

其分布特点是：

(1) 底板内各点的应力与施力点的距离成反比，即随底板岩层与煤柱之间垂直距离的增加而迅速减小。

(2) 应力以受载中心为最大，向煤柱外侧呈一定角度扩展，在边缘处迅速减小。

(3) 底板内压应力与煤柱上方的支承压力成正比，即煤柱两侧采动产生支承压力叠加，引起的传递深度和应力值均比单侧采动时大得多。

(4) 随着煤柱宽度的减小，其传递深度和应力值将显著增大。

(5) 若底板岩层坚硬，则传递的应力迅速减小，但向煤柱外侧的扩展角度增大。松软岩层内的传递深度比坚硬岩层内的传递深度大得多。

(6) 支承压力的大小与煤层倾角、厚度、埋深等密切相关。

等压线是指把底板中垂直应力相同的各点连成的曲线。图5-4中4、5、6为等压线。曲线4、5以内为增压区，距煤柱越近，压力越大。曲线4、5外为不受煤柱支承压力影响的区域。曲线6内为低于原岩应力的降低区。

【任务实施】

任务一　矿压显现识别

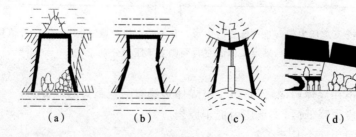

(a)　　　(b)　　　(c)　　　(d)

图 5-5

模块五 矿山压力及其控制

正确识别上图 5-5 中(a)、(b)、(c)、(d)矿压显现形式。
(a)图：_____ (b)图：_____
(c)图：_____ (d)图：_____

任务二　基本顶初次来压和周期来压过程分析

结合本课题所学知识，正确分析基本顶初次来压和周期来压过程。

基本顶初次来压过程：_____
_____
_____

基本顶周期来压过程：_____
_____
_____

【考核评价】

序号	考核内容	考核项目	配分	评价标准	得分
1	矿山压力基础知识	矿山压力基本概念	25	正确阐述矿山压力的概念	
2		初次来压和周期来压	25	正确分析初次来压和周期来压形成过程	
3		支承压力及其分布规律	25	正确分析支承压力及其分布规律	
4		原岩应力及其分布规律	25	正确分析原岩应力及其分布规律	
合计					

【课后自测】

1. 什么是矿山压力、矿压显现和矿压控制？
2. 什么是初次来压和初次来压步距？
3. 什么是周期来压和周期来压步距？
4. 什么是支承压力？
5. 简述采煤工作面周围的支承压力及其分布规律。
6. 什么是原岩应力？主要由哪几部分组成？

课题二　矿山压力控制

【应知目标】
☐ 巷道围岩控制原理和方法
☐ 巷道维护原理和支护技术
☐ 单体工作面顶板控制技术
☐ 综采工作面顶板控制技术

【应会目标】
☐ 能正确阐述巷道围岩控制原理和方法

□能正确阐述无煤柱护巷卸压原理及主要途径
□能正确阐述巷道围岩卸压措施及原理
□会进行单体工作面顶板控制设计
□会进行综采工作面顶板控制设计

【任务引入】

矿山压力会导致巷道围岩出现变形、移动和破坏,也会导致采煤工作面出现压力增大和冒顶事故,给煤矿安全生产带来威胁,因此,必须采取措施控制巷道压力和采煤工作面顶板压力。那么,我们能够采取哪些措施来控制巷道和采煤工作面矿山压力呢?本课题将重点讨论巷道和采煤工作面矿压控制。

【任务描述】

通过本课题的学习,能正确阐述巷道围岩控制原理和方法,无煤柱护巷卸压原理及主要途径,巷道围岩卸压措施及原理;会进行单体工作面顶板控制设计和综采工作面顶板控制设计。

【相关知识】

一、巷道压力控制

(一)巷道围岩控制原理和方法

1. 巷道围岩控制原理

降低围岩应力,增加围岩强度,改善围岩受力条件和赋存环境,有效地控制围岩的变形和破坏。

2. 巷道布置

(1)在时间和空间上尽量避开采掘活动的影响,最好将巷道布置在煤层开采后所形成的应力稳定区域内。

(2)如果不能避开回采引起的支承压力的影响,应尽量避免支承压力叠加的强烈作用,或者尽量缩短支承压力影响时间,例如跨越巷道开采,避免在遗留煤柱下方布置巷道等。

(3)在井巷开采允许的距离范围内,应选择稳定的岩层或煤层布置巷道,尽量避免水与松软膨胀岩层直接接触。

(4)当巷道通过地质构造带时,巷道轴向应尽量垂直于断层构造带或向、背斜构造。

(5)相邻巷道或硐室之间应选择合理的岩柱宽度。

(6)巷道的轴线方向尽可能与构造应力方向平行,避免与构造应力方向垂直。

3. 巷道保护及支护

巷道的保护及支护措施可以归纳为以下几点:

(1)通过在巷道围岩中钻孔卸压、切槽卸压、宽面掘巷卸压以及在巷旁留专门的卸压空间等,将本该作用于巷道周围的集中载荷转移到离巷道较远的新支承区,达到降低围岩应力的目的。

(2)采用围岩钻孔注浆、锚杆支护、锚索支护、巷道周边喷浆、支架壁后充填、围岩疏干封闭等方法,提高围岩强度,优化围岩受力条件和赋存环境。

模块五　矿山压力及其控制

(3)架设支架对围岩施加径向力,既能支撑松动塌落岩石,又能增加巷道的强度,保持围岩三向受力状态,提高围岩强度,限制塑性变形区和破裂区的发展。

(二)巷道维护原理和支护技术

1.无煤柱护巷

(1)沿空掘巷。

①沿空掘巷的围岩应力和围岩变形。如图5-6所示。

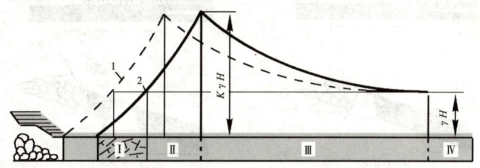

1—掘巷前的应力分布　2—掘巷后的应力分布
Ⅰ—破裂区　Ⅱ—塑性区　Ⅲ—弹性区　Ⅳ—原岩应力增高部分

图5-6　沿空掘巷引起煤帮应力重新分布

②窄煤柱巷道的围岩应力和围岩变形。窄煤柱巷道是指巷道与采空区之间保留5~8m宽煤柱的巷道。在巷道掘进前,采空区附近沿倾斜方向煤体内的应力分布如图5-7中1所示;掘巷后的应力分布如图5-7中2所示。

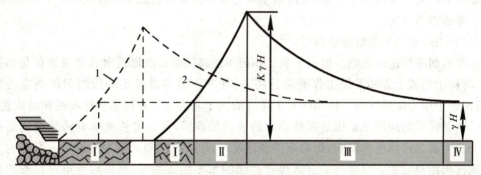

1—掘巷前的应力分布　2—掘巷后的应力分布
Ⅰ—破裂区　Ⅱ—塑性区　Ⅲ—弹性区　Ⅳ—原岩应力增高部分

图5-7　窄煤柱护巷引起煤帮应力重新分布

③沿空掘巷方式。沿空掘巷是指沿上区段运输巷靠近煤体边缘掘下区段回风巷,按巷道具体布置位置可分为完全沿空掘巷、留小煤墙沿空掘巷及保留老巷部分断面的沿空掘巷。

(2)沿空留巷。沿空留巷是指在工作面采煤后,沿采空区边缘维护的为下一个工作面使用的原回采巷道。上工作面回采后,采用一定的技术手段,将上一区段的运输(下)顺槽重新支护,留给下一个工作面的回风(上)顺槽使用。

巷旁支护是指在巷道断面范围以外,与采区交界处架设的一些特殊类型的支架或人工构筑物。

①巷旁支护的作用。控制直接顶的离层并及时切断直接顶板,使垮落矸石在采空区内充填支撑老顶,减少上覆岩层的弯曲下沉。减少巷内支护所承受的载荷,保持巷道围岩稳定。同时,为了生产安全,及时封闭采空区,防止漏风和煤炭自燃发火,避免采空区内有毒有害气体逸出。

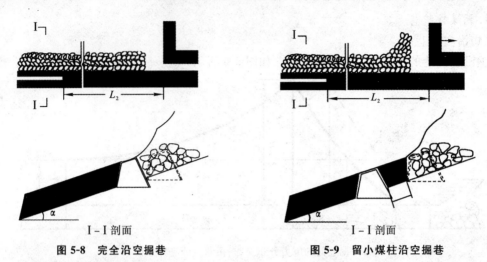

图 5-8　完全沿空掘巷　　　　　　图 5-9　留小煤柱沿空掘巷

②巷旁支护的类型和适用条件。巷旁支护有木垛支护、密集支柱支护、矸石带支护、混凝土砌块支护和整体浇注巷旁充填等方式。除整体浇注巷旁充填外,其他方式有以下缺点:增阻速度慢、支承能力小、密封性能差、木材消耗多和机械化程度不高。

③整体浇注巷旁充填技术。整体浇注巷旁充填技术具有增阻速度快、支承能力大、密封性能好和机械化程度高等优点,使发展沿空留巷技术的关键问题得到解决。

2. 巷道围岩卸压

(1)利用跨巷回采进行巷道卸压。

①跨巷回采卸压的机理。根据采煤工作面不断移动的特点以及对巷道系统优化布置的原则,将位于巷道上方的采煤工作面进行跨采,使其下方巷道经历一段时间的高应力作用后,长期处于应力降低区内。跨采的效果主要取决于巷道与上方跨采工作面的相对位置。

②跨巷回采的应用及矿压显现规律。跨巷回采期间,巷道将依次受到跨采面的超前支承压力和上覆岩层垮落的影响,影响范围和程度与开采深度、围岩的力学性质及巷道与开采煤层的法向距离有关。只要与采空区煤壁边缘的水平距离适当,跨采后巷道可以长期处于应力降低区。

(2)巷道围岩开槽卸压及松动卸压。利用钻孔卸压和切槽卸压在巷道周围形成槽孔。

①钻孔卸压。试验表明,钻孔卸压可减少围岩变形 40% 以上。通常采用的钻孔直径为 150~350mm,孔深为 6~10m(大于巷宽),孔间煤柱为 200~300mm(以略小于孔径为宜)。

图 5-10　钻孔卸压示意图

②切槽卸压。通常采用截煤机在严重底鼓的巷道底板开槽,来减小巷道底鼓量。槽宽范围:硬岩 200～300mm;软岩大于 300mm。槽深达到巷道宽度。

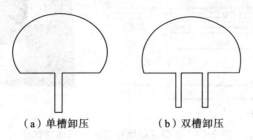

(a)单槽卸压　　　　(b)双槽卸压

图 5-11　利用垂直切槽进行卸压示意图

(3)利用卸压巷硐进行巷道卸压。利用卸压巷硐进行巷道卸压的实质是,在被保护的巷道附近(通常是在其上部、一侧或两侧),开掘专门用于卸压的巷道或硐室。转移附近煤层开采的采动影响,促使采动引起的应力重新分布,最终使被保护巷道处于开掘卸压巷硐而形成的应力降低区内。

①在巷道一侧布置卸压巷硐。在护巷煤柱中,与巷道间隔一段距离掘一条卸压巷道,形成的窄煤柱称为"让压煤柱",宽煤柱称为"承载煤柱"。

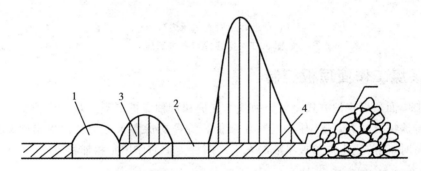

1—被保护巷道　2—卸压巷道　3—让压煤柱　4—承载煤柱
图 5-12　巷道一侧卸压巷硐的卸压原理

②在巷道顶部布置卸压巷硐。

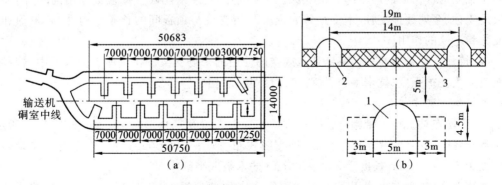

1—输送机硐室　2—卸压巷道　3—松动爆破区
图 5-13　胶带输送机硐室顶部卸压

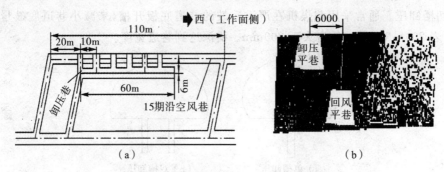

图 5-14 本煤层沿顶板布置卸压巷道卸压

(4)宽面掘巷卸压。宽面掘巷卸压通常用于薄煤层的巷道,在巷道掘进时,把巷道两侧6~8m宽的煤采出,将掘巷过程中挑顶、卧底的矸石充填到巷道两侧采出的空间。

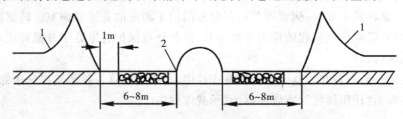

1—宽巷(面)掘进卸压后支承压力分布 2—侧巷

图 5-15 宽巷(面)掘进卸压

二、采煤工作面顶板控制

采煤工作面顶板支护方式一般分为基本支护和特种支护2类。基本支护要求支架在顶板不发生特殊情况时,能"支"住和"护"住顶板。特种支护要求支架在顶板出现悬顶、滑动、冲击等威胁时,能防止特殊顶板事故的发生。两种支护的作用是相辅相成的。

(一)单体工作面顶板控制

1.采场支架类型

(1)基本支架是指作为采场基本支护的支架。单体支架是指主要由顶梁(或柱帽)和支柱两个独立构件组成的简单结构的支架。支柱是指支架中能起支撑顶板作用的构件,如单体液压支柱、金属摩擦支柱、木支柱等。顶梁是指支柱与顶板间的长条形构件,起护顶和增大支架稳定性的作用。

(2)特种支架是指在采场特殊地点或空间使用的采场支架。在单体支护采场中,特种支架具有增大支护强度、抗水平力、增强稳定性、切顶、挡矸等作用。

2.单体支架支护分析

(1)带帽点柱支护。带帽点柱支护方式有矩形布置和三角形布置2种,如图5-16所示。在矩形布置时,支柱的柱距等于排距,即直线式布置;而三角形布置为交错布置。柱帽多采用厚度为50~100mm、长度为300~500mm的木板或半圆木。

适用条件:矩形布置适用于直接顶稳定或坚硬的顶板(由于带帽点柱支护的护顶性能差,故不适用于中等稳定及以下顶板)。三角形布置的适用条件略宽。

模块五 矿山压力及其控制

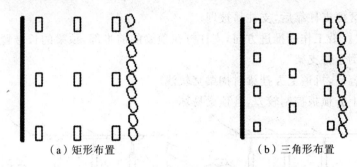

(a)矩形布置　　　　　　(b)三角形布置

图 5-16　带帽点柱支护布置方式示意图

(2)棚子支护。棚子支护有连锁棚、对接棚、对棚和单棚等布置方式。

①连锁棚布置。如图 5-17 所示,支架顶梁为木顶梁,为了增加支架的稳定性,把前后顶梁间固定连接。按连接关系又有连锁上行式、连锁下行式和连锁混合式 3 种。

适用条件:用于直接顶比较破碎的炮采工作面,同时要求顶梁上要插背板或其他背顶材料(如竹笆和荆笆等)。

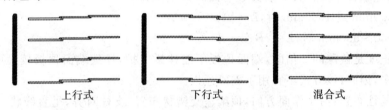

上行式　　　　　　下行式　　　　　　混合式

图 5-17　连锁棚支护布置方式示意图

②对接棚布置。对接棚布置是指棚梁端相对布置的方式,按布置方向分为走向对接棚和倾斜对接棚 2 种。

适用条件:走向对接棚用于直接顶在中等稳定以上、没有明显裂隙或有沿倾向裂隙的回采工作面;倾向对接棚用于直接顶为走向裂隙的回采工作面。

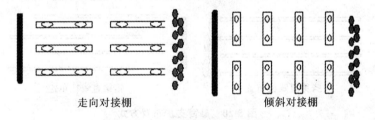

走向对接棚　　　　　　倾斜对接棚

图 5-18　对接棚布置方式示意图

(3)悬臂支护。悬臂支护是指机械化采煤工作面采用由金属支柱和金属铰接顶梁组成的一梁一柱支架的支护方式。顶梁有普通型金属铰接顶梁和 π 型钢铰接顶梁 2 种,支柱则有单体液压支柱和金属摩擦支柱 2 类。顶梁沿工作面推进方向布置,相互间铰接在一起,从梁柱关系看呈悬臂状态,故该支架称为"悬臂支架"。

①梁柱关系类型。

a.正悬臂式。沿工作面推进方向,支柱打在顶梁的后半部,顶梁长悬臂朝向煤壁,形成的支架称为"正悬臂支架",如图 5-19 所示。

优点:这种支护输送机有顶梁支护,靠近煤帮可打贴帮柱,顶板控制较好,且顶梁在采空区伸出较短,不易折断。

缺点：采空区侧支柱靠后，支柱易被埋。

b.倒悬臂式。沿工作面推进方向，支柱打在顶梁的前半部，顶梁的长悬臂朝向采空区形成的支架称为"倒悬臂支架"。

优点：回柱容易，机道上方挂梁时掏梁窝较浅。

缺点：机道上方顶板控制较差，且顶梁易坏。

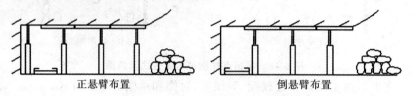

图 5-19　正悬臂和倒悬臂布置示意图

②布置方式类型。

齐梁直线柱布置：沿工作面方向，每排顶梁梁端对齐，支柱对齐，呈直线状。如图 5-20 所示，都采用正悬臂布置方式。梁长 L 与截深 B 的关系如下：

当 $B=800$ mm 或 1000 mm 时，$L=B$；

当 $B=500\sim600$ mm 时，$L=2B$。

当顶梁长度是截深的 2 倍时，端面顶板不能挂梁支护，导致端面顶板较大面积悬露，打临时柱又太多，因此，该方式不宜用于破碎顶板。

错梁直线柱布置：沿工作面方向，顶梁呈交错状布置，支柱对齐，呈直线状，如图 5-20 所示。该方式是每割一刀煤，间隔挂梁，间隔打临时柱，顶梁长度为截深的 2 倍。

错梁直线柱与齐梁直线柱比较：前者割一刀挂一半顶梁，割煤速度快；每刀挂梁打临时柱，支护顶板及时，能有效防止顶板的早期离层；回柱比较安全，但放顶线不齐，支柱的切顶性能较弱。

适用条件：齐梁直线柱用于稳定顶板，错梁直线柱用于中等稳定及以下顶板。

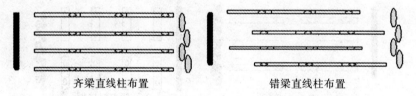

图 5-20　悬臂支护布置方式

3.特种支护

特种支护主要用来防止特殊条件下的顶板事故，它是基本支护的"加强"和"补充"。特种支护一般用于事故多发地段，即放顶线、端头、煤壁处及局部构造地段。

(1)放顶线处的特种支护。放顶线处的顶板事故一般有推垮、压垮和冲矸 3 类。就目前的支护装备水平而言，特种支护主要有戗棚(柱)、密集、墩柱、木垛、挡矸帘等。

(2)端头特种支护。工作面两端头围岩应力状态复杂，是事故多发地段和支护的重点。端头特种支护要求整体性强、抗压性能好，具体如下：

①四对八根长梁端头支护。

②十字顶梁端头支护。

③煤壁处的特种支护。主要有打贴帮柱(防止破碎顶板在机道处垮落)、背帮(防止大采高松软煤层煤帮片帮)和注浆锚杆固结煤壁或顶板(用得较少)等方式。

④全承载支护。全承载支护是指将末排回下的支柱支护到相邻前排支柱的内侧,这样既可加强后排的支护,又可保护支柱。因此,应提倡采用全承载支护方式。全承载支护也可看成一种最基本的特种支护。

⑤大倾角采场的特种支护。大倾角采场除应防止冲矸及推跨外,还应防止支柱卸载后倒柱伤人,所以应采取稳柱措施。

4. 采煤工作面控顶距的选择

(1)控顶距和基本控顶距。控顶距是指从煤壁到最后一排支柱或放顶柱的距离。随着支柱和回柱工序的进行,控顶距不断变化。根据安全生产的基本要求,采场必须至少有3硐,分别供运煤、行人和堆料用。因此,在"见四回一"的采场,基本控顶距最大为4硐,最小为3硐;在"见五回二"的采场,最大控顶距为5硐,最小为3硐,任何小于3硐的控顶距在安全方面都是不允许的。

(2)合理控顶距的确定。根据支架—围岩关系理论,当需要限制基本顶位态时,适当增加控顶距比增加支柱实际支撑能力更为有效,但要防止末排支柱被压死。若支架采取给定变形工作方案,则控顶距不宜过大,所选控顶距要用来压结束时刻采场顶板下沉量来检验。根据支架—围岩关系理论和事故发生原因分析,给出不同条件下的合理控顶距确定原则。

①当采场各方面条件无特殊要求时,一般选用3~4硐控顶,控顶距$L_k=$机(炮)道宽度$+n×$硐宽。

②复合顶初次垮落期间的控顶距。因基本顶尚未运动,复合顶与基本顶之间极易离层,控顶区支柱阻力上不去,故极易发生向采空区方向的推跨事故。为增加控顶区支柱的稳定性,根据现场经验,复合顶初次垮落期间一般采用4~5硐控顶。

③松软顶板的控顶距。松软顶板垮落容易冒入控顶区,即超前垮落(图5-21),造成后排支柱"支空"。稍受扰动,支柱将被推倒。在这种情况下,煤壁到顶板超前垮落起始点之间,至少有2硐的安全空间,考虑到一次回一硐的作业方式,最大控顶距$L_k=3×$硐宽$+M\mathrm{ctg}\theta$。

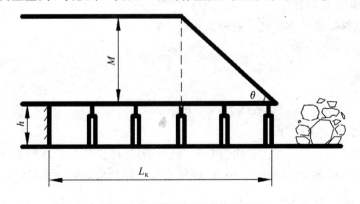

图 5-21 特破碎顶板下的控顶距

④坚硬直接顶采场的控顶距。当坚硬直接顶断缝位于放顶线附近时,若控顶距太小,则垮落的大块矸石极易冲至煤壁而发生伤亡事故。因此,这种采场控顶距确定的原则是:回柱前,煤壁到断裂线之间必须有2~3硐的安全空间,否则不准回柱。控顶距的具体大小视顶

板断裂块度确定。

⑤特别松软底板的控顶距。在遇水膨胀底板及厚煤层下分层特别松软底板的工作面，如控顶距过大，顶板来压时支柱易压入底板而压垮工作面。因此，松软底板工作面应尽可能缩小控顶距，但应以增强基本支柱的稳定及满足支护强度的要求为前提。在条件许可时，缩小碉宽可达到缩小控顶距的目的。

⑥复合顶板采场调面时的控顶距。当复合顶板（包括夹心顶板）采煤工作面的走向发生变化时，煤壁将走扇形的路线。此时，采煤工作面上部顶板稳定性较差，应在采煤工作面上部扩大控顶距，扩大的程度视采空区充填程度及拐弯程度而定。这种情况在夹心顶板采煤工作面应引起高度重视。

夹心顶板是指下位直接顶薄而碎、上位直接顶坚硬、呈大块断裂的顶板。因上位坚硬，直接顶看不见，所以容易忽视它的危险性。

⑦团块状顶板下的控顶距。当采煤工作面直接顶为中等硬度以下的砾岩或泥质胶结砂岩时，或当直接顶出现尖灭线、冲刷带等情况时，顶板可能呈团块状垮落。此时，回柱前要保证煤壁到断裂线之间有2～3碉的安全空间，并在团块顶板下方打上四角有力的木垛。另外，在断线的煤壁侧打上戗棚。

⑧大采高、大倾角采煤工作面的控顶距。对于采高大于2.2m、倾角大于25°的采煤工作面，支柱支设质量很难保证，当倾角很大时，后排矸石冲击支柱的危险性将增大。为了安全起见，除加强后排支柱的稳定性外，扩大1碉以防冲垮工作面也是很有效的措施。

5. 单体液压支柱工作面合理支柱密度的计算

(1)顶板"支"和"护"的关系。顶板支护包括支和护2个方面。"支"的对象主要是基本顶和坚硬直接顶；"护"的对象主要是煤层上方0.5m范围内的直接顶或伪顶。因此，在给定支护装备（包括护顶材料）的前提下，支护设计应保证既能支住顶板压力，又能护住下位直接顶的"棚间"破碎岩体。为确保工作面支护安全，合理支护密度应该取支密度和护密度两者的大值。

(2)合理支护密度的计算。

①支密度的确定。基本支柱密度的支密度为：

$$n_1 = \frac{P_t}{R_t} \tag{5-4}$$

式中：n_1——支密度，根/m²；

P_t——采场各推进阶段的顶板压力，kN/m²；

R_t——支柱实际支撑能力。

②护密度的确定。护密度主要由直接顶（包括伪顶）的完整性指数和护顶材料的强度决定。由于不同材料的强度差别很大，因此，同样顶板条件的采场的护密度可能因护顶材料的不同而不同。

护顶的准则是：所选棚距应保证不因护顶材料强度不足而发生冒顶事故及金属网下不出现网兜。其力学保证条件是：护顶材料能托住两棚间破碎岩体的重量。

③合理的支护密度。在确定了合理的支密度和护密度后，选取两个当中的大值作为最终的支护密度。

（二）综采工作面顶板控制

综合机械化开采（简称"综采"）是煤矿现代化的标志，我国已广泛应用综采，安全状况不断好转。综采的效率很大程度上取决于液压支架与地质条件的适应状况。在给定的地质技术条件下，合理确定综采面液压支架架型和工作阻力等参数，是保证综采高效与安全的前提和关键。

1. 综采工作面支架选型

（1）液压支架选型的内容和要求。针对具体顶板类型和顶板岩层组成情况选择不同的支架类型。液压支架架型的选择不仅涉及支架的架型及额定工作阻力、支护强度等参数，而且涉及顶梁、护帮、底座、侧推及阀组等主要部件的选型及其参数的确定。

（2）液压支架选型的步骤和顺序。

① 根据顶板力学性质、厚度、岩层结构及弱面发育程度，确定直接顶类型。

② 根据基本顶岩石力学特性及矿压显现特征，确定基本顶级别。

③ 根据底板岩性及底板抗压入强度及刚度测定结果，确定底板类型。

④ 根据矿压实测数据计算额定工作阻力，或根据采高、控顶宽度及周期来压步距，估算支架必需的支护强度和每米阻力。

⑤ 根据顶底板类型、级别及采高，初选额定支护强度和支架架型。

⑥ 考虑工作面风量、行人断面和煤层倾角，修正架型及参数。

⑦ 考虑采高、煤壁片帮（煤层硬度和节理）的倾向性及顶板端面垮落度，确定顶梁及护帮结构。

⑧ 考虑煤层倾角及工作面推进方向，确定侧护结构及参数。

⑨ 根据底板抗压入强度，确定支架底座结构参数及对架型参数的要求。

⑩ 利用支架参数优化程序（考虑结构受力最小），使支架结构优化。

此外，还要考虑巷道及运输对支架选型的影响，最重要的是初选额定支护强度及架型。

2. 液压支架合理工作阻力的确定方法

（1）国外液压支架合理工作阻力的确定方法。国外确定液压支架合理工作阻力的方法可归纳为 3 种：岩石自重法、顶底板移近量法和统计法。

① 岩石自重法。利用采高的倍数和岩石密度的乘积来计算支护强度。

$$P = kh\gamma \tag{5-5}$$

式中：P—液压支架支护强度，MPa；

k—煤层赋存条件决定的系数，取 $1.2 \sim 1.4$；

h—采高，m；

γ—岩石重率，kN/m^3。

根据矿压理论及实践，冒落带和断裂带并不一定与采高成正比，国外液压支架工作阻力以采高为自变量，随采高增大呈线性增加。显然，采高越大，液压支架工作阻力越高，而且偏离的越多。

② 顶底板移近量法。英国、法国等国的科研人员发现，顶底板移近量与支架支护强度之间存在着双曲线关系，因此，可以通过寻找曲线的拐点来确定支架的工作阻力。

利用调整支护阻力的方法求顶底板移近量与支架支护强度的关系曲线并不容易，因此，计算式中许多系数不得不从试验中获得，这容易与实际情况产生误差。

③ 统计法。德国埃森采矿研究中心以液压支架端面顶板垮落高度和台阶下沉量为衡量支护强度是否足够的指标。当端面垮落高度大于 30cm 或台阶下沉大于 10cm，长度占采煤

工作面10%以上时,表明支护强度足够。通过对比支架支护强度、顶板垮落高度和顶底板移近量等指标,可获得合理支护强度的经验数据。

(2)我国液压支架合理工作阻力的确定方法。

①载荷估算法。支架的合理工作阻力 P 应能承受控顶区内以及悬顶部分的全部直接顶重量 Q_1,还要能承受当基本顶来压时形成的附加载荷 Q_2。

$$P = Q_1 + Q_2 = \sum_{i=1}^{n} h_i l_i r_i + Q_2 \tag{5-6}$$

式中:h_i、l_i、r_i——分别为第 i 层的直接顶的厚度、悬顶距和重率。

当直接顶随回采而垮落时,l_i 等于控顶距 l_m,则合理支护强度 P 应为:

$$P = r_z m_z + \frac{Q_2}{L_k} \tag{5-7}$$

式中:r_z——直接顶的体积力;

m_z——直接顶的厚度;

L_k——控顶距。

由于载荷 Q_2 难以精确计算,故认为不来压时的支架载荷仅为直接顶的作用力,以此再乘以来压时的动压系数 n。

$$P = n r_z m_z \tag{5-8}$$

②理论分析法。以上覆岩层运动为中心的矿压理论认为,在既定采高下,岩层组成及其各部分运动规律不随所用支护手段的改变而发生明显的、质的变化。在同一顶板条件下,不管是采用单体支柱支护,还是采用液压支架,顶板控制设计的基本要求和所需支护强度的计算方法都是相同的。因此,综采工作面控顶所用的支护强度可以直接利用位态方程进行计算,在此基础上对液压支架额定工作阻力进行设计、选择或校验。

③实测统计法。对类似工作面进行大量的实测统计,以支架最大工作阻力 P_m 加上一定倍数的标准均方差作为支架合理工作阻力。当工作面有明显基本顶来压现象时,应按来压期间统计的支架阻力确定合理工作阻力。

3. 液压支架初撑力的确定

液压支架初撑力是指支架架设时对顶板岩层的支撑力。其作用是压缩顶梁和底座下的浮煤、浮矸等中间介质,增加支架—围岩力学系统中的总体刚度,使支架的支撑能力得到尽快发挥,并能改善直接顶内的应力分布状态,抑制直接顶悬露后的挠曲离层。液压支架初撑力是提高中等稳定以下顶板控制效果的关键参数之一,其确定方法主要有以下2种。

(1)按防止直接顶与基本顶之间离层的要求确定支架初撑力。此时,初撑力应当能承受住直接顶的重量,即

$$P_{0H} = \frac{m_z r_z}{q \eta} \tag{5-9}$$

式中:P_{0H}——支架初撑力,MPa;

q——工作压力损失系数,约取 0.8;

η——支架支撑效率。

由上式计算出的初撑力值是控制直接顶所必需的最低值,从维护直接顶稳定和完整的角度看,还应考虑一个安全系数。

(2)依据 P_{0H} 与 P_H 的合理比值确定支架初撑力。目前,在进行支架设计时,多从寻求支

架初撑力与额定工作阻力间合理比值的角度来确定初撑力。根据44个综采工作面的统计，实测初撑力和额定初撑力之比为 0.714，均方差为 0.11。因此，设计时应考虑初撑力的利用率，一般将初撑力设计高一些为好。

根据实测结果，为使支架发挥较高的支撑水平，又考虑到支柱安全阀开启压力通常要低于 10% 额定工作阻力的要求，P_{0H}/P_H 值宜取 60%～85%。对于 1、2 类直接顶，P_{0H}/P_H 值宜取 75%～85%；对于 2、3 类直接顶，P_{0H}/P_H 值宜取 60%～75%。

【任务实施】

采用多媒体教学手段，教师通过案例分析讲解巷道矿压控制和采煤工作面控顶设计等内容；学生分组讨论并总结所学内容，各组展示学习成果，最后教师对各组学习成果进行评价。

【考核评价】

序号	考核内容	考核项目	配分	评价标准	得分
1	巷道、采煤工作面矿压控制	无煤柱护巷卸压原理及主要途径	25	正确阐述无煤柱护巷卸压原理及主要途径	
2		巷道围岩卸压措施及原理	25	正确阐述巷道围岩卸压措施及原理	
3		单体工作面顶板控制设计	25	会进行单体工作面顶板控制设计	
4		综采工作面顶板控制设计	25	会进行综采工作面顶板控制设计	
合计					

【课后自测】

1. 无煤柱护巷的方式有哪些？
2. 简述无煤柱护巷卸压原理。
3. 简述巷道围岩卸压措施及原理。
4. 简述单体工作面顶板控制设计。
5. 简述综采工作面顶板控制设计。

课题三　矿山压力灾害防治

【应知目标】

□压垮型冒顶的机理及预防措施
□漏冒型冒顶的机理及预防措施
□大面积漏垮型冒顶的机理及预防措施
□推垮型冒顶的机理及预防措施
□冲击地压发生的机理及防治措施

【应会目标】

□能正确阐述压垮型冒顶、漏冒型冒顶、大面积漏垮型冒顶以及推垮型冒顶的机理及预防措施
□能正确阐述冲击地压发生的机理、类型及防治措施

【任务引入】

采煤工作面顶板在矿山压力作用下,可能发生压垮型冒顶、漏冒型冒顶、大面积漏垮型冒顶以及推垮型冒顶等;煤矿开采过程中,在高应力状态下积聚有大量弹性变形能的煤或岩体,在一定条件下突然发生破坏、冒落或抛出,发生煤矿动压现象,而冲击地压是煤矿动压现场比较常见的一种。不管是冒顶,还是冲击地压,都会严重威胁煤矿安全生产,因此,必须掌握压垮型冒顶、漏冒型冒顶、大面积漏垮型冒顶和推垮型冒顶以及冲击地压发生的机理及防治措施。

【任务描述】

通过本课题的学习,要能够阐述压垮型冒顶、漏冒型冒顶、大面积漏垮型冒顶以及推垮型冒顶的机理及预防措施,熟练阐述冲击地压发生的机理、类型及防治措施。

【相关知识】

一、工作面冒顶防治

(一)压垮型冒顶的机理及预防措施

1. 采动后顶板活动的一般规律

(1)直接顶的初次垮落:垮落厚度在1.0m以上,垮落长度达工作面长度的一半以上。

(2)垮落步距为6~20m。

2. 冒顶的机理

(1)垮落带老顶(基本顶)岩块压坏支架导致冒顶。垮落带老顶岩块全部重量均由采场支架承受,若支架支撑力不够,就会压坏支架而冒顶。

(2)垮落带老顶岩块冲击压坏支架导致冒顶。若初撑力不足,垮落带离层老顶岩块会冲击采场支架,导致支架被压坏而冒顶。

(3)裂隙带老顶压坏采场支架导致冒顶。裂隙带老顶断裂、下沉、旋转、触矸时,若支架的可缩量不足,可能压坏支架导致冒顶。当存在平行于煤壁的断层且长度大于5m时,因下位裂隙带老顶分层转化为垮落带,故有较大的垮落带老顶来压。

3. 压垮型冒顶的顶板条件

(1)直接顶薄,厚度小于采高的2~3倍。

(2)直接顶上面老顶分层厚度小于5~6m。

4. 预防措施

(1)采场支架的支撑力应能平衡垮落带直接顶及老顶岩层的重量。

(2)采场支架的初撑力应能保证直接顶与老顶之间不离层。

(3)采场支架的可缩量应能满足裂隙带老顶下沉的要求。

超前工作面20m范围内的两端巷道,因受工作面前方支承压力的作用而受压大,为防止压坏支架,应加强支护。

(二)漏冒型冒顶的机理及预防措施

漏冒型冒顶包括大面积漏垮型冒顶,靠煤壁附近局部冒顶,采场两端局部冒顶以及放顶线附近局部冒顶。

(1)发生的条件:直接顶板软弱破碎。
(2)预防措施:采用多种方法将顶板护好。
①综采面:选用掩护式或支撑掩护式支架。
②单体面:支柱必须带顶梁,顶梁上还需背板,甚至要背严,支柱的柱距小于0.7m。

1. 大面积漏垮型冒顶的机理及预防措施
(1)发生的条件。
①直接顶异常破碎。
②煤层倾角较大。
(2)冒顶机理。支护系统中若某处失效而发生局部冒顶,破碎顶板就可能从该处沿工作面向上全部漏空,使支架失稳,漏垮工作面。
(3)预防措施。
①使支护系统有足够的支撑力与可缩量。
②顶板必须背严背实,梁头顶紧煤壁,采煤后及时支护,甚至要掏梁窝。
③严防放炮、移溜等工序弄倒支架而发生冒顶。

2. 靠煤壁附近局部冒顶的原因及预防措施
(1)原因。顶板被裂隙切割,存在镶嵌型游离岩块;端面距过大;放炮崩倒支柱。
(2)预防措施:控制端面距。
①综采面:及时支护,端面距不大于340mm;采高大于2.5m时,加护帮装置,必要时固结碎顶。
②单体面:端面距不超过300mm;采用正悬臂交错顶梁、正倒悬臂错梁直线柱支护。

(三)推垮型冒顶的机理及预防措施

1. 金属网下推垮型冒顶
发生条件:煤层倾角在20°以上;网上是悬浮顶板。
上下分层切眼垂直布置时,开切眼附近、松散冒矸上有三角形空隙存在。

2. 采空区冒矸冲入采场的推垮型冒顶
(1)发生条件:煤层之上直接就是石灰岩等坚硬岩层。
(2)发生机理:当顶板呈大块在采空区垮落时,可能顺着已垮落的矸石堆冲入采场,推倒采场支架(从柱根推倒),导致事故。
(3)预防措施。
①用切断墩柱的初撑力切断顶板(减小冒落顶板的块度),并将冒矸挡在采空区内。
②当顶板分层过厚切不断时,用挑顶法使冒矸超过采高。
对于急倾斜工作面,若密集支柱初撑力不足,稳定性不好,采空区矸石也可能冲倒支架,造成事故。

二、冲击地压防治

(一)冲击地压的概念

冲击地压又称"岩爆",是指井巷或工作面周围岩体由于弹性变形能的瞬时释放而产生突然剧烈破坏的动力现象,常伴有煤岩体抛出、巨响及气浪等现象。它具有很大的破坏性,是煤矿重大灾害之一。

(二)我国煤矿冲击地压显现的特征

1. 突发性

发生前一般无明显前兆,冲击过程短暂,持续时间为几秒到几十秒。

2. 以煤爆为主(煤壁爆裂、小块抛射)

浅部冲击发生在煤壁 2~6m 范围内,破坏性大;深部冲击发生在煤体深处,声如闷雷,破坏程度不同。最常见的是煤层冲击,也有顶板冲击和底板冲击,少数矿井发生岩爆。在煤层冲击中,多数表现为煤块抛出,少数表现为数十平方米煤体整体移动,并伴有巨大声响、岩体震动和冲击波。

3. 具有破坏性

往往造成煤壁片帮、顶板下沉、底鼓、支架折损、巷道堵塞、人员伤亡等。

4. 具有复杂性

在自然地质条件下,除褐煤以外的各煤种,采深从 200m 至 1000m,地质构造从简单到复杂,煤层厚度从薄层到特厚层,倾角从水平到急斜,顶板包括砂岩、灰岩、油母页岩等,都发生过冲击地压;在采煤方法和采煤工艺等技术条件方面,不论是水采、炮采、普采,还是综采;采空区处理是采用全部垮落法,还是采用水力充填法;是长壁、短壁、房柱式开采,还是柱式开采,都发生过冲击地压,只是无煤柱长壁开采法的冲击次数较少。

(三)冲击地压的分类

冲击地压可根据应力状态、显现强度、震级强度、抛出的煤量以及发生的不同地点和位置进行分类。

1. 根据原岩(煤)体的应力状态分类

(1)重力应力型冲击地压。主要受重力作用,在没有或只有极小构造应力影响的条件下引起的冲击地压,如枣庄、抚顺、开滦等矿区发生的冲击地压。

(2)构造应力型冲击地压。主要受构造应力(构造应力远远超过岩层自重应力)的作用引起的冲击地压,如北票矿务局和天池煤矿发生的冲击地压。

(3)中间型或重力构造型冲击地压。主要受重力和构造应力的共同作用引起的冲击地压。

2. 根据冲击的显现强度分类

(1)弹射。一些单个碎块从处于高应力状态下的煤或岩体上射落,并伴有强烈声响,属于微冲击现象。

(2)矿震。它是指煤、岩内部的冲击地压,即深部的煤或岩体发生破坏,煤、岩并不向已采空间抛出,只有片帮或塌落现象。但煤或岩体产生明显震动,伴有巨大声响,有时产生煤尘。较弱的矿震称为"微震",也称为"煤炮"。

(3)弱冲击。煤或岩石向已采空间抛出,但破坏性不很大,对支架、机器和设备基本上没有损坏;围岩产生震动,一般震级在 2.2 级以下,伴有很大声响;产生煤尘,在瓦斯煤层中可能有大量瓦斯涌出。

(4)强冲击。部分煤或岩石急剧破碎,向已采空间大量抛出,出现支架折损和设备移动等情况,围岩产生震动,震级在 2.3 级以上,伴有巨大声响,形成大量煤尘并产生冲击波。

3. 根据震级强度和抛出的煤量分类

(1)轻微冲击。抛出煤量在 10t 以下,震级在 1 级以下的冲击地压。
(2)中等冲击。抛出煤量在 10~50t,震级在 1~2 级的冲击地压。
(3)强烈冲击。抛出煤量在 50t 以上,震级在 2 级以上的冲击地压。

一般当面波震级 $Ms=1$ 时,矿区附近部分居民有震感;当 $Ms=2$ 时,对井上下有不同程度的破坏;当 $Ms>2$ 时,地面建筑物将出现明显裂缝和破坏。

4. 根据发生的地点和位置分类

(1)煤体冲击。发生在煤体内,根据冲击深度和强度又分为表面冲击、浅部冲击和深部冲击。
(2)围岩冲击。发生在顶底板岩层内,根据位置又分为顶板冲击和底板冲击。

(四)冲击地压的成因

对冲击地压成因的解释主要有强度理论、能量理论、冲击倾向理论和失稳理论。

1. 强度理论

该理论认为,冲击地压发生的条件是矿山压力大于煤体—围岩力学系统的综合强度。其机理为:较坚硬的顶底板可将煤体夹紧,阻碍了深部煤体自身或煤体—围岩交界处的变形。由于平行于层面的摩擦阻力和侧向阻力阻碍了煤体沿层面的移动,使煤体更加压实,因此承受更高的压力,积蓄较多的弹性能。从极限平衡和弹性能释放的意义上来看,夹持起了闭锁作用。在煤体夹持带内,压力高,并储存有相当高的弹性能,高压带和弹性能积聚区可位于煤壁附近。一旦高应力突然增大或系统阻力突然减小时,煤体可产生突然破坏和运动,抛向已采空间,形成冲击地压。

2. 能量理论

该理论认为,当矿体与围岩系统的力学平衡状态破坏后所释放的能量大于其破坏所消耗的能量时,就会发生冲击地压。刚性理论也是一种能量理论,它认为发生冲击地压的条件是:当矿山结构(矿体)的刚度大于矿山负荷系(围岩)的刚度,即系统内所储存的能量大于消耗于破坏和运动的能量时,将会发生冲击地压。但这种理论并未得到充分证实,即在围岩刚度大于煤体刚度的条件下,也发生了冲击地压。

3. 冲击倾向理论

该理论认为,发生冲击地压的条件是煤体的冲击倾向度大于实验所确定的极限值。可利用一些试验或实测指标对发生冲击地压的可能程度进行估计或预测,这种指标的量度称为"冲击倾向度"。其条件是介质实际的冲击倾向度大于规定的极限值。这些指标主要有弹性变形指数、有效冲击能指数、极限刚度比、破坏速度指数等。

上述 3 种理论提出了发生冲击地压的 3 个准则,即强度准则、能量准则和冲击倾向度准则。其中,强度准则是煤体破坏准则,能量准则和冲击倾向度准则是突然破坏准则。3 个准则同时成立,才是产生冲击地压的充分必要条件。

4. 失稳理论

近年来,我国一些学者认为,根据岩石全应力—应变曲线,在上凸硬化阶段,煤、岩的抗变形(包括裂纹和裂缝)能力是增大的,介质是稳定的;在下凹软化阶段,由于外载超过其峰值强度,裂纹迅速传播和扩展,发生微裂纹密集而连通的现象,使其抗变形能力降低,介质是非稳定的。在非稳定的平衡状态中,一旦遇有外界微小扰动,则有可能失稳,从而在瞬间释放大量能量,发生急剧、猛烈的破坏,即冲击地压。由此可见,介质的强度和稳定性是发生冲击的重要条件之一。虽然有时外载未达到峰值强度,但由于煤岩的蠕变性质,在长期作用下其变形会随时间增加而增大,进入软化阶段。这种静疲劳现象可使介质处于不稳定状态。在失稳过程中,系统所释放的能量可使煤岩从静态时变为动态,即发生急剧、猛烈的破坏。

(五)冲击地压的防治

根据发生冲击地压的成因和机理,防治冲击地压措施的基本原理有 2 方面:一是降低应力的集中程度;二是改变煤岩体的物理力学性能,以减小积聚弹性能的应力和释放速率。

1. 降低应力的集中程度

减小煤层区域内矿山压力值的方法有:

(1)超前开采保护层。

(2)无煤柱开采,在采区内不留煤柱和煤体突出部分,禁止在邻近层煤柱的影响范围内开采。

(3)合理安排开采顺序,避免形成三面采空状态的回采区段或条带以及在采煤工作面前方掘进巷道,必要时应在岩石或安全层内掘进巷道,禁止工作面对采和追采。

2. 采用合理的开拓布置和开采方式

(1)开采煤层群时,开拓布置应有利于保护层开采。首先开采无冲击危险或冲击危险小的煤层作为保护层,且优先开采上保护层。

(2)划分井田或采区时,应保证合理的开采顺序,最大限度地避免形成煤柱等应力集中区。因为煤柱承受的压力很高,特别是岛形或半岛形煤柱,要承受多个方面的叠加应力,最易产生冲击地压。上层遗留的煤柱还会向下传递集中压力,导致下部煤层在开采时易发生冲击地压。

(3)采区或盘区的采煤工作面应朝一个方向推进,避免相向开采,以免应力叠加。因为相向采煤时上山煤柱逐渐减小,支承压力逐渐增大,很容易引起冲击地压。

(4)在特殊的地质构造部位,应采取能避免或减缓应力集中和叠加的开采程序。在向斜和背斜构造区,应从轴部开始回采;在构造盆地,应从盆底开始回采;在有断层和采空区的条件下,应从断层或采空区附近开始回采。

(5)有冲击危险的煤层开拓或准备巷道、永久硐室、主要上(下)山、主要溜煤巷和回风巷,应布置在底板岩层或无冲击危险煤层中,以利于减小冲击危险。回采巷道应尽可能避开支承压力峰值范围,采用宽巷掘进,少用或不用双巷或多巷同时平行掘进。对于有水采区的回采,开切眼应避开高应力集中区,选在采空区附近的压力降低区为好。

(6)当开采有冲击危险的煤层时,应采用长壁开采方法。回采线尽量是直线且有规律地按适当的开采速度推进。

(7)顶板管理尽量采用全部垮落法,工作面支架应采用具有整体性和防护能力的可缩性支架。

(六)冲击地压的解危措施

在煤层开采中,生产地质条件极为复杂。人们对冲击地压的发生条件往往不能完全掌握,造成开拓布置和开采方式不合理,没有预先采取防范措施或防范措施不完善,不可避免地形成局部煤层地段的高应力集中,产生冲击地压危险。因此,在煤层开采过程中,必须对这些地段进行及时处理,以保证安全生产。这种对已产生冲击危险或具有潜在冲击危险地段的处理措施称为"解危措施"。它属于暂时的局部性措施,包括煤层爆破卸压、钻孔卸压和诱发爆破等。

按照冲击地压发生的强度条件和能量条件,工作面附近煤层被顶底板紧紧地夹持着,承受极高的载荷,虽未破碎,但却积聚大量的变形能。这时煤体和围岩形成的三轴压缩应力与矿山压力处于临界平衡状态。采取的各种卸压解危措施正是为了减缓这种临界状态,把夹持状态下煤层的侧向约束解除掉,使已形成的局部高压力分散转移到较广区域。由于卸压措施造成煤体局部破裂,降低了强度,使应力重新分布,因此释放或降低了煤岩体中的弹性能,使工作面前方一定范围内成为安全区。

1. 爆破卸压

爆破卸压是指对形成冲击危险的煤体,用爆破方法减缓其应力集中程度的一种解危措施。实施爆破卸压应采取深孔爆破方法,孔深应达到支承压力峰值区。装药位置越靠近峰值区,炸药威力越大,爆破解除煤层应力的效果越好。该法适用于顶板比较完整的条件下或作为煤层注水时的辅助措施。

爆破卸压能同时局部解除冲击地压发生的强度条件和能量条件,即在有冲击地压危险的工作面卸压和在近煤壁一定宽度的条带内破坏煤的结构(但不落煤),使其不能积聚弹性能或达不到威胁安全的程度。这样在工作面前方形成一条卸压保护带,使工作空间与位于煤层深处的高应力区相隔绝。显然,从防治冲击地压的角度看,应用尽量多的炸药爆破出尽量宽的保护带,但实际上要达到这个目的,目前的技术条件还不够。不过,根据多年的观测实践证明,如果能保证在工作面前方和巷道两帮始终保持一个宽 5~10m 的保护带,就能防止冲击地压的危害。

可以采用爆破断顶的方法进行爆破卸压,即在待采煤层隔离煤柱一侧的老采空区内,对采空区顶板进行处理,做出宽约 6m、深 6~8m 的断沟,用以削弱采空区与待采区之间的顶板连续性,减小待采煤层开采时的应力集中,以消除冲击地压的危害。

爆破参数和施工工艺应按照《冲击地压煤层安全开采暂行规定》来确定。爆破断顶措施在门头沟煤矿的实际生产中取得了一定的成效。在 $-230m$ 水平二槽煤东区,有计划地对 5 个已采区进行断顶处理,总长约 230m。断顶前该区曾发生过 2 次冲击地压,断顶后则未曾发生。通过断顶前后进行的围岩变形观测和地音监测显示,断顶后围岩变形和地音指标均大幅度降低,证实了断顶效果。

爆破卸压属于内部爆破,主要物理作用是使煤层产生大量裂隙。试验表明,爆破使炮孔周围形成破碎区和裂隙区,破碎区远小于裂隙区。径向裂隙穿过切向裂隙,说明径向裂隙扩展在前,切向裂隙形成在后。炸药爆炸后,冲击波首先使煤体破裂。随后,爆破产生的气体进一步使煤体破裂,在气体压力作用下,煤体沿径向移动,形成切向拉应力,产生径向拉破裂。随着裂隙的扩展,气体通过裂隙扩散到煤体中,与煤体产生热交换。同时,气体的体积增大,温度和压力下降。当裂隙前端的应力强度因子小于断裂韧性时,裂隙停止扩展。当压力小于临界值时,因原先受压储存于煤体中的弹性能释放,使煤体向炮孔中心移动,在煤体中产生径向拉伸作用,导致切向破裂。由于径向裂隙的扩展范围远大于切向裂隙,因此,造成煤层性质变化的主要因素是径向裂隙。

根据弹塑性理论,把采煤工作面简化为平面应变的力学模型。以龙凤煤矿采煤工作面为例的计算结果表明,爆破卸压使煤壁前方的支承压力重新分布,应力梯度变小,峰值压力移往煤体深部7m以远的屈服区,比爆破前增大近1倍,能量密度明显减小。

综上所述,爆破卸压在煤体中产生大量裂隙,使煤体的力学性质发生变化,弹性模量减小,强度降低,弹性势能减小,破坏了冲击地压发生的强度条件和能量条件。由于煤体内裂隙的长度和密度增加,因此,按照失稳理论,爆破卸压还具有致稳和止裂作用,可防止冲击地压的发生。

实施爆破卸压前,必须先进行钻屑法检测,确认有冲击危险时才进行爆破卸压,爆破以后还要用钻屑法检查卸压效果。如果在实施范围内仍有高应力存在,则应进行第二次爆破,直至解除冲击危险为止。

为了安全生产,通过爆破卸压在工作面前方和巷道两帮形成一个有足够宽度(大于3倍采高)的卸压保护带。对于巷道两帮,爆破卸压的深度应等于保护带宽度;对于采煤工作面,爆破卸压的深度应等于保护带宽度加上工作面进度。

爆破孔的孔深取决于卸压深度。由于孔深药量多,为保证殉爆,可用导爆索连接加强引爆,为使药卷能装到孔底,可先把药卷装在软管里或用非金属材料绑扎后进行装药。爆破孔布置方式应根据具体条件确定。通常用煤电钻打眼,孔径为50~55mm,孔间距为4~10m,每孔装药量按不超过孔深一半计算,一般为1.5~3.5kg。钻孔不装药部分必须填满水炮泥或黏土炮泥。躲炮距离为100~150m,躲炮时间为30~40min。

2. 诱发爆破

诱发爆破是在监测到有冲击危险的情况下,利用较多药量进行爆破,人为地诱发冲击地压,使冲击地压发生在一定的时间和地点,从而避免更大损害的一种解危措施。

实行诱发爆破必须慎重行事。作为辅助手段,诱发爆破只有在存在严重冲击危险的情况下,其他方法无效或无法实施时才能应用。实施地点多用于煤柱回收处,与钻屑法检测孔配合使用。孔距为2~5m,孔深按冲击危险区范围确定。可平行走向或倾斜布置,也可混合布置。一般采用深孔爆破法,钻大量较长的钻孔直达高应力带。采用大药量、集中装药和同时引爆的方法,以便使煤岩体强烈震动,诱发冲击地压,或造成煤体强烈卸压、释放能量,把高应力带移向煤体深部。集中爆破的药量越多,诱发冲击地压的可能性就越大。因为这样在煤体中造成的动应力大,动应力叠加在原来存于煤体中的静应力上的总和越大,超过临界应力值的机会就越多,就会诱发冲击地压。

实施诱发爆破应按《煤矿安全规程》的有关规定施工。实施前,必须采用钻屑法确定冲击危险地点,加固支架,掩护或撤出机械设备及电缆工具等。爆破时,必须设专人警戒所有通往爆破地点的通道。躲炮半径不得小于150m,躲炮时间在30min以上。

诱发爆破应作为爆破卸压的辅助手段,用于特殊情况下。其效果是有限的,不能保证按时诱发,有时1小时后才发生冲击地压,而且大药量同时引爆,必然造成一定程度的破坏,所以要慎重行事,有限度地使用。

3. 改变煤层的物理力学性能

改变煤层的物理力学性能的方法主要有高压注水、放松动炮和钻孔槽卸压等。

(1)高压注水。高压注水是指通过注水人为地在煤岩内部造成一系列的弱面,并使其软化,以降低煤的强度和增加塑性变形量。注水后,煤的湿度平均增加1.0%~2.2%,可使其单向受压的塑性变形量增加13.3%~14.5%。

(2)放松动炮。放松动炮是指通过放炮人为地释放煤体内部集中应力区积聚的能量。

在采煤工作面中使用时,一般在工作面沿走向打 4~6m 深的炮眼,进行松动爆破。它的作用是诱发冲击地压,在煤壁前方经常保持一个破碎保护带,使最大支撑压力转入煤体深处,随后即便发生冲击地压,对采煤工作面的威胁也大为降低。

(3)钻孔槽卸压。钻孔槽卸压是指用大直径钻头钻孔或切割沟槽,使煤体松动,以达到卸压效果。卸载钻孔的深度一般应穿过应力增高带,在掘进石门揭开有冲击危险的煤层时,应在距煤层 5~8m 处停止掘进,使钻孔穿透煤层,进行卸压。

此外,还可通过选择最佳采煤方法、回采设备、开采参数和工作制度等,局部降低煤层边缘的冲击危险程度。例如,当开采有冲击危险的单一煤层时,应采用直线式长壁工作面的前进式采煤方法,在巷道侧不留煤柱。对有冲击危险的厚煤层,应采用倾斜分层长壁式采煤方法。上分层的开采厚度应当最小。开采有冲击危险的煤层时,无论是在采煤工作面,还是在掘进工作面,都应采用支撑力大的可缩性金属支架。

综上所述,在现有技术水平下,对冲击地压的发生应认真地进行测定和预报,并针对具体情况采取有效的防治措施,这样才可以完全消除或大大减少冲击地压的事故。

【任务实施】

采用多媒体教学手段,教师通过图片、案例分析讲解压垮型冒顶、漏冒型冒顶、大面积漏垮型冒顶和推垮型冒顶的机理及预防措施以及冲击地压的发生机理及防治措施等;学生分组讨论,总结所学内容,各组展示学习成果,最后教师对各组学习成果进行评价。

【考核评价】

序号	考核内容	考核项目	配分	评价标准	得分
1	采煤工作面冒顶、冲击地压防治	压垮型冒顶的机理及预防措施	15	正确阐述压垮型冒顶的机理及预防措施	
2		漏冒型冒顶的机理及预防措施	15	正确阐述漏冒型冒顶的机理及预防措施	
3		大面积漏垮型冒顶的机理及预防措施	15	正确阐述大面积漏垮型冒顶的机理及预防措施	
4		推垮型冒顶的机理及预防措施	15	正确阐述推垮型冒顶的机理及预防措施	
5		冲击地压的发生机理及防治措施	40	正确阐述冲击地压的发生机理及防治措施	
合计					

【课后自测】

1. 简述压垮型冒顶的机理及预防措施。
2. 简述漏冒型冒顶的机理及预防措施。
3. 简述大面积漏垮型冒顶的机理及预防措施。
4. 简述推垮型冒顶的机理及预防措施。
5. 简述冲击地压的发生机理及防治措施。

模块六 矿井通风技术

课题一 矿井空气

【应知目标】
  □矿井通风的概念及其基本任务
  □矿井空气的主要成分
  □矿井空气中的主要有害气体

【应会目标】
  □能正确分析矿井空气中氧气浓度降低的原因
  □能够判断井下有害气体浓度是否超出《煤矿安全规程》的规定

【任务引入】
  在煤矿生产过程中,会产生大量的有害气体,我们需要了解这些有害气体的性质。如果有害气体超过一定浓度,势必会对矿井的正常生产造成威胁,那么我们怎样才能解决这一问题呢?

【任务描述】
  若要降低有害气体的浓度,避免灾害事故的发生,保障井下工作人员的身体健康和生命安全,需要对矿井进行通风。另外,还需要对井下的主要有害气体的性质进行充分的了解,从而提高井下人员的警惕性。下面就重点介绍相关内容。

【相关知识】

一、矿井通风的基本任务

由于井下作业的自然环境较差,因此,为保障工作人员的身心健康和保证安全生产,必须对矿井进行通风。矿井通风的基本任务是:
(1)供给井下人员足够的新鲜空气。
(2)将各种有害气体及矿尘稀释到安全浓度以下,并排出矿井。
(3)保证井下有适宜的气候条件(即温度和湿度适宜),以利于工人劳动和机器运转。

二、矿井空气

(一)矿井空气中的主要成分
1.地面空气的主要成分
一般情况下,地面的空气由20.96%的氧、79%的氮、0.04%的二氧化碳等组成。除上述

模块六 矿井通风技术

气体外,大城市和工业区的地面空气中还含有数量不定的水蒸气、微生物、灰尘等。

2.井下空气的主要成分

地面空气进入井下后,在成分和性质上将发生变化(氧气减少;混入有害气体及矿尘;温度、湿度和压力发生变化),这种变化后的空气称为"井下空气"。一般将井下进风侧变化不大的风流称为"新风",将井下回风侧变化较大的风流称为"乏风"。

(1)氧气(O_2)。氧气是一种无色、无味、无臭、化学性质很活泼的气体,它对空气的相对密度为1.11。氧气是人和动物呼吸及物质燃烧不可缺少的气体。空气中氧气含量的降低可使人感到呼吸困难和心跳加速。当氧气含量降到9%以下时,人在短时间内会窒息死亡。因此,《煤矿安全规程》规定:采掘工作面的进风流中,氧气浓度不低于20%(体积的百分比)。

(2)氮气(N_2)。氮气是一种无色、无味、无臭的惰性气体,它对空气的相对密度为0.97,不助燃,不能维持呼吸。井下氮气含量增加的主要原因是有机物的腐烂,爆破工作产生,从煤或岩体的裂缝中涌出等。空气中氮气含量的增加相对减少了氧气含量,所以对人体是有害的。

(3)二氧化碳(CO_2)。二氧化碳是无色、无臭、略带有酸味的气体,它对空气的相对密度为1.52,易溶于水,不助燃,不能维持呼吸,常积聚于巷道的底部或下山掘进工作面。井下空气中二氧化碳含量增加的主要原因是从煤或岩体中涌出、可燃物质氧化、人员的呼吸、爆破工作产生等。空气中二氧化碳含量增加后,人会感到呼吸困难,易产生疲劳现象;当增加到20%~25%时,人会中毒死亡。《煤矿安全规程》规定:采掘工作面的进风流中,二氧化碳浓度不得超过0.5%。

(二)矿井空气中的有害气体

矿井空气中所含有的对人体健康及生命安全有威胁的一切气体,均称为"有害气体"。常见的有害气体有一氧化碳、二氧化硫、硫化氢、二氧化氮等,此外还有氢气、氨气、沼气、二氧化碳等。

(1)一氧化碳(CO)。一氧化碳是一种无色、无味、无臭的气体,它对空气的相对密度为0.97,微溶于水,化学性质不活泼,但浓度在13%~75%时,遇火能引起爆炸。它主要来源于爆破工作、火灾、煤尘和瓦斯的燃烧与爆炸、煤炭自燃等。一氧化碳极毒,人呼吸它以后会呕吐、昏迷。当空气中一氧化碳的浓度达到0.4%时,人在短时间内便可中毒致命。《煤矿安全规程》规定:井下空气中一氧化碳的浓度不得超过0.0024%。

(2)二氧化硫(SO_2)。二氧化硫是一种无色、具有强烈硫黄味及酸味的气体,它对空气的相对密度为2.2,易溶于水。它对人的眼睛和呼吸器官有强烈的刺激作用。在煤矿中它属于少见的有害气体,主要来源于含硫矿物氧化和含硫矿物爆破。二氧化硫的危害比较突出,可使人眼睛红肿、流泪、咳嗽、头痛、喉咙痛等;当空气中二氧化硫浓度达到0.005%时,可引起肺水肿,短时间内中毒死亡。《煤矿安全规程》规定:井下空气中二氧化硫的浓度不得超过0.0005%。

(3)硫化氢(H_2S)。硫化氢是一种无色、微有臭鸡蛋味的气体,它对空气的相对密度为1.19,易溶于水,毒性剧烈。硫化氢主要来源于有机物腐烂、硫化矿物遇水分解、从煤或岩体中涌出等。硫化氢可使人流唾液和清鼻涕,重者可使人昏睡、头痛和呕吐;当浓度达到0.1%时,人会很快死亡。《煤矿安全规程》规定:井下空气中硫化氢的浓度不得超过0.00066%。

(4)二氧化氮(NO_2)。二氧化氮是一种红褐色气体,它对空气的相对密度为1.57,极易溶于水,对人的眼睛和呼吸系统有强烈的刺激作用。它主要来源于爆破。二氧化氮可使人咳嗽、胸痛、呕吐和神经系统麻木;当空气中二氧化氮浓度达到0.025%时,人在短时间内可死亡。《煤矿安全规程》规定：井下空气中二氧化氮的浓度不得超过0.00025%。

(5)氢气(H_2)。氢气是一种无色、无味、无臭的气体，它对空气的相对密度为0.07，有可燃性和爆炸性。它主要来源于煤炭自燃、火灾、煤尘和瓦斯爆炸，用水灭火、井下用的蓄电池和充电硐室等也可产生氢气。氢气浓度为4%~74%时有爆炸性；当与瓦斯共存时，可扩大瓦斯爆炸界限和降低引爆温度。《煤矿安全规程》规定：井下空气中氢气的浓度不得超过0.5%。

(6)氨气(NH_3)。氨气是无色、有氨水的辛辣臭味的气体，它对空气的相对密度为0.59，有毒性和爆炸性。它主要来源于硝铵炸药贮存和残爆后遇水分解、有机物腐烂等。氨气可引起人咳嗽、声带水肿、昏迷等，可致死亡。《煤矿安全规程》规定：井下空气中氨气的浓度不得超过0.004%。

从上述各种有害气体的相对密度可以总结出，相对密度小的气体多具有爆炸性，相对密度大的气体多具有毒性。

【任务实施】

任务　一氧化碳浓度鉴定

一、检定管的结构

检定管的结构如图6-1所示。它由外壳1、堵塞物2、保护胶3、隔离层4及指示胶5等组成。

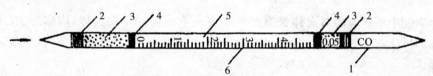

1—外壳　2—堵塞物　3—保护胶　4—隔离层　5—指示胶　6—指示检测气体含量的刻度

图6-1　检定管结构示意图

二、J—1型采样器

J—1型采样器实质上是一个取样吸气筒，其结构如图6-2所示。它由铝合金管及气密性良好的活塞所组成。抽取一次气样为50ml，在活塞杆上有10等分刻度，并标有吸入试样的毫升(ml)数。采样器的前端有一个三通阀，当阀把平放时，处于吸取气样位置，如取样地点采样器不便进入，可在气样入口1处接胶管来吸取；当阀把处于垂直位置时，可将吸入唧筒的气样通过检定管插孔2压入检定管；而当阀把处于45°位置时，三通阀为关闭状态。

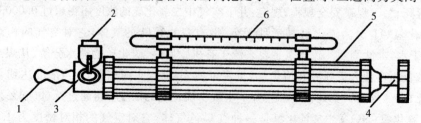

1—气样入口　2—检定管插孔　3—三通阀　4—活塞杆　5—吸气筒　6—温度计

图6-2　J—1型采样器结构示意图

不同的检定管要用不同的采样和送气方法。对于不很活泼的气体,如 CO、CO_2 等,一般先将气体吸入采样器。在此之前,应在测定地点将活塞往复抽送 2~3 次,使采样器内原有的空气完全被气样取代。打开检定管两端的封口,把检定管浓度标尺"0"的一端插入采样器的插孔 2 中,然后将气样按规定的送气时间以均匀的速度送入检定管。如果是较活泼的气体,如 H_2S,应先打开检定管两端封口,把检定管浓度标尺上限的一端插入采样器的气样入口 1 中,然后以均匀的速度抽气,使气样先通过检定管,后进入采样器。在使用检定管时,不论用送气或抽气方式采样,均应按照检定管使用说明书的要求准确采样。

【考核评价】

序号	考核内容	考核项目	配分	检测标准	得分
1	矿井空气	(1)矿井通风的基本任务; (2)地面空气与矿井空气的异同; (3)有害气体安全标准浓度	40	(1)能正确理解并掌握矿井通风的概念及其基本任务,10分; (2)能总结归纳出地面空气与矿井空气的相同和不同之处,15分; (3)能掌握矿井有害气体的安全标准浓度,15分	
2	气体检测	(1)检定管结构; (2)检定管工作原理; (3)采样器三通阀作用; (4)待测气体采样方法	60	(1)能结合检定管实物,掌握检定管的结构名称及各自作用,15分; (2)能理解并掌握检定管鉴定待测气体的工作原理,15分; (3)能熟记采样器三通阀3个位置的作用,15分; (4)能掌握活泼气体和不活泼气体的采样方法,15分	
		合计			

【课后自测】

1. 矿井通风的任务是什么?
2. 矿井空气中的主要成分与地面空气的主要成分有什么不同?
3. 矿井空气中的主要有害气体有哪些?各有何特性?《煤矿安全规程》对它们的浓度有何规定?

课题二 矿井通风阻力

【应知目标】

☐ 矿井阻力、摩擦阻力及局部阻力的含义
☐ 矿井通风阻力定律
☐ 降低矿井通风阻力的措施

【应会目标】

☐ 能正确计算矿井通风阻力、摩擦阻力以及局部阻力
☐ 能够制定降低矿井通风阻力的措施

【任务引入】

矿井通风阻力的大小及其分布,直接影响主要通风机的工作状况和井下采掘工作面的

风量分配,是进行通风管理和通风设计的依据。因此,需要掌握矿井通风阻力的相关知识。

【任务描述】

如何才能充分理解矿井通风阻力的主要内容呢?可以从空气流动状态着手,理解摩擦阻力和局部阻力的定义及计算方法,掌握通风阻力定律、井巷通风特性和矿井通风阻力的测定方法。

【相关知识】

1. 摩擦阻力

井下风流沿井巷或管道流动时,空气的黏性受到井巷壁面的限制,造成空气分子之间相互摩擦以及空气与井巷或管道周壁间的摩擦,从而产生阻力,这种阻力称为"摩擦阻力"。其计算方法如下。

井巷摩擦阻力的计算公式为:

$$h_{摩} = \frac{\alpha L U}{S^3} Q^2 \tag{6-1}$$

式中:$h_{摩}$——巷道摩擦阻力,Pa;
  α——摩擦阻力系数,$N \cdot s^2/m^4$;
  L——巷道长度,m;
  U——巷道周边长度,m;
  Q——巷道中的风量,m^3/s;
  S——巷道的净断面积,m^2。

2. 局部阻力

空气流经井巷的某些局部地点(例如井巷突然扩大、突然缩小、急转弯以及有堆积物或矿车等),因涡流和撞击等所产生的阻力即为局部阻力。在紊流状态下,其计算公式为:

$$h_{局} = R_{局} \cdot Q^2 \tag{6-2}$$

井巷的通风总阻力为摩擦阻力与局部阻力之和。在一般情况下,由于井巷内风流的速压较小,所以产生的局部阻力也较小,井下各处局部阻力之和只占矿井总阻力的10%~20%。故在通风系统的设计中,一般只对摩擦阻力进行具体计算,对局部阻力不详细计算,而只按经验估计数值。尽管如此,在通风管理中,任何阻力都是不可忽视的。

3. 矿井通风阻力定律

矿井通风阻力定律是指矿井通风阻力、风阻与风量之间的关系,即:

$$h = RQ^2 \tag{6-3}$$

式中:h——井巷通风阻力,Pa;
  R——井巷通过总风阻,$N \cdot s^2/m^8$ 或 kg/m^7;
  Q——井巷风量,m^3/s。

【任务实施】

任务一 降低摩擦阻力的技术措施

(1)减少摩擦阻力系数。在矿井通风设计时,尽量选用 α 值小的支护方式,如锚喷、砌碹、锚杆、钢带等。尤其是服务年限长的主要井巷,一定要选用摩擦阻力较小的支护方式,如

砌碹巷道的 α 值仅有支架巷道的 30%～40%。

（2）井巷风量要合理。因为摩擦阻力与风量的平方成正比,因此,在通风设计和技术管理过程中,不能随意增大风量,各用风地点的风量在保证安全生产要求的条件下,应尽量减少。

（3）保证井巷通风面积。因为摩擦阻力与通风断面积的三次方成反比,所以扩大井巷断面能大大降低通风阻力。当井巷通过的风量一定时,断面扩大 33%,通风阻力可减少一半,故扩大断面常用于主要通风路线上高阻力段的减阻中。

（4）减少井巷长度。因为巷道的摩擦阻力和巷道长度成正比,所以在矿井通风设计和通风系统管理时,在满足开拓开采的条件下,要尽量缩短风路长度,及时封闭废弃的旧巷,甩掉那些经过采空区且通风路线很长的巷道,及时对生产矿井通风系统进行改造,选择合理的通风方式。

（5）选用周长较小的井巷断面。在井巷断面积相同的条件下,圆形断面的周长最小,拱形次之,矩形和梯形的周长较大。因此,在矿井通风设计时,一般要求立井井筒采用圆形断面,斜井、石门、大巷等主要井巷采用拱形断面,次要巷道及采区内服务年限不长的巷道可以考虑矩形和梯形断面。

任务二 降低局部阻力的技术措施

（1）最大限度地减少局部阻力地点的数量。井下尽量少使用直径很小的铁风桥,减少调节风窗的数量;应尽量避免井巷断面的突然扩大或突然缩小,断面比值要小。

（2）当连接不同断面的巷道时,要把连接的边缘做成斜线型或圆弧型。

（3）巷道拐弯时,转角越小越好,在拐弯的内侧做成斜线型或圆弧型。要尽量避免出现直角弯。巷道尽可能避免突然分叉和突然汇合,在分叉和汇合处的内侧也要做成斜线型或圆弧型。

（4）减少局部阻力地点的风流速度及巷道的粗糙程度。

（5）在风筒或通风机的入风口安装集风器,在出风口安装扩散器。

（6）减少井巷正面阻力物,及时清理巷道中的堆积物,采掘工作面所用材料要按需使用,不能集中堆积在井下巷道中。

【考核评价】

序号	考核内容	考核项目	配分	检测标准	得分
1	通风阻力	(1)摩擦阻力与局部阻力的定义； (2)摩擦阻力计算公式； (3)局部阻力计算公式； (4)矿井通风阻力定律	50	(1)能正确叙述摩擦阻力与局部阻力的定义,10分； (2)能正确使用摩擦阻力公式计算巷道摩擦阻力,15分； (3)能正确使用局部阻力公式计算巷道局部阻力,15分； (4)能理解并掌握矿井通风阻力定律表达式,10分	
2	降低摩擦阻力	降低巷道摩擦阻力的技术措施	50	能利用摩擦阻力计算公式推导出降低巷道摩擦阻力的措施,30分	
3	降低局部阻力	降低巷道局部阻力的技术措施	15	能正确理解并掌握降低巷道局部阻力的技术措施,20分	
合计					

【课后自测】
1. 什么叫矿井摩擦阻力?
2. 什么叫矿井局部阻力?
3. 如何计算矿井摩擦阻力和局部阻力?
4. 什么是矿井通风阻力定律?
5. 如何降低矿井摩擦阻力?
6. 如何降低矿井局部阻力?

课题三 矿井通风动力

【应知目标】
- □ 自然风压的定义
- □ 离心式通风机工作原理
- □ 轴流式通风机工作原理

【应会目标】
- □ 能正确分析自然风压产生的原因
- □ 能正确分析离心式和轴流式通风机的优缺点

【任务引入】

空气在井巷中流动需要克服通风阻力,要促使空气在井巷中流动,必须提供通风动力,以克服空气阻力。矿井通风动力由自然条件形成的自然风压和由通风机提供的机械风压共同组成。

【任务描述】

自然风压和机械风压是克服矿井风流通风阻力的动力,促使空气流动。由于自然风压的产生受季节影响,机械风压的产生由通风机决定,所以,要了解并掌握两种通风动力的影响因素和特性及其对矿井通风的作用。

【相关知识】

一、自然通风

由矿井自然条件所产生的井下巷道中空气流动的压力,称为"自然风压",而靠自然风压进行通风的称为"自然通风"。自然风压的产生,主要由于地面空气温度和井下空气温度有差异而引起。

二、机械通风

由通风机械造成的井下巷道中空气流动的压力差,称为"机械风压",靠机械风压进行通风的称为"机械通风"。通风机械按其服务范围可分为主要通风机(为全矿井通风的通风机)和局部通风机(为某一局部加强通风的通风机)2种,按其结构不同又可分为离心式通风机和轴流式通风机2种。

1. 离心式通风机

离心式通风机主要由螺形外壳、动轮、进风道和扩散器等主要部件组成,如图6-3所示。

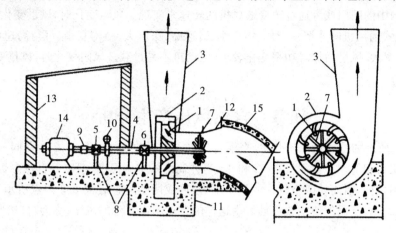

1—动轮　2—螺形外壳　3—扩散器　4—通风机轴　5—止推轴承　6—径向轴承　7—前导器　8—轴承架　9—齿轮联轴器　10—制动器　11—机座　12—吸风口　13—通风机房　14—电动机　15—风硐

图 6-3　离心式通风机

当通风机的动轮转动时,动轮叶片之间的空气随着旋转而产生的离心作用被动轮甩到螺形外壳,并从扩散器排出通风机。当动轮叶片间的空气被甩出时,轮心部分便形成低压区,这时,外界的空气在大气压的作用下,由通风机的进风口进入动轮。由于动轮不停地旋转,井下的空气在大气压的作用下就不断地进入通风机,从而被排出到地面。

2. 轴流式通风机

轴流式通风机主要由外壳、流线罩、动轮、前导器、集风口、整流器、扩散器、轴等主要部件组成,如图6-4所示。

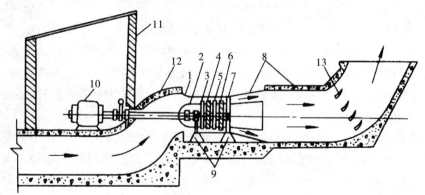

1—集风口　2—流线罩　3—前导器　4—第一级动轮　5—中间整流器　6—第二级动轮　7—后整流器　8—扩散器　9—通风机架　10—电动机　11—通风机房　12—风硐　13—流线型导风板

图 6-4　轴流式通风机

轴流式通风机运转时,空气沿着通风机轴的方向进入集风口,动轮的旋转把空气向前推动,并造成压力,然后经扩散器排出。

离心式和轴流式2种类型的通风机相对比,各有优缺点。

(1)离心式通风机的结构简单、转速低、噪声小、体积大,不能直接与高速电动机对接运转。离心式通风机启动时,功率随风量的增加而增大,电动机容易过载。如需调整通风机的风量,只能利用风硐中的闸门或者通过改变通风机的转速来实现。风阻变化时,风量变化较大。

(2)轴流式通风机叶片调整方便、体积小、转速高、噪声大、结构复杂,可与高速电动机对接运转;启动功率大,风量增加时功率变化较小,电动机不易过载。风阻变化时,风量变化不大。

【任务实施】

任务 自然风压产生分析

在图 6-5 所示的自然通风矿井中,平硐与立井井口标高差为 $Z(m)$,2、3 在同一水平面上,所受的大气压力相等。考察空气柱 02 和 35,当井筒内外空气温度、湿度等自然参数不相同时,空气重率也不相同,因而使两空气柱的重量不等,造成两空气柱底部 2、3 两点所承受的压力不一样,产生压力差,从而促使空气流动。由这样的自然因素产生的风压,称为"自然风压"。

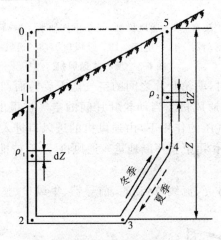

图 6-5 矿井自然风压

自然风压产生的原因是进风侧与出风侧的空气密度不等,产生空气柱的重力差,而密度不等的主要原因是进风侧与出风侧的温度不同。两侧空气密度差越大,井筒越深,则两侧空气柱的重力差越大,矿井自然风压也就越大。影响空气密度的因素除温度外,还有空气的湿度、大气压力和空气成分等。

自然风压的大小和方向极不稳定,它随季节气温的变化而变化,因而供给矿井的风量也是不固定的。如在夏季,地面气温较高,图 6-5 所示的矿井里形成的 $\gamma_{01} > \gamma_{35}$,那么 $P_{01} > P_{35}$,自然风流向为 1→2→3→4→5;同理,在冬季,地面气温低,自然风流向为 5→4→3→2→1;在春秋季节,也会出现 $P_{01} = P_{35}$,自然通风停止的情况。在我国特别是南方山区平硐开拓的矿井,未安通风机时,可经常见到自然通风风流方向的变化,有时停滞,这就说明完全依靠自然通风是不能满足安全生产要求的。

对于有通风机通风的矿井,自然风压依然存在,有时对矿井通风有利,有时却对矿井通风不利。在夏季,自然风压的方向与通风机的通风方向相反,通风机风压不仅用来克服井巷通风阻力,还要克服反向的自然风压;在冬季,情况正好相反,自然风压能够帮助通风机克服井巷通风阻力。

模块六　矿井通风技术

【考核评价】

序号	考核内容	考核项目	配分	检测标准	得分
1	自然风压	(1)自然风压定义； (2)自然风压产生的原因； (3)对机械通风的作用	55	(1)能正确叙述自然风压和自然通风的定义，10分； (2)能正确理解自然风压产生的原因，并会推导不同季节风流方向，30分； (3)能正确分析不同季节自然风压对机械通风的影响，15分	
2	机械通风	(1)离心式通风机工作原理； (2)轴流式通风机工作原理； (3)离心式和轴流式通风机特点比较	45	(1)能正确叙述离心式通风机的工作原理，15分； (2)能正确叙述轴流式通风机的工作原理，15分； (3)能在理解的基础上归纳轴流式和离心式通风的优缺点，15分	
合计					

【课后自测】

1. 什么是自然风压？什么是自然通风？
2. 自然风压产生的原因及特性是什么？
3. 自然风压对机械通风的影响有哪些？
4. 什么是机械通风？
5. 简述离心式通风机的工作原理。
6. 简述轴流式通风机的工作原理。
7. 简述离心式通风机和轴流式通风机的优缺点。

课题四　掘进通风

【应知目标】

☐ 局部通风机通风的含义及方式
☐ 局部通风机通风布置要求
☐ 压入式通风和抽出式通风的优缺点

【应会目标】

☐ 能正确绘制局部通风机通风布置图
☐ 能正确分析压入式通风和抽出式通风的优缺点

【任务引入】

巷道掘进过程中产生的粉尘及有害气体，会威胁工人的健康和生命安全，因此，必须采取措施降低粉尘和有害气体的浓度，并将其排除矿井，对掘进巷道进行通风。本课题重点介绍掘进通风相关的内容。

【任务描述】

通过本课题的学习，要重点掌握局部通风机通风的方式、各种通风方式的优缺点及适用条件,能够按照局部通风布置要求,绘制压入式、抽出式以及混合式3种通风方式的布置图。

【相关知识】

掘进通风方法按通风动力形式不同分为矿井全风压通风、引射器通风和局部通风机通风3种。其中,局部通风机通风是最为常用的掘进通风方法。

一、矿井全风压通风

矿井全风压通风是指直接利用矿井主要通风机所造成的风压,借助风幛和风筒等导风设施,将新风引入工作面,并将污风排出掘进巷道。矿井全风压通风的形式有以下几种。

1. 利用纵向风幛导风

如图 6-6 所示,在掘进巷道中安设纵向风幛,将巷道分隔成 2 部分,一侧进风;一侧回风。选择风幛材料的原则是漏风小、经久耐用和便于取材。短巷道掘进时,可用木板、帆布等材料;长巷道掘进时,可用砖、石和混凝土等材料。该方法适用于地质构造稳定、矿山压力较小、长度较短,使用通风设备不安全或技术上不可行的局部地点巷道掘进中。

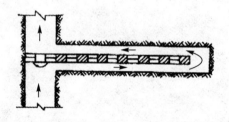

图 6-6　纵向风幛导风

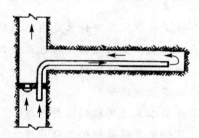

图 6-7　风筒导风

2. 利用风筒导风

如图 6-7 所示,利用风筒将新鲜风流导入工作面,工作面污风由掘进巷道排出。为了使新鲜风流入导风筒,应在风筒入口处的贯穿风流巷道中设置挡风墙和调节风门。风筒导风法的辅助工程量小,风筒安装、拆卸比较方便,通常适用于需风量不大的短巷掘进通风中。

3. 利用平行巷道导风

如图 6-8 所示,当掘进巷道较长,利用纵向风幛和风筒导风有困难时,可采用两条平行巷道通风。采用双巷掘进,在掘进主巷的同时,距主巷 10~20m 平行掘一条副巷。主、副巷之间每隔一定距离开掘一个联络眼,前一个联络眼贯通后,后一个联络眼便封闭上。利用主巷进风、副巷回风,两条巷道的独头部分可利用风筒或风幛导风。

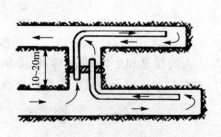

图 6-8　平行巷道导风

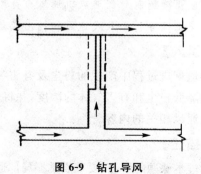

图 6-9　钻孔导风

该方法适用于有瓦斯、冒顶和透水危险的长巷掘进,特别适用于在开拓布置上为满足运输、通风和行人的需要而必须掘进两条并列的斜巷、平巷或上下山的掘进中。

4. 钻孔导风

如图6-9所示,在离地表或邻近水平较近处掘进长巷反眼或上山时,可用钻孔提前沟通掘进巷道,以便形成贯穿风流。为克服钻孔阻力,增大风量,可利用大直径钻孔或在钻孔口安装风机。

二、引射器通风

利用引射器产生的通风负压,通过风筒导风的通风方法称为"引射器通风"。引射器通风一般采用压入式,其布置方式如图6-10所示。利用引射器通风的主要优点是无电器设备、无噪音;水力引射器通风还能起降温、降尘作用;在煤与瓦斯突出严重的煤层掘进时,用它代替局部通风机通风,设备简单,比较安全。缺点是供风量小,需要水源或压气。该方法适用于需风量不大的短巷道掘进通风,也可在含尘量大、气温高的采掘机械附近,采取水力引射器与其他通风方法的混合式通风。

图6-10 引射器通风

三、局部通风机通风

局部通风机通风是我国矿井广泛采用的一种掘进通风方法。它是利用局部通风机和风筒把新鲜风流送到掘进工作面的。局部通风机通风方法有以下几种方式。

1. 压入式通风

压入式通风是指利用局部通风机将新鲜风流压入风筒送到工作面,污风由巷道排出,如图6-11(a)所示。压入式通风的风流从风筒末端以自由射流状态射向工作面,其风流的有效射程较长,一般可达8m,易于排出工作面的污风和矿尘,通风效果好。局部通风机安设在新鲜风流中,污风不经过局部通风机,局部通风机一旦发生火花,也不易引起瓦斯、煤尘爆炸,安全性好。压入式通风所使用的风筒可以是硬质的,也可以是柔性的,适应性较强。但压入式通风的工作面污风沿巷道向外排出,不利于巷道中作业人员的呼吸。为避免炮烟中毒,放炮时,人员撤离的距离较远,往返时间较长。同时,放炮后的炮烟由巷道排出的速度慢、时间长,这就使掘进中放炮的辅助时间加长,影响掘进速度的提高。

2. 抽出式通风

抽出式通风如图6-11(b)所示,它与压入式通风相反,新鲜风流由巷道进入工作面,污风经风筒由局部通风机排出。放炮的辅助时间短,有利于提高掘进速度。但是由于风筒末端的有效吸程比较短,一般只有3~4m,因此,若风筒末端距工作面的距离较远,有效吸程以外的风流将形成涡流停滞区,通风效果不良;若风筒末端靠近工作面,则放炮时易崩坏风筒。另外,污风经局部通风机排出时,安全性较差,而且此方式不能使用柔性风筒。

3.混合式通风

混合式通风就是把上述 2 种通风方式混合使用,如图 6-11(c)所示。它具有压入式和抽出式通风的优点,但需要 2 套通风设备,同时,污风也会通过局部通风机,在管理上比较复杂。

（a）压入式通风　　　　（b）抽出式通风　　　　（c）混合式通风

图 6-11　掘进通风方法

综上所述,压入式通风设备相对简单、效果好且安全。因此,这种通风方式不论有无瓦斯,也不论通风距离长短,都可以应用。它是我国煤矿应用最广泛的一种局部通风机通风方式。

【任务实施】

任务　减少风筒漏风

减少风筒漏风的主要措施有改进风筒接头方法和减少接头数、减少针眼漏风以及防止风筒破口漏风。

1.改进风筒接头方法和减少接头数

风筒接头的好坏直接影响风筒的漏风和风筒阻力。改进风筒接头方法和减少风筒接头数是减少风筒漏风的重要措施之一。

风筒接头一般采用插接法,即把风筒的一端顺风流方向插到另一节风筒中,并拉紧风筒,使两个铁环靠近。这种接头方法操作简单,但漏风大。为减少漏风,普遍采用的是反边接头法。

反边接头法分为单反边、双反边和多反边 3 种形式。单反边接头的连接顺序是:首先,将铁环 1 套入风筒一端,并留 200～300mm 的反边,然后将铁环 1 缝牢,如图 6-12(a)所示;其次,顺风流方向将缝有铁环 1 的风筒插入套有铁环 2 的风筒内,拉紧风筒,使 2 个铁环钩紧,如图 6-12(b)所示;最后,将反边翻卷到风筒 2 上即成,如图 6-12(c)所示。

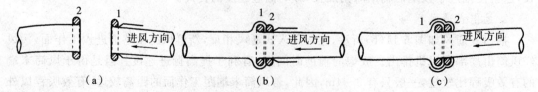

图 6-12　单反边接头的连接顺序

双反边接头的连接顺序如图 6-13 所示。先在风筒两端套上铁环 1、2,并各留 200~300mm 的反边,如图 6-13(a)所示;顺风流方向把有铁环 1 的风筒插入有铁环 2 的风筒内,拉紧风筒,使两环靠拢,要防止风筒歪斜出褶皱,如图 6-13(b)所示;然后把风筒 1 的反边翻套过来,再把风筒 2 的反边翻套过来,如图 6-13(c)所示。

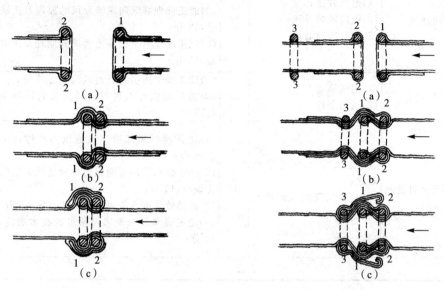

图 6-13 双反边接头　　　　图 6-14 多反边接头

多反边接头如图 6-14 所示,它在双反边的基础上多一个活环 3。活环 3 先套在有铁环 2 的风筒上,如图 6-14(a)所示;当风筒 1 反边翻套在风筒 2 上时,再把活环 3 套在风筒 2 的反边和风筒 1 的翻边上,如图 6-14(b)所示;然后把风筒 2 的反边和风筒 1 的翻边都翻套在活环 3 和铁环 1 上,如图 6-14(c)所示。

2. 减少针眼漏风

胶布风筒是用线缝制成的,在风筒吊环鼻和缝合处都有很多针眼。据现场观测,在 1kPa 压力下,针眼普遍漏风。因此,风筒的针眼处应用胶布粘补,以减少漏风。

3. 防止风筒破口漏风

在风筒靠近工作面的前端,应设置 3~4m 长的一段铁皮桶,随工作面推进向前移动,以防放炮崩坏胶布风筒。掘进巷道要加强支护,以防冒顶片帮砸坏风筒。风筒要吊挂在上帮的顶角处,防止被矿车刮破。对于风筒的裂口和裂缝,要及时粘补,损坏严重的风筒应该及时更换。

【考核评价】

序号	考核内容	考核项目	配分	检测标准	得分
1	全风压通风	(1)通风方法； (2)纵向风幛导风； (3)平行巷道通风	40	(1)能根据借助的通风设施的不同,对全风压通风形式进行正确分类,10分； (2)能正确理解纵向风幛导风的原理及优缺点,15分； (3)能正确理解平行巷道通风的原理及优缺点,15分	
2	引射器通风	(1)通风原理； (2)适用条件	10	(1)能正确叙述引射器通风的方法,5分； (2)能正确叙述引射器通风方法的适用条件,5分	
3	局部通风机通风	(1)通风方法及优缺点对比 (2)减少风筒漏风的技术措施	50	(1)能正确对局部通风机通风方法进行分类,5分； (2)能正确总结局部通风机3种通风方法的优缺点,10分； (3)能熟练掌握3类风筒接头的程序,25分； (4)能正确掌握减少风筒漏风的技术措施,10分	
	合计				

【课后自测】

1. 什么是掘进通风？
2. 矿井全风压通风的形式有哪些？
3. 简述纵向风幛导风的优缺点。
4. 简述风筒导风的优缺点。
5. 简述引射器通风的方法及适用条件。
6. 简述压入式通风的优缺点。
7. 简述抽出式通风的优缺点。
8. 简述压抽混合式通风的优缺点。
9. 简述减少风筒漏风的技术措施。
10. 简述风筒接头的方法及程序。

模块七　煤矿安全技术

课题一　矿井瓦斯及其防治

【应知目标】
　　□瓦斯爆炸的条件
　　□影响瓦斯爆炸的因素
　　□瓦斯爆炸的效应及其危害

【应会目标】
　　□会使用光学瓦斯检测仪测定瓦斯浓度
　　□会用风幛法处理采煤工作面上隅角瓦斯积聚

【任务引入】
　　瓦斯爆炸是煤矿瓦斯的重要危害之一,学习煤矿瓦斯爆炸的条件、影响煤矿瓦斯爆炸的因素、瓦斯爆炸的效应及其危害,利用所学的瓦斯基础知识,为预防煤矿瓦斯爆炸提出可行性预防措施。

【任务描述】
　　瓦斯浓度、高温热源和氧气浓度是瓦斯爆炸的3个条件,只有在掌握瓦斯爆炸的影响因素后,才能提出预防瓦斯爆炸的技术措施,动手处理瓦斯积聚问题,防止瓦斯爆炸。

【相关知识】

一、瓦斯的危害

1. 瓦斯燃烧

瓦斯自身就是一种非常容易燃烧的气体,而煤层中的瓦斯含量又普遍较高,要是不能及时有效地对煤矿瓦斯进行稀释、排出,当矿井局部空间有较高浓度的瓦斯积聚时,一旦有火源出现,就有可能引起瓦斯燃烧,造成煤矿火灾。

2. 瓦斯爆炸

一定浓度的氧气与一定浓度的瓦斯在合适的温度条件下,会产生强烈的氧化反应,这就是我们通常所说的"瓦斯爆炸"。瓦斯爆炸对于煤矿而言是非常重大的灾难。在煤矿的生产过程中,常常会因为各种生产、工作行为而产生火花,这就可能会引发瓦斯爆炸,严重的还会产生煤层连锁爆炸。

3. 瓦斯窒息

煤矿瓦斯一般游离存储在密闭的岩缝或煤层中,进行煤矿开采作业时,当存储有瓦斯的岩层被破坏后,便会有大量的瓦斯涌出。此时,如果煤矿的通风设施不能正常、高效地运作,就会造成井下工作人员因吸入瓦斯而窒息。

4. 环境污染

目前，全球对于煤矿的开采都日渐规模化，这在一定程度上加大了煤矿瓦斯的排出量，大量瓦斯被排放到矿井外部空气中，就会加剧温室效应。

二、瓦斯爆炸的条件

瓦斯爆炸的实质是瓦斯与氧气进行剧烈的化学反应，可用下面的化学方程式表示：

$$CH_4 + 2O_2 \xrightarrow{\text{点燃}} CO_2 + 2H_2O + 882.6kJ/mol \qquad (7-1)$$

如果发生瓦斯爆炸的地点氧气不足，那么爆炸产物中还会有一氧化碳。研究人员通过实验对瓦斯发生爆炸的条件进行了研究，得出以下结论。

1. 瓦斯浓度

在空气中，瓦斯浓度小于5%时没有爆炸性，但是这种低浓度瓦斯可以在火源周围燃烧，当火源消失时，瓦斯则不能继续燃烧；瓦斯浓度在5%~16%范围内时有爆炸性，当瓦斯浓度为9.5%时爆炸威力最大；瓦斯浓度超过16%（如果瓦斯在整个空间中的分布是均匀的）时，则既不能燃烧也不能爆炸，但是这种高浓度瓦斯具有潜在的爆炸危险，在混入新鲜空气之后有可能爆炸。

2. 高温热源

实验表明，瓦斯的引火温度为650~750℃。煤矿井下有多种可能出现的火源都有引燃瓦斯的可能，如吸烟、电焊和气焊、外因火灾和自然发火、电火花、井下爆破特别是违章爆破、摩擦碰撞以及静电放电产生的高温或火花等。

3. 氧气浓度

瓦斯爆炸的实质是瓦斯与氧气在一定的条件下发生化学反应，因此，氧气浓度对瓦斯爆炸必然产生一定的影响。实验证明，瓦斯浓度的高低决定着爆炸能否发生和爆炸威力的大小，当氧气浓度小于12%时，瓦斯就不再具有爆炸性。

通过以上分析，我们将瓦斯爆炸的条件概括如下：瓦斯在空气中必须达到一定浓度；必须有高温火源；必须有足够的氧气。以上3个条件同时具备时，瓦斯才能发生爆炸。

三、影响瓦斯爆炸性的因素

影响瓦斯爆炸性的因素很多，其中主要影响因素有以下几种。

1. 空气中的浮游煤尘

我国研究人员曾通过实验研究浮游煤尘对瓦斯爆炸性的影响，其结果是：当浮游煤尘浓度为$5g/m^3$时，瓦斯浓度达到3%就具有爆炸性；当浮游煤尘浓度为$8g/m^3$时，瓦斯浓度达到2.5%就具有爆炸性。实验结果表明，在有瓦斯的地点，如果同时有浮游煤尘存在，瓦斯浓度小于5%时也可能具有爆炸性。

2. 其他可燃气体

煤矿井下有多种可燃气体，如CO、H_2S、H_2、NH_3等。这些气体对瓦斯爆炸性的影响和煤尘相同，也就是说，如果有瓦斯的地点还有一种或几种可燃气体存在，瓦斯浓度不需要达到5%就可能具有爆炸性。

3. 惰性气体

N_2、CO_2 等惰性气体对瓦斯的爆炸有抑制作用。实验证明，N_2 浓度每增加 1%，瓦斯爆炸的下限浓度就提高 0.017%，上限浓度则下降 0.54%；CO_2 对瓦斯爆炸性的影响与 N_2 的影响相同，只是影响程度不同。

4. 瓦斯和空气混合气体的温度

实验证明，瓦斯和空气混合气体的温度不同，瓦斯爆炸的浓度范围也不同。当温度为 20℃时，瓦斯爆炸的浓度范围是 6.0%～13.4%；当温度为 100℃时，瓦斯爆炸的浓度范围是 5.45%～13.50%；当温度为 700℃时，瓦斯爆炸的浓度范围是 3.25%～18.75%。

四、瓦斯爆炸的效应及其危害

瓦斯爆炸产生的主要效应有高温和高压、冲击波以及释放大量的有害气体。

1. 高温和高压

瓦斯爆炸是放热反应，爆炸发生的瞬间会释放出大量的热量，将使爆炸地点的温度和压力骤然升高。在密闭空间里，瓦斯爆炸时的温度为 2150～2650℃；在自由扩散条件下，瓦斯爆炸时的温度为 1850℃。井下巷道处于半密闭、半自由扩散状态，因此，瓦斯爆炸时的温度应在 1850℃以上。瓦斯爆炸所释放出的热量在形成高温的同时还会形成高压。据计算，瓦斯爆炸的瞬间，爆炸空间里的压力为 7～10 个大气压。高温能造成人体大面积的皮肤烧伤和呼吸道灼伤，引起火灾，烧毁井下的设备设施，还可能引起煤尘爆炸。高压对人体也有一定的伤害。

2. 冲击波

瓦斯爆炸时，因爆炸地点在瞬间形成高压区，将使爆炸地点的高压气体以极高的速度沿巷道向外冲击，这种冲击称为"直接冲击"。据计算，直接冲击的速度可达每秒几百米甚至上千米。由于爆炸地点的气体向外高速冲出，加之爆炸地点气体温度的下降（与周围物体及煤岩热交换）和水蒸气的凝结，在爆源附近又会形成空气稀薄的低压区，因此，冲出的气体会以很高的速度返回爆源，这种冲击称为"反向冲击"。反向冲击的威力虽较直接冲击弱，但因其是沿着遭受直接冲击破坏的巷道反冲的，所以其破坏性往往比直接冲击更大。

爆炸冲击波能破坏巷道、设备和设施，对灾区人员也有很强的杀伤力。除此之外，爆炸冲击波还可能引起二次爆炸甚至连续爆炸。如果直接冲击的高温高压气流在冲击的沿途扬起了煤尘或者遇到了积存的瓦斯，反向冲击的气流中含有足够的瓦斯和氧气，并且爆炸地点还存在火源，就有可能使爆炸再次发生。

3. 有害气体

瓦斯爆炸能产生大量有害气体。根据某些矿井取样分析，瓦斯爆炸区的气体成分为：O_2，6%～10%（体积比）；N_2，82%～88%；CO_2，4%～8%；CO，2%～4%。爆炸后的气体中氧气含量大量减少，含有大量的一氧化碳，如果有煤尘参与爆炸，则生成的一氧化碳更多。据统计，在瓦斯爆炸所造成的伤亡人员中，一氧化碳中毒者占很大比例。

【任务实施】

任务一 光学瓦斯检定器的使用

一、光学瓦斯检定器

1. 光学瓦斯检定器的外观

光学瓦斯检定器的外观如图 7-1 所示。

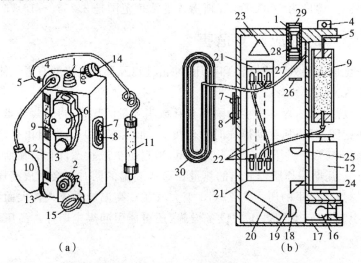

（a） （b）

1—目镜 2—主调螺旋 3—微调螺旋 4—吸气管 5—进气管 6—微读数观察窗 7—微读数电门 8—光源电门 9—水分吸收管 10—吸气球 11—二氧化碳吸收管 12—干电池 13—光源盖 14—目镜盖 15—主调螺旋盖 16—光源灯泡 17—光栅 18—聚光镜 19—光屏 20—平行平面镜 21—平面玻璃 22—气室 23—反射棱镜 24—折射棱镜 25—物镜 26—测微玻璃 27—分划板 28—场镜 29—目镜保护玻璃 30—毛细管

图 7-1 AQG-1 型光学瓦斯检定器

2. 光学瓦斯检定器的构造

光学瓦斯检定器主要由气路、光路和电路三大系统组成。

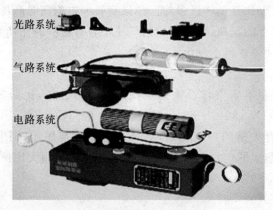

图 7-2 光学瓦斯检定器三大系统

模块七 煤矿安全技术

3. 光学瓦斯检定器的工作原理

由光源发出的光经过聚光镜后，聚成一束光到达平面镜，在平面镜的 O 点分成 2 部分，第一束光是从平面镜反射出来的，第二束光是从平面镜折射出来的。第一束光穿过气室的侧壁，由折光棱镜将其折回，再穿过另一侧的小气室回到平面镜 3，折射入平面镜的后表面，反射到平面镜的 O' 点，穿出平面镜后向反射棱镜 7 前进，再经偏折后，进入望远镜系统 8。第二束光线射入平面镜 3 后，在其前表面反射，然后通过气室的中央小室回到平面镜上的 O' 点，与第一束光会合产生干涉现象后一同进入望远镜系统 8。两束光在物镜的焦平面上显现出白光特有的干涉现象，干涉条纹中央为白色条纹，两边为彩色条纹。

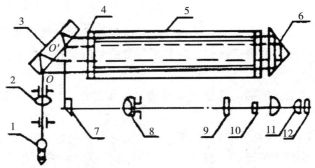

1—光源　2—聚光镜　3—平面镜　4—平行玻璃　5—气室　6—折光棱　7—反射棱镜
8、9、10、11、12—望远镜系统

图 7-3　光学瓦斯检定器光学系统图

当各气室内充进相同的气体时，两束光波所经过的光程相同（光程等于光线所通过的路程与光所通过物质的折射率的乘积）。如果在一束光的光程中改变气体的化学成分，或改变温度、压力等，因折射率发生变化，所以光程随之变化，干涉产生的条纹也发生移动。根据条纹移动的距离可以确定折射率发生变化的程度。甲烷的浓度与条纹移动距离成正比。

二、光学瓦斯检定器使用前的准备工作

1. 药品检查

（a）完好硅胶　　（b）失效硅胶　　（c）完好钠石灰　　（d）失效钠石灰

图 7-4　药品完好与失效对比图

光学瓦斯检定器使用的吸收剂在使用一段时间后就会失效，必须经常检查。发现吸收剂失效后要及时更换，否则会影响检查结果的准确性，还可能造成仪器不能正常使用。

吸收剂是否失效主要根据其物理性质进行判断。水分吸收管中的硅胶在完全失效时，其颜色由蓝色变为白色或很淡的浅红色；二氧化碳吸收管中的钠石灰失效后，会由粉红色变为浅黄色或白色。吸收剂不应等到完全失效时再更换，应适当提前更换，否则，将对仪器的

检查结果产生一定程度的影响。更换吸收剂时要注意：吸收剂的合适粒度范围为 2～5mm，粒度过大不能保证吸收效果，粒度过小则有可能被吸入进气管，造成堵塞，其中的粉末还可能被吸入气室；吸收管中的小零件必须按原来的位置摆正、放好，不得丢弃；吸收管中的脱脂棉应随同吸收剂一并更换。

2.气路系统检查

气路系统的检查包括以下 3 项具体内容。

(1)检查吸气球是否完好。一手掐住吸气管，使气体不能通过；另一只手捏扁吸气球后立即放松，同时观察吸气球完全胀起来需要的时间，如超过 1min 或不能胀起，则认为吸气球是完好的。

(2)检查气路系统是否漏气。一只手将二氧化碳吸收管的进气口堵住，另一只手将吸气球捏扁后立即放松，同时观察吸气球完全胀起来需要的时间，如超过 1min 或不能胀起，则认为气路系统不漏气。

(3)检查气路系统是否畅通。将吸气球捏扁后立即放松，若吸气球立即鼓胀起来，则认为仪器的气路系统是畅通的。

气路系统的检查必须按顺序进行，首先检查吸气球是否完好，然后检查气路系统是否漏气，最后检查气路系统是否畅通。

(a)检查吸气球是否漏气　　　　(b)检查仪器是否漏气

(c)检查气路的畅通性

图 7-5　气密性检查操作图

3.检查干涉条纹

对仪器的干涉条纹进行检查，实质上是对光路系统的检查。根据经验，仪器的干涉条纹如果是正常的，其光路系统通常也是正常的。仪器干涉条纹的检查包括 2 项内容。

(1)检查仪器的干涉条纹是否清晰。检查方法是按下光源电门，同时通过目镜观察干涉条纹亮度是否充分(黑色条纹颜色应均匀并呈条状)，干涉条纹是否有弯曲或倾斜的现象。造成干涉条纹不清晰的原因很多，如电池失效、光源灯泡位置不正、光路系统零件松动、灰尘进入气室等。除了电池失效可由仪器使用人员更换电池外，其他问题一般应交仪器维修人员处理。

(2)检查干涉条纹的宽度。检查方法是通过调整主调螺旋，使干涉条纹中左边的那条较黑的条纹与分划板上的零刻度线重合，然后从这条黑色条纹向右数；数到第五条黑色条纹时，看其是否与 7% 的刻度线重合，如果重合，则认为仪器精度符合要求。

模块七　煤矿安全技术

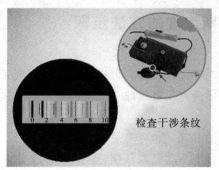
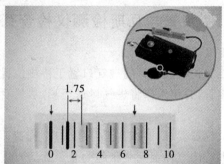

图 7-6　干涉条纹检查

检查干涉条纹的同时,还应检查分划板上的刻度线、数字是否清晰,不清晰时可旋转目镜筒进行调整。

4. 对零

对零的操作步骤如图 7-7 所示。

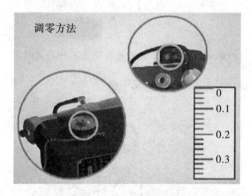

(a)按下微读数电门,转动微读螺旋,观察微读窗口,使零位刻度与指标线重合

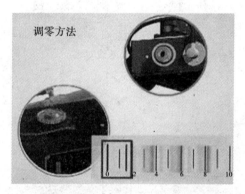

(b)捏压吸气球 5~6 次,拧下主调螺旋盖,按下光源电门,调主调螺旋,观察目镜,基准黑基线与分划板零位重合,记住此黑基线

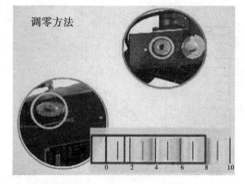

(c)一边观察目镜,一边盖好螺旋盖,防止拧动主调螺旋盖的过程中光谱移动

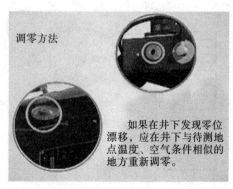

(d)若有零位漂移,重新调零

如果在井下发现零位漂移,应在井下与待测地点温度、空气条件相似的地方重新调零。

图 7-7　对零操作步骤

三、使用光学瓦斯检测仪检查瓦斯浓度的方法步骤

1. 吸取待测气体

将二氧化碳吸收管的进气口置于待测位置,如果测点过高,可根据需要将进气管换成较长的胶皮管,并用木棒将进气口送至测点,然后慢慢捏压吸气球5~6次,使待测气体进入气样室。

捏放气球要求:四指在下握住气球,拇指垂直按下,使气球完全贴合在一起,松开拇指,气球吸取待测气体至完全胀起为止。然后再进行下一次吸取气样,重复5~6次。

2. 读数

读数的操作步骤如图7-8所示。

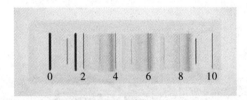

(a)调零结束,第一条黑基线对零

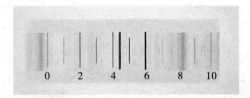

(b)抽取气样,第一条黑基线移到4和5之间

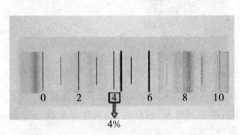

(c)从分划板上读出数值4%

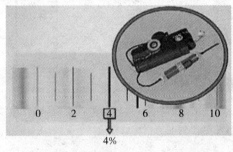

(d)转动微调螺旋,使第一条黑基线回到4%

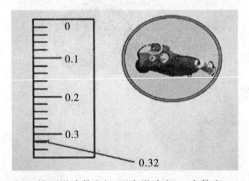

(e)按下微读数电门,观察微读窗口,小数为0.32

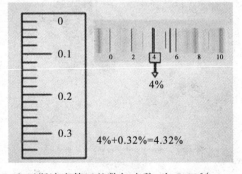

(f)瓦斯浓度等于整数加小数,为4.32%

图7-8 读数操作步骤

任务二 预防瓦斯爆炸的措施

根据瓦斯爆炸的条件,预防瓦斯爆炸一般应从2个方面采取措施,即防止瓦斯积聚和防止瓦斯被引燃。另外,防止瓦斯爆炸事故扩大也通常被作为预防瓦斯爆炸措施的一部分。

一、防止瓦斯积聚的措施

1. 加强通风

加强通风是防止瓦斯积聚的基本方法之一,主要包括建立合理的通风系统和加强通风管理2个方面。每一矿井的通风系统和通风管理工作都必须符合《煤矿安全规程》(以下简称《规程》)的要求;严禁采用独眼井开采,严禁采用不符合《规程》规定的串联通风,掘进工作面禁止采用扩散通风;矿井的产量必须与矿井通风能力相适应,严禁超通风能力生产。

2. 加强瓦斯检查

瓦斯检查是预防瓦斯爆炸事故的主要措施之一。瓦斯检查工作搞好了,就能够及时、准确地掌握井下的瓦斯浓度,及时发现瓦斯超限和瓦斯积聚等事故隐患。加强瓦斯检查可以从瓦斯检查人员配备和培训,仪器装备的购置、使用和维护,以及管理制度的建立和执行3个方面去做工作。

3. 及时处理局部积聚的瓦斯

煤矿井下易发生局部瓦斯积聚的地点主要有:采煤工作面上隅角;采煤机附近;顶板冒落的空洞中;采煤工作面切顶线附近;低风速巷道的顶板附近等。下面以采煤工作面上隅角局部瓦斯积聚的处理为例,介绍瓦斯积聚处理方法。

(1)风幛法。如图7-9所示,利用风袋布、木板或其他材料在工作面上隅角设置风幛,迫使部分风流经过上隅角,可消除上隅角的瓦斯积聚。

(2)水力引射器排除法。水力引射器是一种不同于常规通风机的小型通风机,它以高压水作为动力,可用于局部通风。水力引射器的特点是无转动的叶轮,且不用电,因此,不会产生任何火花。用水力引射器处理采煤工作面上隅角局部瓦斯积聚的方法如图7-10所示。

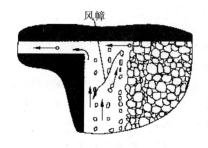

图7-9 利用风幛法处理工作面上
隅角积聚的瓦斯

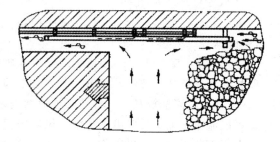

图7-10 利用水力引射器处理工作面上
隅角积聚的瓦斯

(3)设置回风尾巷。回风尾巷的布置如图7-11所示。采用这种方法时,采区必须设置边界上山,并通过沿空留巷在工作面回采之后,把其材料道保留下来,作为回风尾巷。由于回风尾巷的存在,使采空区的漏风方向发生了改变,因此,采空区的瓦斯会随同漏风进入回风尾巷,通过回风尾巷和回风上山排出。但是,现行《规程》第一百三十七条对回风尾巷的应用规定了若干前提条件,在采煤工作面设置回风尾巷时必须遵守这些规定。这种方法的缺点是增加了采空区的漏风范围和漏风量,有可能导致自然发火。

(4)改变采空区的漏风方向。如图7-12所示,将工作面上部区段采空区的密闭墙拆开,这时采煤工作面采空区的漏风方向将发生改变,大部分漏风不再进入上隅角,因此,能使上隅角的瓦斯来源减少,瓦斯浓度下降。这种方法只适用于不易自燃的煤层。

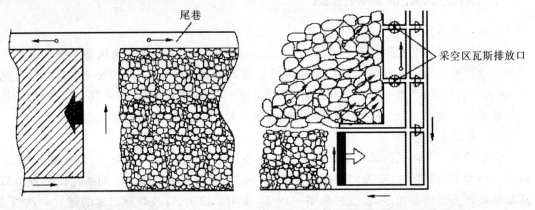

图 7-11 利用尾巷排放法处理　　　　图 7-12 通过改变采空区的漏风方向
　　　　工作面上隅角积聚的瓦斯　　　　　　处理工作面上隅角积聚的瓦斯

(5)小型液压通风机吹散法。该方法是利用在工作面上隅角附近安设的小型液压通风机向上隅角送风,吹散上隅角积聚的瓦斯,如图7-13所示。

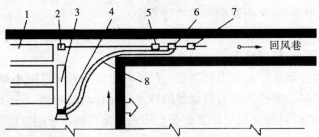

1—液压支架　2—甲烷传感器　3—柔性风筒　4—小型液压通风机　5—中心控制处理器
6—液压泵站　7—磁力启动器　8—油管

图 7-13 利用小型液压通风机吹散工作面上隅角积聚的瓦斯

(6)移动式抽放站抽放法。该方法是利用移动式抽放站和通过上隅角埋入采空区一定距离的瓦斯抽放管路抽放瓦斯。移动式抽放站设在工作面回风巷和采区总回风巷的交叉处(处于新鲜风流中),抽放管路沿工作面回风巷布置,抽出的瓦斯排至采区回风巷。

(7)采用下行通风。采煤工作面采用下行通风,能防止上隅角发生瓦斯积聚,这一点已被许多矿井的实测结果所证实。阜新清河门煤矿的实测结果是:上行通风时,工作面上隅角瓦斯浓度常达10%;改为下行通风后,瓦斯浓度不再超限,下行通风的工作面下隅角瓦斯浓度最高,为0.49%～0.70%,没有发生瓦斯积聚。芙蓉煤矿采用上行通风时,上隅角瓦斯浓度经常超限,改用下行通风后不再超限。

4. 抽放瓦斯

当矿井或某一区域的瓦斯涌出量较大,采用通风的方法已不能可靠地控制瓦斯浓度时,应同时采取瓦斯抽放措施。

二、防止瓦斯被引燃的措施

防止瓦斯被引燃的基本原则是:对一切非生产必需的热源要坚决杜绝,生产中可能发生的热源必须严加管理和控制,防止其发生或限制其引燃能力。

《规程》规定:严禁携带烟草和点火物品下井;井口房和通风机房附近20m内,不得有烟火或用火炉取暖。井下和井口房内不得从事电焊、气焊和喷灯焊接等工作。如果必须在井下主要硐室、主要进风井巷和井口房内进行电焊、气焊和喷灯焊接等工作,每次都必须根据现场条件和《规程》第二百二十三条内容制定严密的安全措施,并认真贯彻执行;对井下火区必须加强管理。

井下有瓦斯爆炸危险的地点必须按《规程》要求,选用具有防爆性能的电气设备。经常对电气设备的防爆性能进行检查,发现失爆后要及时处理或更换电气设备,严禁继续使用。

在井下不得带电检修、搬迁电气设备、电缆和电线。严禁在井下拆开、敲打和撞击矿灯。矿灯必须有可靠的短路保护装置,高瓦斯矿井应装有短路保护器。

井下爆破必须使用煤矿许用炸药和煤矿许用电雷管。选用炸药的安全等级必须符合《规程》规定,不得使用过期或严重变质的爆炸材料。井下爆破必须使用发爆器,严禁使用其他电源作为起爆电源。炮眼装药量要适当,炮泥必须封足封实,严禁裸露爆破。

随着矿井机械化水平的提高,摩擦火花引燃瓦斯的危险性逐渐增大。国内外都曾对此进行研究,提出的主要预防措施有:在摩擦部件的金属表面熔敷一层活性小的金属(如铬)或在金属中加入少量的铍,降低摩擦火花的引燃能力;在摩擦发热的部件上使用过热保护(如液力偶合器上的易熔合金塞)或温度检测报警断电装置等。为了防止摩擦火花引起火灾和瓦斯爆炸,采掘生产过程中应注意:

(1)采煤机不得使用磨钝的截齿,截煤时要采用内、外喷雾。工作面遇有坚硬夹矸或黄铁矿结核时,应采取松动爆破措施处理,严禁用采煤机强行截割。

(2)刮板输送机的液力偶合器,必须按所传递的功率大小注入规定量的难燃液,并经常检查有无漏失。易熔合金塞必须符合标准,并设专人检查,清除塞内污物。严禁用不符合标准的物品代替。

三、防止瓦斯爆炸事故扩大的措施

(1)矿井各生产水平和每一生产水平的各采区之间必须实行分区通风;采掘工作面应采用独立通风。

(2)通风系统力求简单。总进风道与总回风道的间距不可太近,以免发生爆炸时造成风流短路。废弃的巷道和采空区要及时封闭。

(3)装有主要通风机的出风井口应安装防爆门,防止瓦斯爆炸毁坏通风机,给救灾和恢复生产增加困难。

(4)生产矿井的主要通风机必须装有反风设施,并能在10min内改变巷道中的风流方向。

(5)在矿井的两翼之间,相邻的采区、相邻的煤层以及相邻的采煤工作面间和采掘工作面巷道中设置水棚或岩粉棚。

(6)必须及时清除巷道中的浮煤,清扫或冲洗沉积煤尘。

(7)井下作业人员都应熟练掌握自救器的开启和佩戴方法,并熟悉自己工作地点的避灾路线。

(8)煤矿企业必须编制年度灾害预防和处理计划,并根据具体情况及时修改。

【考核评价】

序号	考核内容	考核项目	配分	检测标准	得分
1	瓦斯的危害	(1)燃烧的危害; (2)爆炸效应及危害	20	(1)能叙述瓦斯燃烧的危害,5分; (2)能阐述瓦斯爆炸的效应及危害,15分	
2	瓦斯爆炸的影响因素	(1)可燃气体、煤尘、高温对爆炸界限的影响; (2)惰性气体对爆炸界限的影响	15	(1)能分析不同气体对瓦斯爆炸界限的影响,5分; (2)能总结粉尘、高温对瓦斯爆炸界限的影响,10分	
3	防止瓦斯爆炸的措施	(1)防止瓦斯积聚; (2)防止瓦斯被引燃; (3)防止瓦斯爆炸事故扩大	25	(1)能叙述各个措施的具体方法,15分; (2)能分析各个措施之间的相互联系,10分	
4	瓦斯浓度实测	(1)吸取待测气体; (2)读数	20	(1)能正确吸取待测气体,10分; (2)能正确读取瓦斯浓度数值,10分	
5	采煤工作面上隅角局部瓦斯积聚的处理方法	(1)风幛法; (2)回风尾行; (3)改变采空区的漏风方向	20	(1)能叙述出各方法的具体操作步骤,10分; (2)能绘图阐述各方法是如何控制瓦斯积聚的,10分	
		合计			

【课后自测】

1. 瓦斯的危害包括哪几个方面?
2. 瓦斯爆炸的效应与危害有哪些?
3. 检测瓦斯浓度的步骤是什么?
4. 影响瓦斯爆炸的因素包括哪几个方面?
5. 防止瓦斯爆炸的技术措施包括哪几个方面?
6. 处理采煤工作面上隅角瓦斯积聚的技术措施包括哪几个方面?

课题二 矿尘及其防治

【应知目标】

☐ 掌握煤尘爆炸的原因和过程
☐ 掌握煤尘爆炸的条件
☐ 掌握煤尘爆炸的爆炸效应

【应会目标】

☐ 会利用所学基础知识分析煤尘爆炸的危害性
☐ 能利用所学基础知识分析煤尘爆炸受哪些因素影响

模块七 煤矿安全技术

【任务引入】

为避免发生煤尘爆炸而造成人员伤亡、设备损坏和巷道破坏等事故,应在掌握煤尘爆炸的原因、过程、条件和影响因素的基础上,提出防止煤尘爆炸的措施,确保煤矿的安全生产。

【任务描述】

具有爆炸性的煤尘达到一定浓度后,在具备一定氧气浓度和高温热源的条件下,会发生煤尘爆炸。煤尘爆炸产生高温、高压和冲击波,可损坏设备、推倒支架、毁坏巷道,造成大量人员伤亡,并将积尘扬起,造成二次、三次的连续爆炸事故,危害极大。为保证煤矿井下安全生产,应掌握煤尘爆炸的基础知识。

【相关知识】

一、煤尘爆炸基础知识

1. 煤尘爆炸的原因

(1)煤尘在低温情况下具有吸附氧气的特性。

(2)煤尘在高温情况下氧化、加温速度加快。煤在受热后,单位时间内吸收较多热量而使温度很快升高,温度升高又加快了氧化速度。这些可燃气体遇到高温时,容易燃烧。燃烧的热量传给已悬浮的其他煤尘,又造成其他煤尘的燃烧。依次极快地进行,氧化反应越来越快,温度越来越高,范围越来越大,导致气体运动,并在火焰前形成冲击波。当冲击波达到一定强度时,即转为爆炸。

2. 煤尘燃烧或爆炸的过程

煤尘爆炸是指空气中氧气与煤尘急剧氧化的过程。这个过程大致可分为3步。

第一步,悬浮煤尘在热源作用下迅速被干馏或气化,释放出可燃性气体。

第二步,可燃性气体燃点较低,与空气混合后,在高温热源的作用下首先燃烧起来。

第三步,可燃性气体燃烧生成的热又使煤尘加热而燃烧,煤尘燃烧生成更多的热量。

这些热量以分子传导和火焰辐射的方式传给附近悬浮的或被吹扬起来的煤尘。这些煤尘受热后气化,放出可燃性气体,使燃烧能持续进行下去,氧化反应越来越快,温度越来越高,范围越来越大,当达到一定程度时,便形成剧烈爆炸。

二、煤尘爆炸的危害

煤尘爆炸的危害性主要表现在对人员的伤害、摧毁井巷及设施、破坏设备等方面。

(1)产生高温高压。根据实验测定,煤尘爆炸火焰的温度为1600~1900℃,其传播速度为610~1800m/s。爆炸的理论压力为736kPa,但是在有大量沉积煤尘的巷道中,爆炸压力将随着离开爆源距离的增加而跳跃式地增大。

(2)连续爆炸。煤尘爆炸和瓦斯爆炸一样,都伴有2种冲击:一是正向冲击;二是反向冲击。由于煤尘爆炸的冲击波传播速度快,能将巷道中的落尘扬起,使巷道中的煤尘浓度迅速达到爆炸范围,当落后于冲击波的火焰到达时,就能再次发生爆炸。有时可如此反复多次,形成连续爆炸。

(3)产生大量的一氧化碳气体。煤尘爆炸时产生的一氧化碳(CO)在灾区内的浓度可达3%,有时甚至高达8%。煤尘爆炸事故中死于一氧化碳中毒的人数占总死亡人数的70%~80%。

三、煤尘爆炸的条件及爆炸的效应

(一)煤尘爆炸的条件
煤尘爆炸必须同时具备4个条件：
(1)煤尘本身具有爆炸性。
(2)煤尘必须悬浮在空气中并达到一定浓度。
(3)有能引起爆炸的热源存在。
(4)空气中氧气浓度大于18%。

(二)煤尘爆炸的效应
(1)产生皮渣和黏块。
(2)生成有害气体。
(3)产生高温。
(4)火焰传播速度快。
(5)冲击波传播速度快。
(6)产生高压。

四、影响煤尘爆炸的因素

煤尘爆炸受许多因素的影响，其主要的影响因素如下。

1. 煤尘浓度

煤尘爆炸最强的浓度为$300\sim400g/m^3$。浓度小于$300g/m^3$直到煤尘爆炸下限浓度时，其爆炸强度逐渐减弱；浓度大于$400g/m^3$直到煤尘爆炸上限时，其爆炸强度也逐渐减弱。

2. 煤的挥发分

一般来说，煤尘可燃成分中挥发分含量越高，爆炸性就越强。

3. 煤的灰分和水分

煤含有的灰分是不燃性物质，能吸收热量，阻挡热辐射，破坏链反应，降低煤尘的爆炸性。挥发分含量小于15%的煤尘，灰分的影响比较显著；挥发分含量大于15%的煤尘，天然的灰分对煤尘的爆炸性几乎没有影响。煤的天然灰分和水分含量都很低，所以抑制煤尘爆炸的作用不显著。

4. 煤尘粒度

粒度对爆炸性的影响极大，平均体积直径(以下简称"粒径")在1mm以下的煤尘都可能参与爆炸，而且爆炸的危险性随粒度的减小而迅速增加。粒径在$75\mu m$以下的煤尘，特别是粒径为$30\sim75\mu m$的煤尘，爆炸性最强。粒径小于$60\mu m$的煤尘，爆炸性增强的趋势变得平缓。

5. 空气中的瓦斯浓度

瓦斯的存在使煤尘的爆炸下限降低，随着瓦斯浓度的增大，煤尘爆炸的下限浓度急剧下降，煤尘爆炸的上限也会提高，爆炸浓度的范围也会扩大。在煤尘参与的情况下，小规模的瓦斯爆炸可能演变为大规模的煤尘瓦斯爆炸事故。

6. 空气中的氧气含量

空气中氧气含量高时，点燃煤尘云的温度可以降低；空气中氧气含量低时，点燃煤尘云较困难;当氧气含量低于18%时,煤尘就不会发生爆炸。

7. 引爆热源

煤尘爆炸必须有一个达到或超过最低点燃温度和能量的引爆热源,其温度越高,能量越大,越容易点燃煤尘云,而且初始爆炸强度也越大;反之,温度越低,能量越小,越难点燃煤尘云,而且即使引起爆炸,初始爆炸强度也较小。

【任务实施】

任务一 隔爆和防爆措施

一、防爆措施

设法降低或减少煤矿生产过程中煤尘的产生量和浮尘量,是防止煤尘爆炸的最积极、最有效的根本性措施。具体措施有以下几种。

1. 冲洗法

对于巷道壁帮的沉积煤尘,用高压水冲洗,防止煤尘飞扬。

2. 煤层注水、采空区灌水

煤层注水是回采工作面最有效、最积极的防尘措施。它是指在回采前预先在煤层中打若干钻孔,通过钻孔注入压力水,使其渗透进入煤体的内部,增加煤的水分和尘粒的黏着力,降低煤的强度和脆性,增加塑性,减少采煤时的煤尘生成量;同时,将煤体中原生粉尘粘结为较大的尘粒,使之失去飞扬能力。

3. 粘结法

煤尘发生爆炸的最小粒度为 $5\mu m$,使用粘结剂增加煤尘的粒度,可使煤尘失去爆炸性。

4. 清扫法

《规程》规定:有煤尘爆炸危险的煤层,必须及时清除矿井巷道中的浮煤,清扫或冲洗沉积的煤尘,定期撒布岩粉,定期对主要大巷进行刷浆。清扫煤尘的方法分人工清扫和机械清扫2种。

5. 控制风速

一般认为最佳排尘风速为 1.5~2.0m/s。《规程》规定:矿井必须建立测风制度,每10天进行1次全面测风。对采掘工作面和其他用风地点,应根据实际需要随时测风,记录每次的测风结果,并写在测风地点的记录牌上。

6. 水封爆破和水炮泥

水封爆破和水炮泥是由钻孔注水湿润煤体演变而来的,它是将注水和爆破结合起来,借炸药爆破时产生的压力将水强行注入(压入)煤体中,可收到较好的降尘效果。

7. 喷雾洒水

喷雾洒水就是将压力水通过喷雾器在旋转或冲击作用下,使水流雾化成细散的水滴喷射于空气中。在矿尘产生量较大的地点进行喷雾洒水,是捕获浮尘和湿润落尘最简单易行的有效措施。

二、隔爆措施

1. 设置水棚

水棚包括水槽棚和水袋棚2种,设置水棚应符合以下基本要求。

(1)主要隔爆棚应采用水槽棚，水袋棚只能作为辅助隔爆棚。

(2)应设置在巷道的直线部分，且主要水棚的用水量不小于 $400L/m^2$，辅助水棚的用水量不小于 $200L/m^2$。

(3)相邻水棚中心距为 0.5～1.0m，主要水棚总长度不小于 30m，辅助水棚总长度不小于 20m。

(4)首列水棚距工作面的距离必须保持在 60～200m。

(5)水槽或水袋距顶板、两帮距离不小于 0.1m，其底部距轨面不小于 1.8m。

(6)如水槽或水袋内混入的煤尘量超过 5%，应立即换水。

2. 设置岩粉棚

岩粉棚分轻型和重型 2 类。它由安装在巷道中靠近顶板处的若干块岩粉台板组成，台板的间距稍大于板宽，每块台板上放置一定数量的惰性岩粉。当发生煤尘爆炸事故时，火焰前的冲击波将台板震倒，岩粉即弥漫于巷道中；当火焰到达时，岩粉从燃烧的煤尘中吸收热量，使火焰传播速度迅速下降，直至熄灭。岩粉棚的设置应遵守以下规定：

(1)按巷道断面积计算，主要岩粉棚的岩粉量不得小于 $400kg/m^2$，辅助岩粉棚的岩粉量不得小于 $200kg/m^2$。

(2)轻型岩粉棚的排间距为 1.0～2.0m，重型岩粉棚的排间距为 1.2～3.0m。

(3)岩粉棚的平台与侧帮立柱（或侧帮）的空隙不小于 50mm，岩粉表面与顶梁（顶板）的空隙不小于 100mm，岩粉板距轨面不小于 1.8m。

(4)岩粉棚距可能发生煤尘爆炸的地点的距离不得小于 60m，也不得大于 300m。

(5)岩粉板与台板及支撑板之间严禁用钉固定，以利于煤尘爆炸时岩粉板有效地翻落。

(6)岩粉棚上的岩粉每月至少检查和分析 1 次。当岩粉受潮变硬或可燃物含量超过 20% 时，应立即更换；当岩粉量减少时，应立即补充。

3. 设置自动隔爆棚

自动隔爆棚是指利用各种传感器，将瞬间测量的煤尘爆炸时的各种物理参量迅速转换成电信号，指令机构的演算器根据这些信号准确计算出火焰传播速度后，选择恰当时机发出动作信号，让抑制装置强制喷撒固体或液体消火剂，从而可靠地扑灭爆炸火焰，阻止煤尘爆炸蔓延。

任务二 综合防尘

矿井粉尘治理是指采用各种技术手段减少矿山粉尘的产生量，降低空气中的粉尘浓度，以防止粉尘对人体、矿山等产生危害的一项工作。

根据我国矿山几十年来积累的防尘经验，大体上可以将矿井粉尘防治技术分为通风除尘、湿式作业、密闭抽尘及净化、个体防护等。

一、通风除尘

通风除尘是指通过风流的流动将井下作业点的悬浮矿尘带出，降低作业场所的矿尘浓度。搞好矿井通风工作能有效地稀释和及时地排出矿尘。

决定通风除尘效果的主要因素是风速及矿尘密度、粒度、形状、湿润程度等，其中以风速的影响最为重要。通常，我们把能使呼吸性粉尘保持悬浮并随风流运动而排出的最低风速称为"最低排尘风速",把能最大限度排除浮尘而又不致使沉积粉尘二次飞扬的风速称为"最优排尘风速"。煤矿中对于风速的要求在《煤矿安全规程》中都有详细的规定。

二、湿式作业

湿式作业是指利用水或其他液体,使之与尘粒相接触而捕集粉尘的方法。它是矿井粉尘防治工作的主要技术措施之一,具有所需设备简单、使用方便、费用较低和除尘效果较好等优点,在煤矿中应用较为广泛。

1. 湿式打眼

该方法是指在凿岩或打钻的过程中,将水通过凿岩机、钻杆压送至孔底,以湿润、冲洗和排除产生的矿尘。据实测,干式打眼产尘量占掘进总产尘量的80%~85%,而湿式打眼的除尘率可达90%左右,并能提高打眼速度15%~25%。因此,湿式打眼能有效地降低掘进工作面的产尘量。

2. 洒水及喷雾洒水

洒水降尘是指用水湿润沉积于煤/岩堆、巷道周壁、支架等处的矿尘,被湿润的矿尘会相互附着凝集成较大的颗粒,使矿尘不易飞起。

喷雾洒水是指将高压水通过喷头(喷嘴),在旋转、冲击的作用下,使水流雾化成细微的水滴分布于空气中,水滴与浮尘碰撞接触后,尘粒被湿润,在重力的作用下下沉而达到除尘的目的。

洒水降尘广泛应用在炮前炮后和煤岩扒装前,对工作面向后20m范围内的巷道周壁、支架进行洒水,可防止粉尘因作业而飞扬。喷雾洒水广泛应用于掘进机的内外喷雾洒水、采煤机的内外喷雾洒水、扒装机联动喷雾、放煤口喷雾、支架间喷雾、转载点喷雾、矿井进风流净化喷雾、采区进风流净化喷雾、采掘工作面进回风工作面净化喷雾、产尘源净化喷雾、放炮喷雾等。

3. 水炮泥爆破

水炮泥爆破是指将装水的塑料袋代替一部分炮泥,填于炮眼内,爆破时水袋破裂,水在高温高压下汽化,与尘粒凝结,达到降尘的目的。事实证明,采用水炮泥比单纯用土炮泥时矿尘浓度低20%~50%,尤其是呼吸性粉尘含量,有较大程度的减少。

4. 潮料喷浆

混凝土喷射过程中的粉尘飞扬是锚喷作业中粉尘防治的重点。目前,最有效的降尘措施就是潮料喷浆法。它不仅能提高喷射混凝土的质量,减少粉尘的产生,还能降低回弹率。潮料的制备方法是,搅拌前在地面用水预湿骨料,拌和好的潮料要求手捏成团,松开即散,嘴吹无灰。潮料喷浆法在喷射处的降尘效率高达75%,而且潮料在装卸、拌和、过筛、上料时也能很好地控制粉尘的飞扬。

三、密闭抽尘及净化

密闭的目的是把局部尘源所产生的矿尘限制在密闭空间内,防止其飞扬扩散、污染作业环境,同时为抽尘净化创造条件。密闭净化系统由密闭罩、排尘风筒、除尘器和扇风机等组成。

矿山密闭有以下形式:

(1)吸尘罩。尘源位于吸尘罩口外侧,靠罩口的吸风作用吸捕矿尘。由于罩口外风速随距离的增加而急速衰减,控制矿尘扩散的能力及范围有限,故吸尘罩适用于不能完全密闭起来的产尘点或设备,如装车点、采掘工作面、锚喷作业等。

(2)密闭罩。密闭罩将尘源完全包围起来,只留必要的观察口或操作口。密闭罩防止矿尘飞扬的效果较好,适用于比较固定的产尘点和设备,如皮带运输机转载点、干式凿岩机、破碎机、翻笼、溜矿井等。

(3)除尘器。密闭空间中含尘空气经风筒与风机抽出后,如不能直接排到回风巷道,必须用除尘器净化,达到卫生要求后,才能排到巷道中。除尘器按除尘机理可分为:

①机械除尘器,包括重力沉降室、惯性除尘器和旋风除尘器。

②过滤除尘器,包括袋式除尘器、纤维层除尘器、颗粒层除尘器等,其原理是利用矿尘与过滤材料间的惯性碰撞、拦截、扩散等作用而捕集矿尘。

③湿式除尘器,包括水浴除尘器、泡沫除尘器、湿式旋流除尘器、湿式过滤除尘器、文氏管除尘器等。这类除尘器以水作介质,结构简单,在矿山中应用较多。

④静电除尘器,包括干式静电除尘器和湿式静电除尘器。它利用电力分离捕集矿尘,除尘效率高,但造价较高,在有爆炸性气体和过于潮湿的环境中不宜使用。

四、个体防护

个体防护是指通过佩戴各种面具以减少人体吸入粉尘的最后一道措施。因为即使井下各个生产环节均采取了一系列的防尘措施,但仍会有个别地点的粉尘浓度不能达到卫生标准,因此,作业人员必须佩戴个体防护用具。个体防护用具主要包括防尘口罩、防尘帽以及压风呼吸器等。

【考核评价】

序号	考核内容	考核项目	配分	检测标准	得分
1	煤尘爆炸	(1)煤尘爆炸原因; (2)煤尘爆炸过程; (3)煤尘爆炸危害; (4)煤尘爆炸条件及爆炸效应; (5)煤尘爆炸影响因素	35	(1)能正确叙述煤尘爆炸的原因及发展过程,5分; (2)能正确理解煤尘爆炸的危害,5分; (3)能正确掌握煤尘爆炸的条件及爆炸效应,15分; (4)能分析影响煤尘爆炸的因素,10分	
2	预防煤尘爆炸措施	(1)防爆措施; (2)隔爆措施	50	(1)能叙述煤尘防爆措施的工作原理,15分; (2)能理解煤尘隔爆措施的工作原理,并总结归纳隔爆水槽棚和隔爆岩粉棚的隔爆原理及设置要求,35分	
3	综合防尘	综合防尘方法	15	(1)能掌握综合防尘的措施,10分; (2)能叙述密闭抽尘的步骤,5分	
		合计			

【课后自测】

1.什么叫矿尘?

2.矿尘一般有哪些性质?

3. 矿尘有什么危害?
4. 煤尘爆炸有哪些危害?
5. 煤尘爆炸的条件是什么?
6. 影响煤尘爆炸的因素有哪些?
7. 简述预防煤尘爆炸的措施。
8. 综合防尘措施有哪些?
9. 隔爆措施主要有哪些?
10. 煤尘爆炸的原因有哪些?

课题三 矿井火灾及其防治

【应知目标】
　　□掌握矿井火灾产生的原因和过程
　　□掌握矿井火灾产生的条件
　　□掌握矿井火灾的爆炸效应

【应会目标】
　　□会利用所学基础知识分析矿井火灾的危害性
　　□能利用所学基础知识分析矿井火灾的因素影响

【任务引入】
　　矿井火灾是煤矿重大灾害之一。矿井火灾发生后,一般火势发展迅猛,变化复杂,影响范围广,往往造成人员伤亡和财产资源损失,有时还可能诱发瓦斯、煤尘爆炸,酿成更大的灾害。为了防止矿井火灾事故的发生,促进煤矿的安全生产,必须掌握矿井火灾发生的规律,本着"预防为主、消防并举、综合治理"的原则,做好矿井火灾的预测预报工作。

【任务描述】
　　矿井火灾发生后,往往造成人员伤亡和财产资源损失,有时还可能诱发瓦斯、煤尘爆炸,酿成更大的灾害。为了防止矿井火灾事故的发生,促进煤矿的安全生产,必须掌握矿井火灾的基础知识。

【相关知识】

一、发生矿井火灾的基本条件

　　发生矿井火灾必须具备3个条件,即通常所说的火灾发生三要素:可燃物、热源和充足的氧气。

二、矿井火灾的特点

　　与地面火灾相比,矿井火灾有以下特点:
　　(1)空间小、场地窄、设备多,防火设备及灭火器材不齐全,灭火比较困难。
　　(2)井下火灾受供氧条件限制,一般无明显火焰,但却生成大量的有害气体。

(3)内因火灾不易发现,持续时间长,燃烧的范围逐渐扩大,烧毁大量煤炭资源,冻结大量煤炭。

(4)井下人员集中,安全出口少,不易躲避和疏散,加大了火灾造成的损失。

三、矿井火灾的分类

根据引火源的不同,矿井火灾可分为外因火灾和内因火灾两大类。

(一)外因火灾

外因火灾是指由于外来热源引起可燃物燃烧而形成的火灾,又称"外源火灾"。

1. 引起外因火灾的火源

(1)明火。

(2)电火花。

(3)摩擦火花。

(4)爆破火焰。

(5)瓦斯、煤尘爆炸。

2. 外因火灾的特点

外因火灾的特点是无预兆,发生突然,来势凶猛,若发现不及时,易酿成恶性事故。

3. 外因火灾多发地

外因火灾多发生在风流畅通的地方,如井口房、井筒、机电硐室或转载点、爆炸材料库以及存放油类、木料、火药、机电设备的安全硐室和工作面内。

(二)内因火灾

内因火灾是指煤炭自身吸氧、氧化、产生热量,热量逐渐积聚达到着火温度而形成的火灾,也叫"自燃火灾"。根据统计,80%以上的矿井火灾都是内因火灾。

1. 内因火灾的特点

内因火灾的特点是发生、发展较为缓慢,初期阶段变化微小,不易找到火源的准确位置,增加了灭火难度。

2. 内因火灾多发地

(1)遗留有大量煤炭、未及时封闭或封闭不严的采空区。

(2)巷道两侧受地压破坏的煤柱。

(3)巷道中堆积的浮煤或片帮处。

(4)与地面老窑的连通处。

另外,根据发火地点不同,分为地面火灾和井下火灾;根据燃烧物不同,分为设备材料火灾、有用矿物体火灾和混合性质火灾;根据发火性质不同,分为原生火灾和次生火灾等。

四、矿井火灾的危害

矿井火灾对煤矿生产和人身安全的危害主要表现在以下几个方面。

(1)造成人员伤亡。

(2)导致矿井生产接续紧张。

(3)引起瓦斯、煤尘爆炸。

模块七　煤矿安全技术

(4)造成风流紊乱。
(5)造成巨大的经济损失。
(6)造成严重的环境污染。

【任务实施】

任务　矿井灭火

一、发生火灾时应采取的措施

1. 基本原则

(1)任何人发现井下火灾时,首先应立即采取一切可能的方法直接灭火,并迅速报告矿调度室。

(2)当井下发生火灾时,为保证迅速而可靠地灭火,必须严守纪律,服从命令,决不要惊慌失措,擅自行事。在场的区、班长应组织人员撤离危险区域,必要时应当佩戴自救器进行呼吸。

(3)电气设备着火或受到火灾威胁时,应首先切断电源。在电源切断前,只准使用不导电的灭火器材进行灭火。

(4)在抢救人员、灭火及封闭火区工作时,要指定专人检查各种气体及煤尘和风流变化情况,并严密注意顶板变化情况,防止因燃烧或顶板冒落伤人。

(5)矿调度室在接到井下火灾报告后,值班领导人应立即通知矿山救护队抢险,并迅速通知井下受到火灾威胁的人员撤离危险区域。矿长或总工程师接到火警报告后,应立即组织以矿长为首的救灾指挥部,组织力量抢救灾区人员。

(6)对井下火灾不能直接灭火时,必须封闭火区,在确保安全的前提下尽量缩小封闭火区范围。

2. 井下灭火的技术措施

(1)侦察火区、确定火源。
(2)保护井下人员的安全。
(3)控制风流。
(4)当矿井发生火灾时,控制风流应符合如下要求:
①能有效地控制火势,防止扩大灾情。
②创造接近火源地点、能够直接灭火的条件。
③避免造成瓦斯积聚和煤尘飞扬。
④防止火风压造成风流逆转。
⑤有利于尽快恢复生产。

3.《规程》中有关规定

任何人发现井下火灾时,应视火灾性质、灾区通风和瓦斯情况,立即采取一切可能的措施直接灭火,控制火势,并迅速报告矿调度室。矿调度室在接到井下火灾报告后,应立即按灾害预防和处理计划通知有关人员组织抢救灾区人员和实施灭火工作。

二、灭火方法

矿井灭火方法可分为直接灭火法、隔绝灭火法和综合灭火法。

(一)直接灭火法

1. 用水灭火

(1)水的灭火作用。用水灭火,简单易行,经济有效。水的灭火作用为:

①水有很大的吸热能力。

②强力水流直接喷射火源,可阻止物体燃烧和火势蔓延。

(2)用水灭火的注意事项。

①要有足够的水量,在灭火时要不间断地喷射。当火势旺时,不要把水直接射到火源中心,而应从火源的外围逐渐向火源中心喷射。当水量不足时,水在高温的作用下可分解成具有爆炸性的氢气和一氧化碳的混合气体。

②要有瓦斯检查员在现场随时检查瓦斯的含量。

③水能导电,不能用来直接扑灭电气火灾。

④不宜用水灭油类火灾。其原因是用水灭油类火灾可能使燃烧油类飞溅,又因油比水轻,可漂浮在水面上,易扩大火灾的范围。

⑤保证正常风流,以便使火烟和水蒸气能顺利地排到回风流中。

⑥灭火人员应站在进风侧,不准站在回风侧,防止高温烟流伤人或中毒。

(3)用水直接灭火的条件。

①火源明确,不是电气和油类火灾,能够接近火源。

②发火初期阶段火势不大,范围较小,对其他区域无影响。

③有充足的水源,供水系统完善。

④火源区瓦斯浓度低于2%。

⑤通风系统正常,风路畅通无阻。

⑥灭火地点顶板坚固,能在支架掩护下进行灭火操作。

⑦有充足的人力,能组织分组连续作战。

2. 用沙子或岩粉灭火

将沙子或岩粉直接撒盖在燃烧物体上,使燃烧物与空气隔绝,把火扑灭。沙子或岩粉都不导电,能吸收液体,通常用来扑灭初起的电气火灾和油类火灾。沙子或岩粉的成本低,灭火操作简单,易于长期存放,在机电硐室、炸药库等地方均应备有防火沙箱或岩粉箱。

3. 干粉灭火

目前,常用的干粉灭火剂是磷酸铵盐,它在高温作用下发生一系列分解吸热反应。

(1)干粉的灭火作用。

①磷酸铵盐粉末本身具有破坏火焰连续反应的能力,阻止燃烧的发展。

②发生化学反应时能吸收燃烧物的大量热量,降低其温度。

③分解出氨气和水蒸气,使燃烧体附近空气中氧浓度降低,阻止燃烧的发展。

④反应最终产生的糊状物质五氧化二磷覆盖在燃烧物表面,能隔绝空气,阻止其复燃。

(2)干粉灭火原理。

①干粉灭火剂灭火时,以雾状形态喷出,遇到火焰后发生化学反应,吸收火焰热量,降低火区温度;同时产生不助燃物质和水,减少空气中的含氧量,起到窒息火区的作用。

②干粉灭火时发生化学反应,生成糊状物质,覆盖在燃烧物上并渗透其中,胶凝成壳,使燃烧物与空气隔绝,起到灭火作用。

③灭火手雷(干粉灭火器的一种)灭火时有较大的冲击波,可抑制火焰的燃烧。

4. 泡沫灭火

泡沫灭火可分为泡沫灭火器灭火和高倍数泡沫灭火2种。泡沫灭火适用于距采煤工作面、未封闭采空区较远的巷道火灾,也适用于电气和油类火灾;但如果是煤壁着火,用泡沫灭火就很难奏效。

(1)高倍数泡沫灭火的原理。

①产生大量泡沫,阻断空气来源,覆盖燃烧物,隔离火源。

②泡沫受热产生的水蒸气吸收热量并降低火区温度。

③大量的泡沫阻挡了火区,防止火势的蔓延。

(2)高倍数泡沫灭火的适用范围。

①主要用于火源集中、泡沫易堆积的场合,如工厂、广场、仓库、井下巷道等。

②能扑灭固体和油类火灾,在断电的情况下能扑灭电气火灾。

③在盲巷或掘进工作面,可利用风筒输送泡沫。

5. 挖除火源灭火

挖除火源灭火是指将已经发热或燃烧的煤炭以及其他可燃物挖掉,并运出井外。这是扑灭火灾最可靠的方法。

挖除火源灭火的条件:

(1)火源位于人员可直接到达的地点。

(2)火灾处于初始阶段,范围不大。

(3)火区无瓦斯积聚,无煤尘爆炸危险。

(二)隔绝灭火法

隔绝灭火法是指在井下火灾不能用直接灭火法扑灭时,用防火墙迅速将火区严密封闭起来,隔绝火区的空气供给,减少火区内空气中的氧气含量,使火源缺氧而熄灭的灭火方法。它是处理大面积火灾和控制火势发展的有效措施。

1. 防火墙

(1)防火墙的位置选择。

①在保证灭火效果和工作人员安全的条件下,使被封闭的火区范围尽可能地缩小,防火墙的数量尽可能地减少。

②为便于作业人员的工作,防火墙的位置不应远离新鲜风流,一般不应超过10m,但也不要小于5m,以便留有复墙位置。

③防火墙前后5m范围内的围岩应稳定,没有裂隙,否则,应用喷浆或喷射混凝土将巷道围岩的裂缝封闭。

④运送材料方便,保证能迅速完成防火墙的砌筑任务。

⑤为保证防火墙面的密实性,砌好墙后,应在防火墙面上刷上一层水泥或防漏风涂料。

⑥火区密闭后,在防火墙与火源之间不应有旁侧风路存在,以免火区封闭后风流逆转,将有爆炸性的火灾气体和瓦斯带回火源而发生爆炸。

⑦不管有无瓦斯,防火墙特别是在进风侧应距火源尽可能近些,这样可使火区空间减小,爆炸性气体的体积减小,发生爆炸时威力变小。

(2)防火墙的种类。封闭火区的防火墙按其用途不同可分为临时防火墙、半永久防火墙、永久防火墙和耐爆防火墙4种。

①临时防火墙,包括风幛、木板防火墙和泡沫塑料防火墙。

②半永久防火墙,包括木段防火墙和黄泥防火墙。

③永久防火墙,包括砌体防火墙和浇灌防火墙。

④耐爆防火墙。

2.封闭火区的顺序

(1)先封闭进风口,后封闭回风口。在没有瓦斯爆炸危险的情况下,可先在火区的进风口迅速构筑临时防火墙,切断风流,控制和减弱火势;然后在回风口构筑临时防火墙;最后,在临时防火墙的掩护下建造永久性防火墙。

(2)先封闭回风口,后封闭进风口。这种封闭方法一般在火势不大、温度不高、无瓦斯存在以及烟流不大的情况下使用,是为了迅速截断火源蔓延而采用的。

(3)进、回风口同时封闭。在瓦斯矿井中,为防止因封闭火区引起瓦斯爆炸,应采取进、回风口同时封闭的方法。所谓"同时封闭",仍是指先构筑进风口防火墙,只是在防火墙将要建成时,先不急于封严,留出一定断面的通风孔;待回风口防火墙即将完工时,约好时间,同时将进、回风口防火墙上的通风孔迅速封堵严密。这种方法封闭时间短,能很快封闭火区,切断供氧,火区内瓦斯浓度不易达到爆炸界限。

3.火区的启封

《规程》规定:只有经取样化验证实火已熄灭后,方可启封或注销封闭的火区。

(1)火区熄灭的条件。

①火区内的空气温度下降到30℃以下,或与火灾发生前该区的日常空气温度相同。

②火区内空气中的氧气浓度降到5%以下。

③火区内空气中不含有乙烯、乙炔,一氧化碳浓度在封闭期间内逐渐降低,并稳定在0.001%以下。

④火区的出水温度低于25℃,或与火灾发生前该区的日常出水温度相同。

⑤上述4项指标持续稳定的时间在1个月以上。

(2)通风启封火区法。一般在火区面积不大、复燃可能性较小时采用通风启封火区法。操作顺序如下:

①使用局部通风机风筒、风幛对防火墙进行通风。

②确定有害气体排放路线,撤出此路线上及其邻近区的人员,并切断此路线上的所有电源。

③打开1个出风侧防火墙,打开方法是先打1个小孔,无危险后逐渐扩大,严禁一次全部拆除防火墙。

④观察一段时间,火区无异常现象且稳定后,从进风侧小断面打开防火墙(如有问题时,应立即重新封闭)。

模块七 煤矿安全技术

⑤当火区瓦斯排放一段时间后,相继打开其他进、回风侧防火墙。

(3)锁风启封火区法。锁风启封火区法具有防止火区复燃的条件,一般在高瓦斯矿井、火区范围很大并封闭有大量可燃性气体,难以确定火源是否熄灭时采用。

锁风方法:从进风侧在原有的火区防火墙外 5~6m 的地方构筑一道带风门的防火墙,救护队员佩戴仪器进入后,将风门关闭,形成一个封闭的空间,再将原来的防火墙打开。救护队员进入火区侦察火情后,根据火区实际情况,选择适当地点重新构筑带风门的防火墙,才能打开第一个防火墙风门。恢复通风后,观测火区有无异常。如此逐段启封,逼近发火地点。火区要求始终处于封闭、隔绝状态。

(三)综合灭火法

综合灭火法是隔绝灭火法与其他灭火方法的综合应用。

1. 注浆灭火

在有自然发火的矿井中,普遍采用黄泥注浆灭火的方法,可取得较好的效果。泥浆注入火区后能冷却燃烧物体和降低岩石的温度,并能充填煤体和岩石的裂隙,覆盖燃烧物的表面,阻止其继续燃烧和氧化。

(1)注浆灭火适应范围。一般在下列情况下采用注浆灭火法:

①用其他灭火方法没有效果或不能采用其他方法灭火时。

②当封闭的火区仍有裂隙、孔洞与其他井巷或地表相连通,不能隔绝火区时。

③为了隔绝生产区与火区时。

(2)注浆灭火方法。

①地面打钻注浆灭火。

②消火道注浆灭火。

③地面集中注浆站注浆灭火。

④井下区域性集中注浆灭火。

2. 注惰性气体灭火

向封闭的火区注入惰性气体,使火区空气中的氧气含量降低,冷却火源;增加密闭区内的气压,减少新鲜空气漏入;惰性气体渗入煤岩裂隙后包围燃烧体,并阻止其氧化和燃烧。目前,常用的惰性气体灭火有注二氧化碳灭火、注液氮灭火、注湿式惰性气体灭火等。

3. 均压灭火

均压灭火是指调节封闭火区的进、回风两侧的风压差,使其达到可能的最小值,以减少漏风,加速灭火。

(1)升压法,即工作面风压低于漏风点的风压,当压差为负值时,需要升高工作面风压。

(2)降压法,即工作面风压高于漏风点的风压,当压差为正值时,需要降低工作面风压。

【考核评价】

序号	考核内容	考核项目	配分	检测标准	得分
1	矿井火灾基础知识	(1)矿井火灾定义和分类； (2)矿井火灾发生基本条件； (3)矿井火灾的危害和特点	20	(1)能叙述矿井火灾的定义，并能对矿井火灾按不同标准分类,5分； (2)能正确理解矿井火灾三要素,5分； (3)能叙述矿井火灾的危害和矿井火灾的特点,10分	
2	直接灭火	(1)用水直接灭火； (2)干粉灭火； (3)泡沫灭火	25	(1)能理解和掌握用水直接灭火的适用条件,10分； (2)能掌握干粉灭火的原理,5分； (3)能理解和掌握泡沫灭火的原理及适用条件,10分	
3	隔绝灭火	(1)防火墙设置的位置； (2)封闭火区的顺序； (3)火区熄灭的条件； (4)火区启封的方法	40	(1)能正确选择构筑砖防火墙的最佳位置,10分； (2)能掌握封闭火区的顺序和适用条件,10分； (3)能根据《规程》规定判断火区是否熄灭,10分； (4)能理解和掌握通风启封火区和锁风启封的原理,10分	
4	综合灭火	(1)注浆灭火适用范围； (2)均压灭火原理	15	(1)能掌握注浆灭火的适用范围,5分； (2)能理解和掌握升压灭火和降压灭火的原理,10分	
合计					

【课后自测】

1. 什么是矿井火灾？
2. 矿井火灾按其成因是如何分类的？
3. 矿井火灾产生的要素有哪些？
4. 矿井火灾有哪些危害？
5. 矿井火灾有哪些特点？
6. 矿井防火一般有哪些措施？
7. 井下灭火一般有哪些技术措施？
8. 简述矿井灭火的方法。
9. 启封火区有哪些方法？
10. 封闭火区应注意哪些问题？
11. 井下火区火的熄灭条件是什么？

课题四 矿井水灾及其防治

【应知目标】

☐ 矿井水源与涌水通道
☐ 矿井水灾发生的原因
☐ 矿井水灾的危害

模块七 煤矿安全技术

【应会目标】
☐ 掌握矿井水源与涌水通道的相关知识
☐ 理解矿井水灾发生的原因
☐ 掌握矿井水灾危害的相关知识

【任务引入】
20世纪60年代以来,随着我国煤矿开采深度、速度、强度和规模的不断增加,煤矿突水事故频繁发生。矿井水害成为煤矿安全生产的主要危害之一。据不完全统计,自1956年至今,全国发生突水事故1660余起,造成淹井灾害229起,1000多人丧生,经济损失100多亿元。毋庸置疑,矿井水害防治是影响煤矿安全生产的一个重要因素,地下水的防治已成为煤矿安全工作的一项重要内容。

【任务描述】
矿井透水事故的发生需要水源和通道,只有具备这2个条件,才能导致水灾的发生。因此,只有掌握水灾事故发生的基础知识,并借助防治水的技术措施,如探水、放水、截水、堵水、排水等,才能防止透水事故的发生,从根本上防治水灾。

【相关知识】

一、矿井涌水水源

矿井涌水水源可分为地面水源和地下水源。

(一)地面水源

地面水源包括大气降水和地表水。

1. 大气降水

大气降水的主要形式是降雨和降雪。地面的降雨和降雪是地下水的主要补给来源,同时,它又能通过各种涌水通道直接进入矿井中。例如,1960年,某煤南小井因暴雨突袭,河水猛涨,洪水从暖风硐灌入井下,吞没了整个小井,造成10人死亡。

大气降水对矿井涌水量的影响有着明显的地区差别和季节性特点:大气降水量大的地区,矿井的涌水量也较大;大气降水量小的地区,矿井的涌水量也较小。这种影响对于分布于河谷洼地,并且煤层上部有透水层、溶洞、裂隙或塌陷裂缝的浅井,表现尤为显著。另外,同一矿井在不同季节,其涌水量也不一样,雨季时涌水量增大,旱季时涌水量减小。

2. 地表水

地表水是指位于地球表面的江河、湖泊、沼泽、水库、池塘、洼地等聚积的水源。它可以通过井巷、塌陷裂缝、断层、裂隙、溶洞和钻孔等直接流入井下,造成水灾,如图7-14所示;也可以作为地下水的补给水源,经过地下水与井巷的通路流入井下,造成水灾,如图7-15所示。我国淮南、淮北、兖州、涟邵等矿区都曾发生过由于地表水灌入矿井而造成的水灾事故。

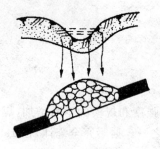 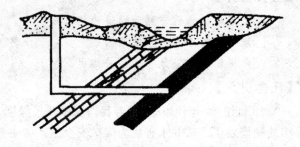

图 7-14　地表水直接流入井下　　　图 7-15　地表水作为地下水的补给源流入井下

(二)地下水源

地下水源包括含水层水、断层水和老空水。

1. 含水层水

含水丰富的岩层叫"含水层",如流沙层、砂岩层、砾岩层和具有喀斯特溶洞的石灰岩层等。当掘进巷道穿透含水层或采煤工作面放顶后所形成的岩石裂缝与这些含水层相通时,含水层水就将涌入矿井。含水层水的特点是水压高、水量大、来势猛,特别是当它与地面水源连通时,对矿井生产的威胁更大。

2. 断层水

断层破碎带内的积水叫"断层水"。当掘进巷道或采煤工作面与之相通时,就可能造成涌水事故。特别是当断层与地面水源或含水层相通时(图 7-16),造成的水灾危害将更大。例如,1935 年,在日本帝国主义侵略统治下的原山东鲁大公司淄川炭矿公司北大井(今山东淄博矿务局的洪山煤矿),由于水文地质情况不明,又未采取必要的探水措施,在巷道掘进到与地面朱龙河及含水丰富的奥陶纪灰岩连通的周瓦庄断层附近时,河水突然灌入,涌水量达 $643m^3/min$,78h 后淹没了整个矿井,夺去了 536 名矿工的生命。

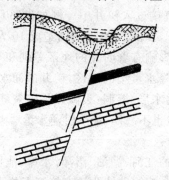

图 7-16　地表水或含水层水经断层进入矿井

3. 老空水

废弃的井巷、古井、小窑和采空区内的积水称为"老空水"。老空水的特点是水压力大、积水量大、来势凶猛,且常伴有大量的有害气体(二氧化碳、硫化氢等)。如果开采时与之相通,就会造成透水事故,释放有害气体,使人中毒。所以,当井田范围内有老空积水时,应特别注意防治。

二、矿井涌水通道

矿井涌水通道有人为形成的涌水通道和天然形成的涌水通道之分。

（1）人为形成的涌水通道有：

①顶板冒落裂隙带，即顶板冒落形成导水裂隙。

②岩溶塌陷带，即矿区开采后地表下沉，地表水和大气降水通过塌陷坑直接灌入井下。

③封孔不严的钻孔，即打钻后封孔不严，钻孔成为各类含水层的涌水通道。

（2）天然形成的涌水通道有：

①孔隙、裂隙，各种岩层中的节理、层理成为涌道。

②岩溶，岩石中的溶洞、孔洞成为涌水通道。

③断层破碎带，通过断层与含水层相连成为涌水通道。

三、矿井水灾发生的原因

矿井水灾发生的根源在于水文情况不清、设计不当、措施不力、管理不善和思想麻痹、违章作业等。具体来说，有以下 7 个方面的原因。

1. 地面防洪措施欠详

地面防洪、防水措施不周详，或有了措施，却不认真贯彻执行，一旦暴雨、山洪冲破防洪工程，洪水将由井筒或塌陷区裂缝大量灌入井下而造成水灾。

2. 井筒位置设计不当

把井筒布置于不良的地质条件中或强含水层附近，施工后，在矿压的共同作用下，易导致顶、底板透水事故；或井筒的井口位置标高低于当地历年最高水位，一旦暴雨袭来，山洪暴发，就可能造成淹井事故。

3. 资料不清，盲目施工

对井田内水源的分布情况及其相互连通的关系等水文地质资料不清楚或掌握不准确，就进行盲目施工，致使当掘进井巷接近老空、含水断层、强含水层、溶洞等水源时，施工者仍然不知道，未能事先采取必要的探放水措施，而造成突水淹井或人身事故。

4. 低劣施工，不讲质量

管理不力，施工质量低劣，平巷掘进腰线忽高忽低，致使井巷塌落、冒顶、跑漏，导通顶板含水层而发生透水事故。

5. 乱采乱掘，破坏煤柱

乱采乱掘破坏了防水煤柱或岩柱，会造成透水事故，特别是一些小煤窑，毫不顾及大矿的安危，只讲个人利益，乱采乱挖隔离煤柱或岩柱而造成透水事故的现象更为突出。

6. 技术差错，造成事故

由于对断层附近、生产矿井与废弃矿井之间、采空区与新采区之间是否留设煤柱和确定煤柱尺寸时出现技术决策错误，该留设的煤柱没有留设，或所留设的煤柱尺寸太小，故起不到应有的作用，而导致矿井水灾发生。另外，出现测量误差或探水钻孔方向偏离，没有准确掌握水源位置、范围、水量、水压等技术参数；或者巷道掘进方向偏离探水钻孔方向，超出了钻孔控制范围，以及积水区掘透等技术差错，也会导致涌水事故发生。

7. 麻痹大意，强行违章

许多案例说明，造成水灾的主要原因不是地质资料不清或技术措施不正确，而是忽视安全生产，思想上麻痹大意，丧失警惕和违章作业。某矿务局对1956—1966年发生的9次水灾事故的分析表明：该局由于勘探资料不足，矿井地质构造和水文情况不清而造成的水灾事故仅占20%；由于没有执行探放水制度，在构造破坏时违章操作，以及注浆质量不高等造成的水灾事故占80%。该统计数据进一步证明，矿井水灾事故绝大多数情况是由违章作业、管理不善等主观原因造成的。

除上述原因外，如果井下未构筑防水闸门，或虽有防水闸门，但在矿井发生突水事故时未能及时关闭，没有起到应有的堵截水作用，也将导致水灾。井下水泵房的水仓不按时清理，容量减小；水泵的排水能力不足，在矿井发生突水时，涌水量超过排水能力，而且持续的时间很长，采取临时措施也无法补救时，矿井也会被淹没。

矿井发生突水事故的可能性总是存在的，但是只要搞清水灾发生的原因，并有针对性地采取措施，加强管理，杜绝违章，矿井水灾是完全可以避免的。

四、矿井水灾的危害

矿井水（灾）的危害主要表现在以下4个方面。

(1) 造成顶板淋水，使巷道内空气的湿度增大、顶板破碎，对工人的身体健康和劳动生产率都会带来一定的影响。

(2) 由于矿井水的存在，故生产建设过程中必须进行矿井排水工作。矿井水的水量越大，所需安装的排水设备越多或功率越大，排水所用的电费开支就越高，从而增加了原煤生产成本。

(3) 矿井水对各种金属设备、钢轨和金属支架等有腐蚀作用，使这些生产设备的使用寿命大大缩短。

(4) 当矿井水的水量超过矿井的排水能力或发生突然涌水时，轻则造成矿井局部停产或局部巷道被淹没，重则造成矿井淹没、人员伤亡，被迫停产、关井。

【任务实施】

任务一　煤矿地面防治水

为了防止或减少大气降水和地表水涌入工业场地，或通过渗漏区和井口进入井下，必须认真做好地面防治水工作。地面防治水是预防矿井水灾的第一道防线，对于以大气降水和地表水为主要涌水水源的矿井来说尤为重要。

要做好地面防治水工作，首先要掌握地表水的性质、特点及变化规律，其次要掌握矿区的地形、地貌及当地气候条件，研究并确定防治水措施及防排水工程。地面防治水措施可以概括为6个字，即排、疏、堵、填、蓄、查。

一、排

排是指排泄山洪、排放积水。

1. 挖沟排洪

矿井井口和工业场地内建筑物的高程，必须高于当地历年最高洪水位；在山区，还必须避开可能发生泥石流、滑坡的地段。当井口及工业场地内建筑物的高程低于当地历年最高洪水位时,必须修筑堤坝、沟渠或采取其他防排水措施,以防暴雨、山洪从井口灌入井下。

当矿井四周环山或依山而立时,山洪极易灌入井下,甚至淹没矿井。这时应根据水流的方向在矿井的上方挖排洪沟,使暴雨山洪泄入排洪沟,并引至井田外,如图7-17所示。

2. 排泄矿区内的积水

对于矿区内面积较大的洼地、塌陷区及池沼等积水区内的积水,可开凿排水沟渠进行排泄,也可修筑围堤防积水,必要时可安设排水设备排除积水,以减少对矿井的威胁。

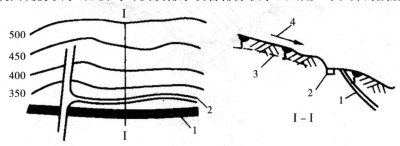

1—煤层露头 2—排洪沟 3—潜流 4—山洪流向
图7-17 挖排洪沟

3. 设置排洪站

对于洪水季节河水有倒流现象的矿区,应在泄洪总沟的出口处建立水闸,设置排洪站,以备河水倒灌时用水泵向外排水。

二、疏

疏是指疏干或迁移地表水源。当井田范围内存在江河、湖泊、沟渠等地表水,且煤体上部无足够厚度的隔水地层时,应尽可能将这些地表水源疏干或迁移。如徐州大黄山矿为防止地表水进入矿井,将流经井田范围内的不老河改道(图7-18)。疏干或迁移可以彻底解除地表水对矿井的威胁。

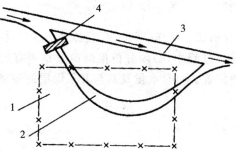

1—受益范围 2—天然河道 3—人工河道 4—水坎
图7-18 河流改道

三、堵

堵是指加固河床堵渗漏,灌注浆液堵通道。当经过井田范围内的河流(或冲沟、渠道)的河床渗水性强,能导致大量河水渗入井下时,应采取局部或全部铺底的办法加固河床,以阻止或减少河水渗(漏)入井下。

对于可能将地面与井下连通的基岩裂隙、溶洞、废钻孔及古井老窑等，都必须灌注水泥砂浆或用黏土填平夯实，以防漏水。

四、填

填是指充填、平整洼地。对于矿区内容易积水但面积不大的洼地、塌陷区，可用黏土充填并夯实，使之高出地面（图 7-19），排出或防止积水。

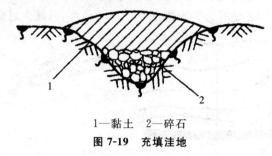

1—黏土　2—碎石
图 7-19　充填洼地

五、蓄

蓄是指在井口和工业场地上游的有利地形建筑水库，在雨季到来前把水放到最低水位，以争取最大蓄洪量，减少降雨对矿井的威胁。

六、查

查是指加强地面防水工程的检查。在雨季到来前，对地面防水工程应做全面检查，发现问题及时处理。此外，在雨季期间还应做好防洪宣传组织工作，充分发动群众，以便有领导、有组织、有计划地同洪水做斗争。

任务二　煤矿井下防治水

一、煤矿井下探水

必须做好矿井的水害分析预报工作，坚持"有疑必探，先探后掘"的探放水原则。煤矿生产属于井下作业，在掘进施工过程中，必须分析推断前方是否有疑问区。若有疑问区，则采取超前钻探措施，探明水源位置、水压、水量及其与开采煤层的距离，以便采取相应的防治水措施，确保矿井安全生产。

二、探水作业参数

1. 探水起点

探水起点一般有下列 4 种不同情况。

（1）当老空、老巷、废弃硐室等积水区的位置准确且水压不超过 981kPa 时，起点至积水区的距离为：煤层中不得小于 30m，岩层中不得小于 20m。

（2）对于矿井的积水区，虽有图纸，但不能确定积水区边界位置时，探水起点至推断的积水区边界的距离不得小于 60m。

（3）掘进巷道附近有断层或陷落柱时，探水起点至最大摆动范围预计煤柱线的距离不得小于20m。

(4)石门揭开含水层前,探水起点至含水层的距离不得小于20m。

2. 钻孔深度与超前距离

采用边探边掘时,探水钻孔的孔底位置必须始终保持超前掘进工作面一定距离,如图7-20所示。这样就留有相当厚度的矿柱,以确保掘进工作的安全。

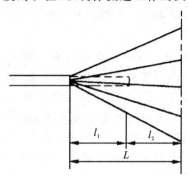

L—钻孔深度　l_1—掘进距离　l_2—超前距离

图 7-20　超前探水钻孔

超前距离一般不小于20m;在薄煤层中可适当缩短,但最小不得小于5m。岩层中的探水钻孔,其超前距离一般为5~10m。钻孔深度一般为40m,这样每打一次钻,可以连续掘进20~30m。

3. 钻孔直径与数目

一般利用探水钻孔放出积水,由于钻孔直径的大小要求既能使积水顺利排出,又能防止冲垮煤壁,故探水钻孔直径以不大于75mm为宜。探水钻孔的数目不少于3个,即不少于1个中心孔和2个帮孔,其方向应保证在工作面前方的中心和上下左右都能起到探水作用。

4. 钻孔布置

探水效果的好坏与钻孔的布置方法有很大关系,因此,应根据具体条件采用不同的布置方法。缓倾斜薄煤层中,如掘进上山巷道,探水钻孔应布置成扇形,如图7-21所示;如为平巷掘进,探水钻孔应在上帮方向布置成半扇形,如图7-22所示。钻孔之间的夹角为10°~15°,开始探水时可打5~7个钻孔,以后根据情况可适当减少,但不能少于3个。

1—中心孔　2、3—帮孔

图 7-21　扇形探水钻孔布置　图 7-22　半扇形探水钻孔布置　图 7-23　急倾斜薄煤层探水钻孔布置

在急倾斜薄煤层中掘进巷道探水时,钻孔应沿煤层布置成扇形,如图 7-23 所示。

三、煤矿井下放水

井下放水,即井下疏放水。疏放水就是在探明矿井水源之后,根据水源的类型采取不同的疏放水方法,有计划、有准备地将威胁矿井安全生产的水源疏放干,这是防止矿井水灾最积极、最有效的措施。下面按不同类型的水源说明疏放水方法。

1. 老空水疏放方法

(1)直接放水。当水量不大,不致超过矿井排水能力时,可利用探水钻孔直接放水。

(2)先堵后放。当老空水与溶洞水或其他水源有联系,动水储量很大,不堵住水源则短时间排不完或不可能排完时,应先堵住出水点,然后排放积水。

(3)先放后堵。如老空水或被淹井巷虽有补给水源,但补给量不大,或在一定季节没有补给,在这种情况下,应选择时机先行排放,然后进行堵漏、防漏施工。

(4)先隔后放。当采区位于不易泄水的山洞或沙滩洼地之下,雨季渗水量过大时,应暂时隔离,把积水区留到开采末期处理。另外,若积水水质很差,腐蚀排水设备,也应先暂时隔离,做好排水准备工作后再排放。

2. 含水层水疏放方法

(1)地面疏放。在地面打钻孔或打大口径水井,利用潜水泵抽排。

(2)利用疏干巷道疏放。如果煤层顶板有含水层,可把采区巷道提前掘出,使含水层的水通过其空隙和裂隙疏放出来。

(3)利用钻孔疏放。若含水层距煤层较远或含水层较厚,可在疏水巷道中每隔一定距离向含水层打放水钻孔进行疏干。

(4)巷道与钻孔结合疏放。在水文地质条件复杂的矿区,如喀斯特发育的矿区,因喀斯特发育程度不同,采用的疏放措施也不同,要根据具体条件布置疏干巷道和疏干钻孔。如徐州贾汪矿区,在喀斯特发育的区域,用石门集中疏干(包括利用突水点);喀斯特不发育的区域,则用钻孔分散疏干,降低水位。

四、煤矿井下截水

截水是指利用防水墙、防水闸门和防水煤(岩)柱等物体,临时或永久性地截住涌水,将采掘区与水源隔离,使某一地点突水不致危及其他地区。这是减轻水灾危害的重要措施。

1. 防水煤(岩)柱

对于矿井上下的各种水源,在一般情况下都应尽量疏干或堵塞其入井通道,彻底解除水的威胁,但这样做有时是不合理或不可能的,因此,应采取留设一定宽度防水煤(岩)柱的方法来截住水源。一般在下列情况下必须留防水煤(岩)柱:

(1)相邻矿井的分界处,必须留防水煤柱。矿井以断层分界时,必须在断层两侧留防水煤柱。

(2)井田内有河流、湖泊、溶洞、含水层等有水力联系的导水断层、裂隙(带)、陷落柱时,必须找出其确切位置,并按规定留设防水煤(岩)柱。

防水煤柱的尺寸,应根据相邻矿井的地质构造、水文地质条件、煤层赋存条件、围岩性质、开采方法以及岩层移动规律等因素,在矿井设计中规定。总的原则是:既能抵抗水的压力,确保安全生产,又要尽量减少煤炭损失。目前,在煤矿生产中,主要采用经验比拟法和分析计算法来确定煤柱尺寸。已留设的防水煤柱需要变动时,必须重新编制设计,报省级煤炭管理部门审批。严禁在各种防隔水煤柱中采掘。

2.防水闸门

防水闸门一般设置在可能发生涌水、需要堵截而平时仍需运输和行人的巷道内,如井底车场出入口、井下水泵房、变电所以及有涌水互相影响的地区之间。一旦发生水患,应立即关闭闸门,将水堵截,把水患限制在局部地区。

3.防水墙

防水墙是井下防水、截水的一种安全设施,用于隔绝积水区(水源)或有透水危险的区域。防水墙一般设置在需要永久截水而平时无运输、行人的地点。

根据防水墙服务时间的长短和作用的不同,可将其分为临时性防水墙和永久性防水墙2种。一般临时性防水墙都作为应急之用和为砌筑永久性防水墙服务。根据建筑防水墙所用的材料不同,一般可将其分为木制防水墙、砖或石料防水墙和钢筋混凝土防水墙等。根据防水墙的形状不同,可将其分为平面形防水墙、圆柱形防水墙、球面形防水墙和多段形防水墙等。

五、煤矿井下注浆堵水

注浆堵水是指将配制的浆液通过钻孔压入井下岩层空隙、裂隙或巷道中,使其扩散、凝固和硬化,使岩层具有较高的强度、密实性和小透水性,达到封堵截断补给水源和加固地层的作用。这是矿井防治水害的重要手段之一。

六、煤矿井下排水

涌水量较大的矿井都应建立水仓、泵房、排水管路、水泵、供电等完善的排水系统,并保证有足够的排水能力,以确保把井下涌水排至地面。当局部积水或涌水小时,也可在地面或井下打专门钻孔进行排水。

目前,我国煤矿在防排水方面使用了许多新技术和新设备,比如加大排水能力、采用水泵自动化控制技术、采用大孔径直通式排水孔分散排水以及密闭水泵房等,均取得了良好效果。

【考核评价】

序号	考核内容	考核项目	配分	检测标准	得分
1	矿井水灾基础知识	(1)矿井水源与涌水通道; (2)矿井水灾发生的原因; (3)矿井水灾的危害	25	(1)能正确叙述矿井水源与涌水通道的定义及分类,5分; (2)能正确理解和掌握矿井水灾发生的原因,10分; (3)能正确叙述矿井水灾的危害性,10分	
2	煤矿地面防治水	(1)地面防水技术措施; (2)地面排水; (3)防水方法和操作原理	30	(1)能正确叙述煤矿地面防治水的技术措施,5分; (2)能掌握排水、防治地下水的方法,10分; (3)能理解和掌握排、疏、堵、填、蓄、查等防水的原理,15分	
3	煤矿井下防治水	(1)井下探水参数; (2)井下疏水方法; (3)防水煤柱预留原则; (4)防水墙分类	35	(1)能正确叙述煤矿井下探水的参数及标准,15分; (2)能正确叙述井下疏放水的方法,5分; (3)能正确掌握防水煤柱预留的原则,10分; (4)能正确叙述防水墙的分类,5分	
			合计		

【课后自测】
1. 简述造成矿井水灾的水源及涌水通道。
2. 矿井水灾发生的原因有哪些?
3. 发生矿井水灾有哪些危害?
4. 简述钻探水钻孔的方法。
5. 简述煤矿井下探水参数及标准。
6. 煤矿是怎样放水的?
7. 简述井下截水方法。
8. 怎样设置防水闸门?
9. 简述井下防水墙的种类。
10. 简述井下排水的规定。

课题五 顶板事故及其防治

【应知目标】
- 顶板事故的概念、危害及其分类
- 采煤工作面局部冒顶事故的防治
- 顶板大面积冒落事故的防治

【应会目标】
- 掌握用探板法处理采煤工作面局部冒顶的方法
- 掌握用木垛处理掘进巷道大面积冒顶的方法

【任务引入】

顶板事故是指在地下采煤过程中,顶板意外冒落造成的人员伤亡、设备损坏、生产终止等事故。据以前相关资料显示,顶板事故死亡人数占全部死亡人数的40%以上。现在顶板事故虽有减少,但仍是煤矿生产的主要灾害之一。

【任务描述】

顶板事故发生后,将会给人身安全造成极大的威胁,并给国家财产造成很大的损失。为了降低顶板事故带来的危害,我们需掌握用探板、撞楔、木垛等处理采煤、掘进工作面局部冒顶的方法。

【相关知识】

一、采煤工作面顶板事故及其危害

在矿井开采过程中的采掘工作面或已掘的巷道内所发生的冒顶、片帮、掉矸等造成的人身伤亡和生产事故,统称为"顶板事故"。而采煤工作面的支架不能控制住顶板时,顶板岩层发生垮落的事故称为"采煤工作面冒顶事故",又称"采煤工作面顶板事故"。

采煤工作面在实现综合机械化采煤以前,顶板事故在煤矿事故中占有极高的比例。随着对支护设备的改进、对顶板事故的研究以及预防技术的提高,顶板事故所占的比例有所下降,但仍然是煤矿生产中的主要灾害之一。

二、采煤工作面顶板事故分类

采煤工作面顶板事故按一次冒落的顶板范围大小及伤亡人员多少,通常可以分为片帮掉矸事故、局部冒顶事故和大面积冒顶事故三大类。

1. 片帮掉矸事故

由于采煤工作面煤壁在支承压力的作用下容易被压酥,因此,在采高较大、煤质松软、顶板破碎的工作面往往容易因片帮引起冒顶事故。冒顶事故不仅影响生产,也极易造成人员伤亡。统计资料表明,煤壁线附近的事故占 40%~70%,其中片帮和顶板掉矸占很大比例。

2. 局部冒顶事故

局部冒顶是指范围不大(有时仅在 3~5 架支架范围内)、伤亡人数不多(1~2 人)的冒顶,常发生在靠近煤壁附近、工作面两端、放顶线附近以及地质破坏带附近。在实际煤矿生产中,局部冒顶事故的次数远远多于大型冒顶事故,约占工作面冒顶事故的 70%,总的危害比较大。

3. 大面积冒顶事故

大面积冒顶是指范围较大、伤亡人数较多(每次死亡 3 人以上)的冒顶。它包括老顶来压时的压垮型冒顶、顶板厚岩层难冒落大面积冒顶、直接顶导致的压垮型冒顶、大面积漏垮型冒顶、复合顶板推垮型冒顶、金属网下推垮型冒顶、大块游离顶板旋转推垮型冒顶、采空区冒矸冲入工作面的推垮型冒顶及冲击推垮型冒顶等。

三、掘进巷道顶板事故的类型

1. 空顶事故

空顶事故是指由于未及时支护或护顶不严,使顶岩沿空坠落所引起的事故。

2. 压垮型冒顶

由于地质原因,如巷道穿越断层破碎带、陷落柱、旧巷等,以及开采原因,使巷道压力剧增,产生冲击载荷,压垮支架导致冒顶。

3. 推垮型冒顶

当巷道倾角较大时,作用在支架的倾斜分力较大,当此分力大到一定值时,便推垮支架而冒顶。

冒顶事故有时同时具有上述 3 种类型的特征,如由于空顶坠落,可能导致岩块回转、推倒支架而引发推垮型冒顶事故。

四、采煤工作面局部冒顶的预兆

局部冒顶的预兆不明显,易被人忽视,但只要仔细观察,还是可以发现一些征兆的。对以下异常情况要特别注意:

(1)响声。当岩层下沉断裂、顶板压力急剧加大时,木支架会发出劈裂声,紧接着出现折梁断柱现象;金属支柱的活柱急速下缩,也发出很大声响;有时也能听到采空区内顶板发出断裂的闷雷声。

(2)掉渣。当顶板严重破裂时,折梁断柱现象就会增加,随后会出现顶板掉渣现象。掉渣越多,说明顶板压力越大。在人工顶板下,掉下的碎矸石和煤渣更多,俗称"煤雨",这是发生冒顶的危险信号。

(3)片帮。冒顶前煤壁所受压力增加,煤变得松软,片帮煤比平时多。

(4)裂缝。顶板的裂缝有2种,一种是地质构造产生的自然裂隙,一种是由于采空区顶板下沉引起的采动裂隙。老工人的经验是:"流水的裂缝有危险,因为它深;缝里有煤泥、水锈的不危险,因为它是老缝;茬口新的有危险,因为它是新生的;如果顶板裂缝加深加宽,说明顶板继续恶化,有可能发生冒顶。"

(5)离层。顶板快要冒落的时候,往往出现离层现象。因此,检查顶板时一般用"问顶"的方法,如果声音清脆,表明顶板完好;若顶板发出"空空"的响声,说明上下岩层之间已经离层。

(6)漏顶。破碎的伪顶或直接顶在大面积冒顶以前,有时因为背顶不严和支架不牢而出现漏顶现象。如不及时处理漏顶,会使棚顶托空,支架松动,若顶板岩石继续冒落,就会造成没有声响的大冒顶。

(7)瓦斯涌出异常。在含瓦斯煤层中,瓦斯涌出量突然增大。

(8)顶板的淋水明显增加。

试探有没有冒顶危险的方法主要有:

(1)木楔法。在裂缝中打入小木楔,过一段时间,如果发现木楔松动或夹不住,说明裂缝在扩大,有冒落的危险。

(2)敲帮问顶法。用钢钎或手镐敲击顶板,声音清脆响亮的,表明顶板完好;发出"空空"或"嗡嗡"声的,表明顶板岩层已离层,应把脱离的岩块挑下来。

(3)震动法。左手扶住顶板,右手持凿子或镐头敲击时,如左手感到顶板震动,即使听不到破裂声,也说明此岩石已与整体顶板分离。

【任务实施】

任务一 采煤工作面局部冒顶处理

采煤工作面发生局部冒顶后,要立即查清情况,及时处理;否则,将延误时间,冒顶范围可能进一步扩大,给处理冒顶带来更多困难。处理采煤工作面冒顶的方法,应根据工作面的采煤方法、冒落高度、冒落块度、冒顶位置和影响范围的大小来决定,主要有探板法、撞楔法、小巷法和绕道法4种。

1.探板法

当采煤工作面发生局部冒顶的范围小,顶板没有冒严,顶板岩石已暂时停止下落时,应采取掏梁窝、探大板木梁或挂金属顶梁的措施,即探板法来处理。具体处理步骤为:处理冒顶前,先观察顶板状况,在冒顶区周围加固支架,控制冒顶范围扩大;然后掏梁窝、探大板梁,板梁上的空隙要用木料架设小木垛接到顶部(架设小木垛前,应先挑落浮矸,小木垛必须插紧背实);接着清理冒落矸石,及时打好贴帮柱,以防片帮。如图7-24所示。

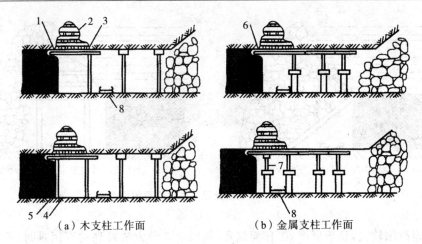

1—梁窝　2—探板　3—插顶材料　4—贴帮柱　5—煤壁帮小板　6—悬臂梁
7—临时金属支柱　8—输送机

图 7-24　探板法处理采煤工作面冒顶

2. 撞楔法

当顶板冒落矸石块度小,冒顶区顶板碎矸没有停止下落或一动就下落时,要采取撞楔法来处理冒顶,如图 7-25 所示。具体操作是:处理冒顶时,先在冒顶区选择或架设撞楔棚子,棚子方向应与撞楔方向垂直;把撞楔放在棚梁上,尖端指向顶板冒落处,在末端垫一方木块;然后用大锤用力击打撞楔末端,使它逐渐深入冒顶区,将碎矸石托住,使顶板碎矸不冒落;随后立即在撞楔保护下架设支架。撞楔的材料可以是木料、荆笆条、钢轨等。

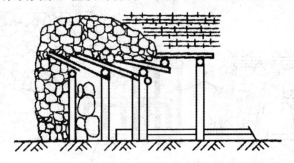

图 7-25　撞楔法处理采煤工作面冒顶

3. 小巷法

如果局部冒顶区已将工作面冒严堵死,但冒顶范围不超过 15m 左右,垮落矸石块度不大且可以搬运时,可以从工作面冒顶区由外向里、从下而上,在保证支架可靠及后路畅通的情况下,采用"人"字形掩护支架,沿煤壁机道整理出一条小巷道。小巷道整通后,先开动输送机,再放矸,按原来的采高架棚。如图 7-26 所示。

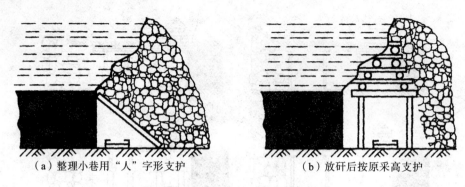

(a) 整理小巷用"人"字形支护　　　　(b) 放矸后按原采高支护

图 7-26　小巷法处理采煤工作面冒顶

4. 绕道法

当冒顶范围较大，顶板冒严，工作面堵死，用以上 3 种方法处理均有困难时，可沿煤壁重新开切眼或部分开切眼，绕过冒顶区。

任务二　掘进巷道冒顶范围较大时处理

1. 小断面快速修复法

当出现巷道冒顶范围大，影响通风或有人被堵在里面等情况时，可采用小断面快速修复法。先架设比原来巷道规格小得多的临时支架，使巷道能暂时恢复使用；采用撞楔法把冒落矸石控制住，如图 7-27 所示；等顶板不再冒落时，从巷道两侧清除矸石，边清除边管理两帮，防止煤矸流入巷道。顶帮维护好以后，就可以架设永久支架。

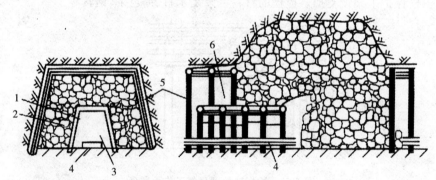

1—钢钎撞楔　2—木板　3—小断面巷道　4—输送机　5—永久支架　6—撞楔

图 7-27　小断面快速修复法修复巷道

2. 一次成巷修复法

当冒顶范围大的次要巷道和修复时间长短对生产影响不大时，可采用一次成巷修复法。修复时，可根据原有巷道规格，采用撞楔法一次成巷，如图 7-28 所示。撞楔之间用木板插严，支架两帮也应背严。撞楔以上必须有较厚的矸石；如果太薄，还应在冒顶空洞内堆塞厚度不小于 0.5m 的木料或矸石。梁与撞楔之间要背实。在处理冒顶和架设支架的整个过程中，应设专人观察顶板。

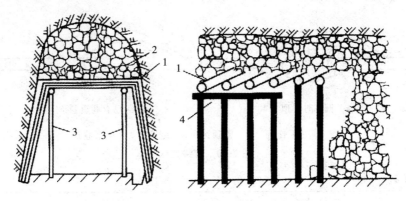

1—撞楔　2—木板　3—顺抬棚　4—抬棚梁
图 7-28　一次架设永久支架修复巷道

3. 木垛法

木垛法处理巷道冒顶是一种比较常用的方法。如巷道冒顶高度在 5m 以内，冒落长度在 10m 以上，冒落空间以上岩石基本稳定，就可将冒落的岩石清除一部分，使之形成自然堆积坡度，在留出工作人员上、下及运送材料的空间并能通风时，就可以从两边在冒落的煤矸上相向架木垛，直接支撑顶板。

先在冒顶区附近的支架上打两排抬棚，提高支架支撑能力，然后在支架掩护下出矸。架设前，处理人员站在安全地点，用长柄工具将顶帮活矸捣掉。架设木垛时要保证有畅通的安全出口。架木垛前，在冒落区出口处并排架设 2 架支架，用拉条拉紧，打上撑杆，使其稳固；在支架和矸石上面架设穿杆，如图 7-29 所示。如矸石松软，要在穿杆下加打顶柱，应在穿杆铺上坑木或荆笆的条件下进行，防止掉矸伤人。架木垛时，第一个木垛最上一层应用护顶穿杆，以保证架第二个木垛时的安全。木垛要撑上顶，靠紧帮，靠顶板处要背上一层荆笆，用楔子背紧。然后架第二个木垛，以此类推，直到处理完毕。

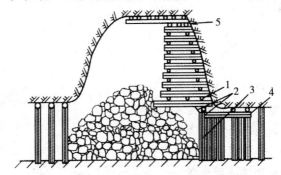

1—穿杆　2—拉条　3—并排支架　4—抬棚　5—护顶穿杆
图 7-29　木垛法处理巷道冒顶

4. 打绕道法

如果巷道冒顶长度大，不易处理以及冒顶堵人时，可用打绕道法处理，即绕过冒落区去抢救被堵人员，或绕过冒落区后再转入正常掘进，如图 7-30 所示。

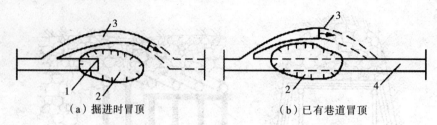

(a) 掘进时冒顶　　　　(b) 已有巷道冒顶

1—掘进工作面　2—冒顶区　3—绕道　4—被堵巷道

图 7-30　打绕道法

【考核评价】

序号	考核内容	考核项目	配分	检测标准	得分
1	顶板事故	(1)顶板事故的概念； (2)顶板事故的分类； (3)顶板事故的危害； (4)局部冒顶的预兆	25	(1)能正确叙述顶板事故的概念，5分； (2)能正确对顶板事故进行分类，5分； (3)能叙述矿井顶板事故的危害，5分； (4)能正确掌握采煤工作面局部冒顶的预兆，10分	
2	采煤工作面局部冒顶	(1)探板法； (2)撞楔法； (3)小巷法； (4)绕道法	35	(1)能理解和掌握探板法防冒顶原理，10分； (2)能理解和掌握撞楔法防冒顶原理，10分； (3)能理解和掌握小巷法防冒顶原理，10分； (4)能理解和掌握小巷绕道法防冒顶原理，5分	
3	掘进巷道大面积冒顶	(1)小断面快速修复法； (2)一次成巷修复法； (3)木垛法； (4)打绕道法	40	(1)能理解和掌握小断面快速修复法处理冒顶事故原理，10分； (2)能理解和掌握一次成巷修复法处理冒顶事故原理，10分； (3)能理解和掌握木垛法处理冒顶事故原理，10分； (4)能理解和掌握打绕道法处理冒顶事故原理，10分	
		合计			

【课后自测】

1. 什么是顶板事故？
2. 采煤工作面顶板事故按不同原因是怎样分类的？
3. 采煤工作面局部冒顶事故的预兆有哪些？
4. 采煤工作面局部冒顶的处理方法有哪些？
5. 简述探板法处理局部冒顶的原理。
6. 简述小巷法处理局部冒顶的原理。
7. 掘进巷道顶板事故可以分为哪几种类型？
8. 简述掘进巷道大面积冒顶的处理技术措施。
9. 简述一次成巷修复法处理局部冒顶的原理。
10. 简述木垛法处理局部冒顶的原理。

参考文献

[1] 曹允伟,王春城,陈雄,吕梦蛟.煤矿开采方法[M].北京:煤炭工业出版社,2005.
[2] 钱鸣高,石平五.矿山压力与岩层控制[M].徐州:中国矿业大学出版社,2003.
[3] 汪佑武.采煤概论[M].北京:煤炭工业出版社,2008.
[4] 张国枢.通风安全学[M].徐州:中国矿业大学出版社,2011.
[5] 胡方田.采煤概论[M].北京:中国劳动和社会保障出版社,2006.
[6] 王晓鸣,赵建泽.采煤概论[M].北京:煤炭工业出版社,2005.
[7] 吴再生,刘禄生.井巷工程[M].北京:煤炭工业出版社,2005.
[8] 吕志海,王占元.矿井火灾防治[M].北京:煤炭工业出版社,2007.
[9] 王德明.矿井火灾学[M].徐州:中国矿业大学出版社,2008.
[10] 余启香.矿井灾害防治理论与技术[M].徐州:中国矿业大学出版社,2008.
[11] 中国煤炭教育协会职业教育教材编审委员会编.矿井通风与安全—安全技术[M].北京:煤炭工业出版社,2007.
[12] 周英.采煤概论[M].北京:煤炭工业出版社,2006.
[13] 陈官兴,陶昆.采煤概论[M].徐州:中国矿业大学出版社,2011.
[14] 徐永圻.煤矿开采学[M].徐州:中国矿业大学出版社,1999.
[15] 张登明.煤矿开采方法[M].徐州:中国矿业大学出版社,2009.
[16] 杜计平,孟宪锐.采矿学[M].徐州:中国矿业大学出版社,2009.
[17] 陈秀珍,马洪亮.矿压观测与控制[M].北京:中国劳动社会保障出版社,2010.
[18] 杨相海.矿山压力观测与控制[M].徐州:中国矿业大学出版社,2012.
[19] 李增学.煤矿地质学[M].北京:煤炭工业出版社,2009.
[20] 贾琇明.煤矿地质学[M].徐州:中国矿业大学出版社,2007.
[21] 李德忠.煤矿特殊开采技术[M].徐州:中国矿业大学出版社,2008.